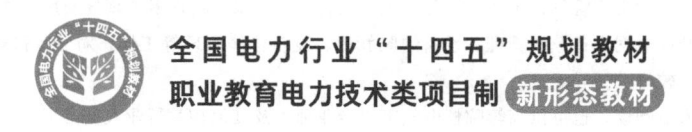

全国电力行业"十四五"规划教材
职业教育电力技术类项目制 新形态教材

PMS系统认知实训

PMS XITONG RENZHI SHIXUN

主　编　王永生　沙伟燕
副主编　宁博扬　樊　浩　刘　博

中国电力出版社
CHINA ELECTRIC POWER PRESS

内 容 提 要

本教材是国家电网有限公司 PMS 系统应用与操作指导教材，主要面向电网运维检修一线人员。本教材包含电网设备台账、图形管理、电网设备实物资产管理、工作票管理、操作票管理等情景，精选多个现场应用工作典型任务，可指导现场电网运维检修人员开展电网设备巡视管理、设备缺陷管理、设备检修管理等工作，对于提高电网设备运维检修工作数字化应用水平具有较好的指导意义。

本教材可供电网企业相关人员阅读，也可供高等院校电气工程专业师生及其他相关行业人员参考。

图书在版编目（CIP）数据

PMS 系统认知实训/王永生，沙伟燕主编．—北京：中国电力出版社，2024.1
ISBN 978－7－5198－8055－2

Ⅰ.①P… Ⅱ.①王… ②沙… Ⅲ.①电力系统－继电保护 Ⅳ.①TM77

中国国家版本馆 CIP 数据核字（2023）第 160961 号

出版发行：中国电力出版社
地　　址：北京市东城区北京站西街 19 号（邮政编码 100005）
网　　址：http://www.cepp.sgcc.com.cn
责任编辑：牛梦洁（010—63412528）　霍　妍
责任校对：黄　蓓　常燕昆
装帧设计：王红柳
责任印制：吴　迪

印　　刷：北京天泽润科贸有限公司
版　　次：2024 年 1 月第一版
印　　次：2024 年 1 月北京第一次印刷
开　　本：787 毫米×1092 毫米　16 开本
印　　张：18.5
字　　数：387 千字
定　　价：53.00 元

版 权 专 有　侵 权 必 究

本书如有印装质量问题，我社营销中心负责退换

编 写 组

主　编　王永生　沙伟燕
副主编　宁博扬　樊　浩　刘　博
编　写　魏国华　左　靖　康文军　王　博　何宁辉

前 言

本次教材开发，是国家电网有限公司（以下简称"公司"）贯彻执行国务院关于职教改革的决策部署，推进"三教"（教师、教材、教法）改革，提高公司职业院校教育质量的重要举措。教材内容紧密结合生产实际，突出公司特色，依据电力系统继电保护与自动化技术专业（继保及自控装置运维方向）的人才培养方案设置课程内容，采用现场工作任务或工作项目为驱动的"做—教—学"一体化情境教学模式，发挥培养责任双主体的优势，校企共同把关教学质量和人才培养质量。

PMS 系统是"设备（资产）运维精益管理系统"的简称。通过 PMS 系统，可实现设备（资产）从规划、安装、运行、退役、再利用直至报废的资产全寿命管理，还可实现设备（资产）运维检修成本归集和资源的优化配置。现场工作人员通过在 PMS 系统创建设备模型，实现区域电网模型数字化以及对电力生产执行层、管理层、决策层业务的全覆盖，使电力系统现场运维检修工作实现流程化、标准化，支撑运维一体化和检修专业化。

本教材内容突出产教融合，以工作过程为导向，依据典型工作任务设置课程情境，通过任务训练实现技能与知识的高度融合；教材的任务设计突出行动教学模式，以学生主动学习为出发点，突出实操技能训练，依据技能需要融入相关知识的学习；情境中的每个任务都根据其操作流程、技术要求、质量标准并给出任务评价标准，确保每个任务可执行、可考核，从而激发学生的学习兴趣和成就感。

本教材概述部分由王永生、沙伟燕编写，情境一、情境二由王永生、宁博扬、魏国华编写，情境三、情境四由樊浩、刘博、魏国华编写，情境五、情境六由沙伟燕、康文军编写，情境七由沙伟燕、王博、何宁辉编写，情境八由王永生、左靖编写，附录部分由沙伟燕、王博编写。

全书由保定电力职业技术学院主编，国网宁夏电力有限公司配合编写完成，此外，编写过程中还得到了国网冀北电力有限公司秦皇岛供电公司高级工程师魏国华和南京南瑞信息通信科技有限公司高级工程师左靖的无私帮助，在此表示感谢。

由于编者水平有限，书中内容可能存在不妥之处，敬请广大读者批评指正。

编 者

目 录

前言

概述 ·· 1

情境一　站房类设备台账、图形管理 ·· 3

  任务一　站房类设备铭牌的创建 ·· 3
  任务二　站房类设备台账的创建 ·· 12
  任务三　站房类辅助设施台账的创建 ·· 26
  任务四　站房类设备图形的绘制 ·· 31
  任务五　站房类设备台账的变更 ·· 44
  任务六　站房类设备台账、图形的查询、统计 ······································ 54

情境二　线路类设备台账、图形管理 ·· 62

  任务一　线路类设备图形的绘制 ·· 62
  任务二　线路类设备台账的创建 ·· 72
  任务三　线路类设备台账的变更 ·· 75
  任务四　线路类设备台账、图形的查询、统计 ······································ 85

情境三　电网设备实物资产管理 ··· 93

  任务一　设备转资管理 ·· 93
  任务二　设备退役管理 ··· 100
  任务三　退役设备的处置 ·· 102

情境四　电网设备日常巡视管理 ··· 110

  任务一　设备巡视周期维护 ··· 110
  任务二　设备巡视计划制订 ··· 117
  任务三　进行设备巡视并记录巡视结果 ··· 124

情境五　工作票管理 …… 142
　　任务一　第一种工作票开票、签发、许可、执行、归档 …… 142
　　任务二　第二种工作票开票、签发、执行、归档 …… 155
　　任务三　带电作业工作票开票、签发、许可、执行、归档 …… 164
　　任务四　工作票的查询、统计管理 …… 175
　　任务五　工作票的三级评价管理 …… 181

情境六　操作票管理 …… 187
　　任务一　操作票开票、审核、执行、归档 …… 187
　　任务二　操作票管理 …… 196

情境七　设备缺陷管理 …… 202
　　任务一　变压器套管漏油缺陷处理 …… 202
　　任务二　变电站一次设备缺陷的查询、统计 …… 226

情境八　设备停电检修管理 …… 231
　　任务一　主变压器检修任务的创建 …… 231
　　任务二　主变压器检修计划的制订 …… 237
　　任务三　主变压器检修停电申请 …… 250
　　任务四　主变压器检修工作任务单的编制及派发 …… 259
　　任务五　主变压器检修工作任务单处理 …… 267
　　任务六　主变压器检修工作任务单的终结管理 …… 278

数字资源

　　附录 A　变电站主接线图
　　附录 B　变电站铭牌信息
　　附录 C　变电站设备清册
　　附录 D　输电设备清册
　　附录 E　作业文本
　　附录 F　工作任务单
　　附录 G　检修工作票
　　附录 H　检修操作票

扫码获取数字资源

概　　述

设备（资产）运维精益管理系统（PMS2.0）是面向国家电网有限公司各级运维检修单位，覆盖电网设备运维检修业务和生产管理全过程的运检管理信息平台。系统实现对电网生产执行层、管理层、决策层业务能力的全覆盖，支撑电网公司资源管理和资产管理，实现管理的高效、集约。

系统以资产全寿命周期管理为主线，以状态检修为核心，优化关键业务流程；依托电网 GIS（电网资源图形管理系统）平台，实现图数一体化建模，构建企业级电网资源中心；与 ERP 系统（企业资源管理系统）深度融合，建立"账—卡—物"联动机制，支撑资产管理；与调度管理、营销业务应用以及 95598 等系统集成，贯通基层核心业务，实现跨专业协同与多业务融合。

PMS2.0 系统总体功能架构可分为标准中心、电网资源中心、计划中心、运维检修中心、监督评价中心和决策中心 6 大中心。通过 6 大中心的分工和协作，实现运检全过程覆盖，结合横向的数据共享和业务协同，实现资产全寿命管理，促进运维管理精益化水平提升。其中 6 大中心的主要作用分别如下：

标准中心为其他 5 大中心提供标准规范支撑，主要包括标准代码管理和标准库管理，通过统一贯彻标准代码和各类标准库，实现工作质量和管理水平的提升。

电网资源中心是电网生产管理的核心对象、基本出发点和最终目标，主要包括电网资源管理、实物资产管理、工器具及仪器仪表管理等。其基于 GIS 支撑、覆盖全网设备，构建了图形、拓扑、设备台账的一体化模型，形成纵向管理、横向应用的"一张网"；建立了物资、设备、资产联动机制，覆盖设备新投运、运行、退役、报废全过程，加强运维过程成本管控，支撑资产全寿命周期管理。电网资源中心可被计划中心、运维检修中心、监督评价中心和决策支持中心直接使用，外部系统通过标准化服务方式间接使用，成为规划、基建、生产、调度、营销等业务融合的核心枢纽。

运维检修中心是基层生产人员的主要工作平台，主要包括运维检修管理、配电网故障抢修管理、综合生产计划管理和防汛管理。该中心提供运维检修计划的编制和执行，融合检修、基建、营销等跨专业生产计划的综合、平衡，并通过工作执行的流程规范化和过程标准化，实现对工作流程及工作质量的管控，通过与 ERP 的紧密融合实现设备检修成本的归集。

监督评价中心是专业管理人员监督电网运维、评价电网运检水平的重要工作平台，主要内容包括状态检修管理、技术监督管理、供电电压管理、状态监测管理、供应商评价管理。该中心综合在线接入信息和运维检修形成的设备离线信息,通过设备状态评价和状态诊断,为状态检修和技术监督提供技术支撑。

计划中心根据决策支持中心的辅助分析结果,通过对大修技改及零购计划的项目储备和计划平衡,实现指导产业方向、优化项目投资、建设坚强电网、提高运检效率的目标。

决策中心基于电网资源中心、运维检修中心的基础数据,参考监督评价中心的评价结果,通过辅助决策、运检绩效管理和综合报表三大功能,为领导层和管理层的业务决策提供信息支撑,最终实现优化电网设备构成、提高运检绩效和提高供电可靠性的目标。

设备(资产)运维精益管理系统(PMS2.0)采用两级部署三级应用模式,实现总部、省(市)公司、地市公司运检业务的全覆盖和全公司统一应用平台,为公司运检全过程管理提供全面支撑,与外部业务系统集成,实现跨部门数据共享和业务协同。设备(资产)运维精益管理系统(PMS2.0)经过推广建设,已在国家电网有限公司总(分)部及27家省(市)电力公司普及应用。

情境一

站房类设备台账、图形管理

【情境描述】

该情境包含六项任务，分别是站房类设备铭牌的创建、站房类设备台账的创建、站房类辅助设备台账的创建、站房类设备图形的绘制、站房类设备台账的变更、站房类设备台账及图形的查询、统计。核心知识点为创建台账、图形的流程及维护台账、图形参数时的注意事项。关键技能为根据设备清册、图纸可在 PMS2.0 系统中完成站房类设备台账、图形的创建、修改。

【情境目标】

通过该情境学习，应该达到的知识目标为熟悉 PMS2.0 系统创建站房类设备台账及图形绘制的方法，掌握站房类设备台账创建、图形绘制的操作流程。应该达到的能力目标为能利用 PMS2.0 系统创建站房类设备台账、图形，完成设备台账、图形的审核、发布并开展相关应用。应该达到的态度目标为牢固树立站房类设备台账创建、图形绘制过程中的规范意识，严格按照设备管理架构进行台账创建、图形绘制，提高系统应用能力。

任务一 站房类设备铭牌的创建

任务目标

（1）掌握电系铭牌的意义及其来源。
（2）能够独自在 PMS2.0 系统中完成站房类设备铭牌的创建工作。

任务描述

该任务主要是项目竣工后，生产验收组根据竣工设备清册进行现场验收核对，验收通过后，形成设备清册，生产运维人员按照设备清册建立设备电系铭牌。主网电系铭牌主要是从 OMS（调度管理系统）获取，在 OMS 与 PMS2.0 系统电系铭牌同步接口不具备条件时，设备运维人员需在 PMS2.0 系统中手动创建电系铭牌。现有 220kV 竞秀变电站新建项目、110kV 莲池变电站新建项目，需在 PMS2.0 系统中完成 220kV 4 号母线间隔、220kV 4 号母线、220kV 竞秀一线断路器等电系铭牌信息的新建和维护。

任务准备

一、知识准备

电系铭牌又叫设备双重名称，由运行编号（例如，3021）加运行名称（例如，间隔）组成，由调度系统统一发布。部分设备需加电压等级、设备子类型（例如，负荷开关）。

铭牌库是由电网设备调度运行铭牌信息组成的库，是运行人员根据设计/竣工图纸向调度提出申请，经批复后的铭牌信息。铭牌库是为规范设计、施工、运行、调度等工作过程中的设备命名而形成的数据。

二、工具准备

Win7 版本电脑（32/64）、Google 浏览器（32/64）、PMS2.0 客户端、PMS2.0 培训环境。

三、资料准备

220kV 竞秀变电站、110kV 莲池变电站主接线图，详见附录 A；220kV 竞秀变电站、110kV 莲池变电站铭牌明细清单，详见附录 B 的变电站铭牌信息。

四、人员准备

变电运维班成员应拥有 PMS2.0 系统设备变更申请单新建、电系铭牌新建、台账维护、图形维护权限。

五、场地准备

具有电网省属公司内网环境的机房（有可登录 PMS2.0 系统内网的电脑）。

任务实施

一、任务流程图

主网设备电系铭牌维护流程图见图 1-1。

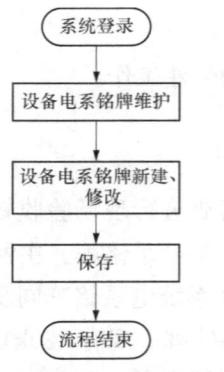

图 1-1 主网设备电系铭牌维护流程图

二、操作步骤

（1）登录 PMS2.0 系统，依次打开"系统导航"—"电网资源中心"—"电网资源管理"—"设备台账管理"—"主网设备电系铭牌维护"菜单，主网设备电系铭牌维护界面访问路径如图 1-2 所示。

按照功能菜单路径进入"主网设备电系铭牌维护",页面主要分为导航树、查询条件区、功能菜单区。主网设备电系铭牌维护界面如图1-3所示。

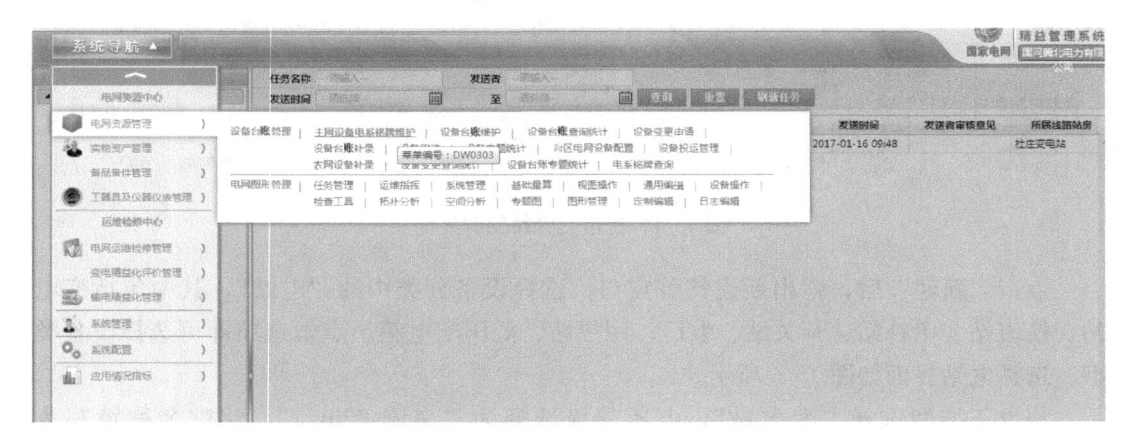

图1-2 主网设备电系铭牌维护界面访问路径

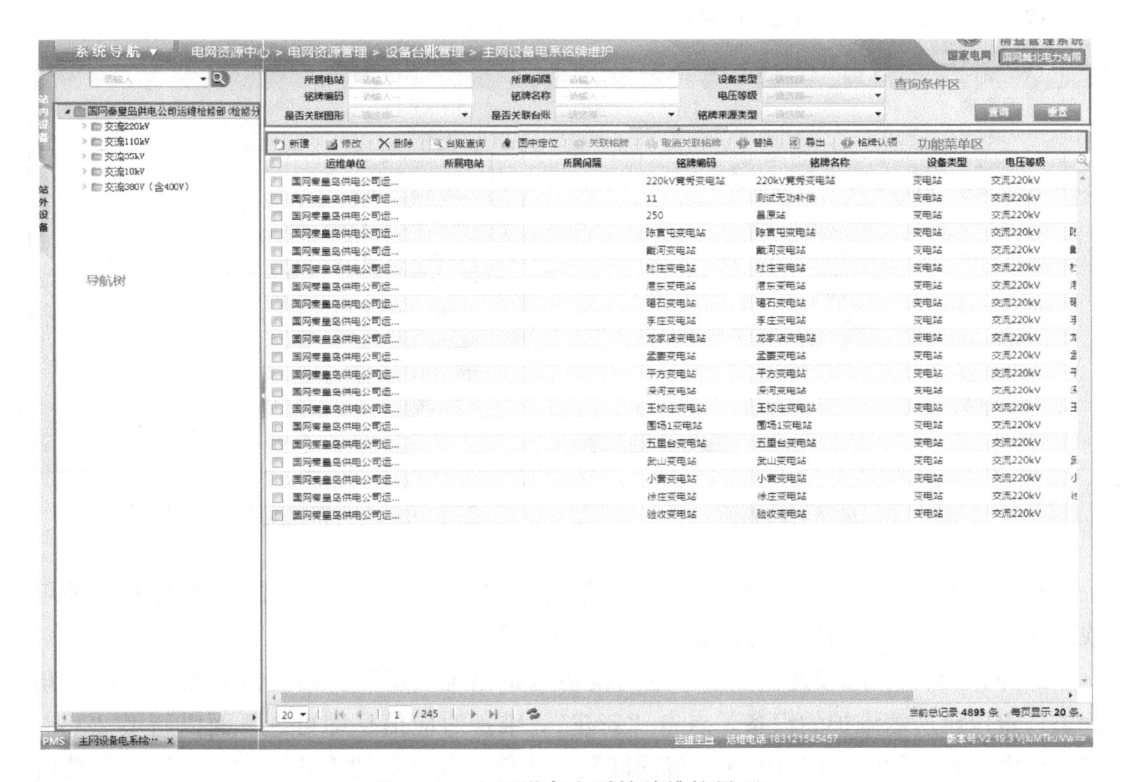

图1-3 主网设备电系铭牌维护界面

(2)新建。

1)变电站铭牌新建。点击"主网设备电系铭牌维护"页面左侧导航树中的三角位置,选择变电站对应的电压等级,点击"新建",维护对应信息即可。以"220kV竞秀

PMS 系统认知实训

变电站"为例,变电站电压等级为交流 220kV,在设备导航树下选择"交流 220kV",然后在功能菜单区点击"新建"。新建变电站铭牌界面如图 1-4 所示。

图 1-4 新建变电站铭牌界面

点击"新建"后,弹出新建铭牌窗口。选择设备分类中的"电站",其中包括变电站、换流站、串补站、开关站、电厂、用户站、低压配电箱。点击选项即可选择设备类型。选择电站界面如图 1-5 所示。

将设备类型选择"变电站",电压等级选择为"交流 220kV",铭牌名称填写为"220kV 竞秀变电站",铭牌编码填写为"220kV 竞秀变电站"。铭牌信息填写完成后点击"确定",确定新建变电站铭牌界面如图 1-6 所示。

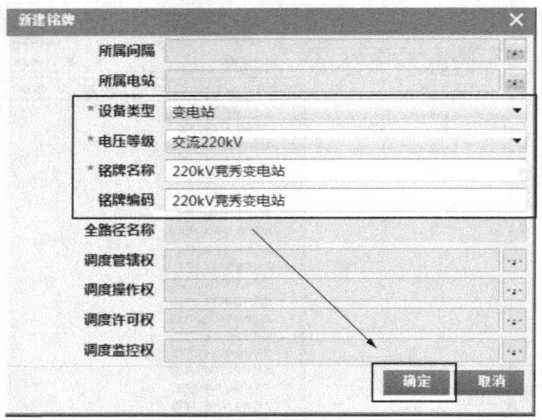

图 1-5 选择电站界面　　　　图 1-6 确定新建变电站铭牌界面

点击"确定"后,"220kV 竞秀变电站"的站房铭牌即新建完成。在导航树中便可找到相应铭牌信息,新建变电站铭牌完成界面如图 1-7 所示。

2) 间隔设备铭牌新建。点击"主网设备电系铭牌维护"页面左侧导航树中的三角标志,定位至所需维护的设备,点击"新建",维护对应信息即可。下面以新增 220kV 竞秀变电站站内间隔"220kV 4 号母线间隔"为例。在导航树下找到"220kV 竞秀变电站",点击变电站的三角标志,然后点击"新建"。新建间隔设备铭牌界面如图 1-8 所示。

点击"新建"后,弹出新建铭牌窗口。在变电站下新建铭牌的设备只有"间隔",故系统已默认设置为"间隔"。此时,所属电站根据左侧设备导航树的划分而读取,此处

图 1-7 新建变电站铭牌完成界面

图 1-8 新建间隔设备铭牌界面

不能修改。选择间隔界面如图 1-9 所示。

选择间隔设备电压等级为"交流 220kV",铭牌名称为"220kV 4 号母线间隔",铭牌编码为"220kV 4 号母线间隔"。铭牌信息维护无误后,点击"确定"。确定新建间隔设备铭牌界面如图 1-10 所示。

点击"确定"后,新建间隔设备铭牌便挂接在设备导航树下。新建间隔设备铭牌完成界面如图 1-11 所示。

3) 间隔内设备铭牌新建。点击"主网设备电系铭牌维护"页面左侧导航树中的三角标志,定位至所需维护的间隔设备,点击"新建",维护对应信息即可。下面以 220kV 竞秀变电站下,220kV 4 号母线间隔内新增母线为例。在导航树下找到"220kV 竞秀变电站"下的"220kV 4 号母线间隔",点击间隔左侧的三角标志,然后点击"新建"。新建间隔内设备铭牌界面如图 1-12 所示。

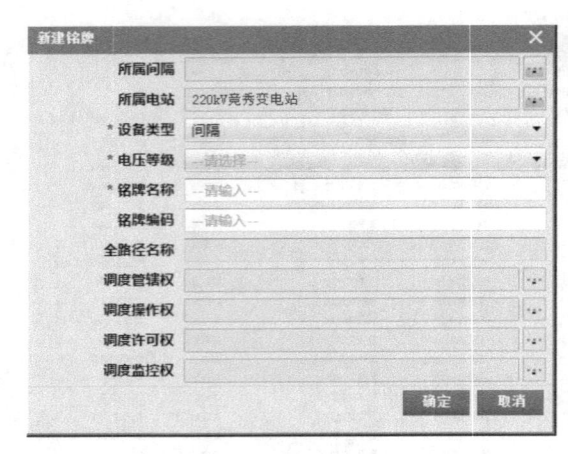

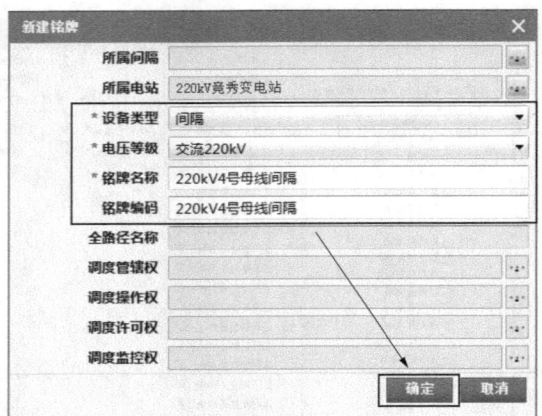

图 1-9　选择间隔界面

图 1-10　确定新建间隔设备铭牌界面

图 1-11　新建间隔设备铭牌完成界面

图 1-12　新建间隔内设备铭牌界面

点击"新建"后，弹出新建铭牌窗口。设备类型分类可分为"间隔"和"站内交流一次设备"。"站内交流一次设备"包括主变压器、所用变压器、接地变压器、断路器、隔离开关、熔断器、母线、电抗器、电流互感器、电压互感器、组合互感器、电力电容器、耦合电容器、避雷器、消弧线圈、接地电阻、组合电器、开关柜、放电线圈、阻波器、结合滤波器、隔直装置、串联补偿装置、滤波电容器、交流滤波器、充气柜、TBS（晶闸管旁路开关）阀组、启动电阻、站内环网柜、调相机等。所属间隔、所属电站根据左侧设备导航树的划分而读取，此处不能修改。选择站内交流一次设备界面如图 1-13 所示。

此时，新建设备"220kV 4 号母线"，需将设备类型选择"母线"，将其他信息维护完整后，点击"确定"。确定新建间隔内设备铭牌界面如图 1-14 所示。

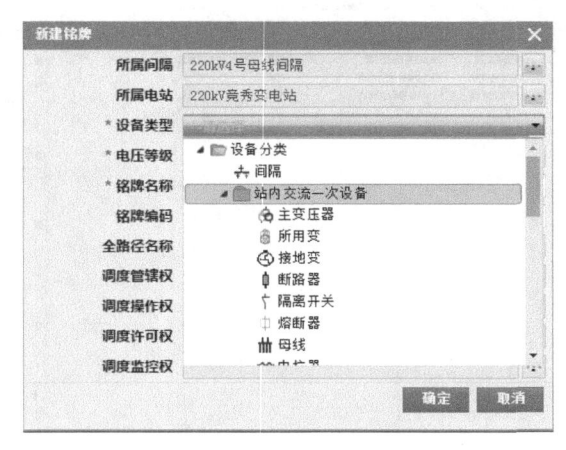

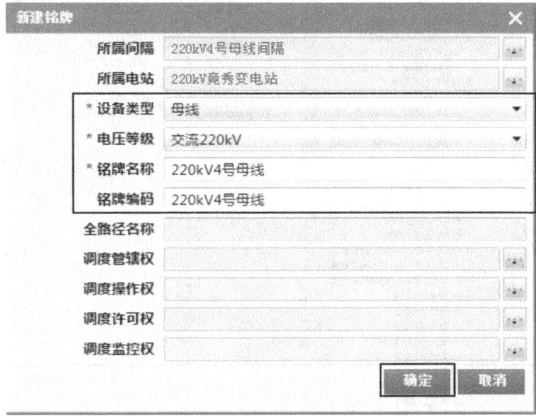

图 1-13 选择站内交流一次设备界面　　图 1-14 确定新建间隔内设备铭牌界面

对新建断路器等其他设备，将设备类型选择为"断路器"或其他设备即可。设备类型选择为断路器界面如图 1-15 所示。

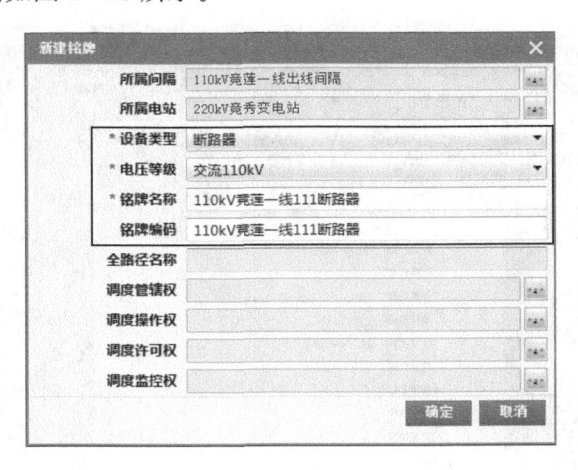

图 1-15 设备类型选择为断路器界面

设备新增后，导航树会进行更新，设备新增完毕后界面如图 1-16 所示。

（3）修改。修改设备铭牌，只需勾选到设备，然后点击"修改"，进入"编辑铭牌"窗口进行修改，点击"确定"保存，修改成功。编辑铭牌界面如图 1-17 所示。

PMS 系统认知实训

图 1-16　设备新增完毕后界面

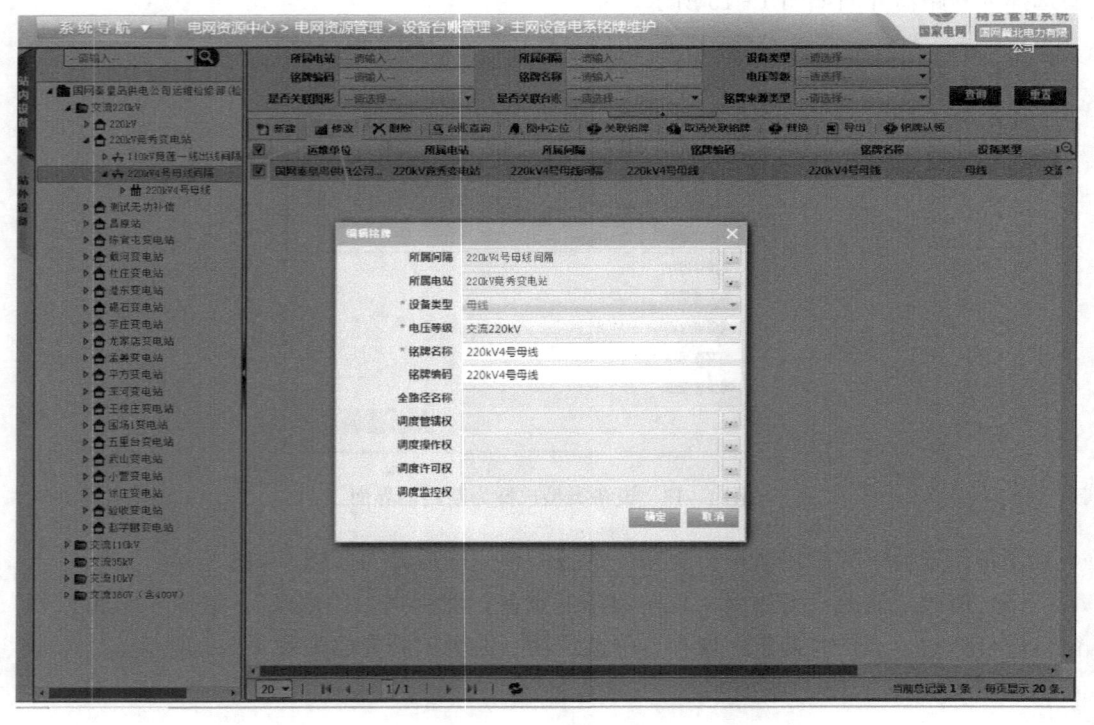

图 1-17　编辑铭牌界面

任务评价

站房类设备铭牌创建任务评价表见表 1-1。

表 1-1　　　　　　　　站房类设备铭牌创建任务评价表

姓名		学号				
序号	评分项目	评分内容及要求	评分标准	扣分	得分	备注
1	准备工作 （5分）	（1）电脑的应用环境为内网，可登录Google浏览器。 （2）资料准备齐全，包括教材、笔、笔记本等	（1）没有进行电脑操作环境检查，扣3分。 （2）资料准备不齐全，扣2分			
2	变电站铭牌创建 （30分）	（1）正常登录PMS2.0系统。 （2）按要求进行变电站铭牌创建	（1）未能登录PMS2.0系统，扣5分。 （2）未能找到PMS2.0系统中铭牌创建模块，扣5分。 （3）未能完成变电站铭牌创建，扣10分。 （4）变电站铭牌信息填写不完整、不正确，每项扣5分。 （5）铭牌填写不完整、不正确，每项扣1分，最多扣5分			
3	变电站间隔铭牌创建 （30分）	按要求进行变电站间隔铭牌创建	（1）未能完成变电站间隔铭牌创建，扣10分。 （2）间隔铭牌填写不完整、不正确，每项扣1分，最多扣10分。 （3）间隔铭牌信息填写不完整、不正确，每项扣1分，最多扣10分			
4	变电站间隔内设备铭牌创建 （30分）	按要求进行变电站间隔内设备铭牌创建	（1）未能完成变电站间隔内设备铭牌创建，扣10分。 （2）间隔内设备铭牌填写不完整、不正确，每项扣1分，最多扣10分。 （3）间隔内设备铭牌信息填写不完整、不正确，每项扣1分，最多扣10分			

续表

姓名		学号				
序号	评分项目	评分内容及要求	评分标准	扣分	得分	备注
5	综合素质 （5分）	（1）着装整齐，精神饱满。 （2）独立完成相关工作。 （3）课堂纪律良好，不大声喧哗				
6	总分 （100分）					

操作开始时间：　　时　　分
操作结束时间：　　时　　分　　　　　　　　　　用时：

指导教师

任务扩展

依据上述操作，在PMS2.0系统创建完整的220kV竞秀变电站、110kV莲池变电站铭牌，例如变电站铭牌、变电间隔铭牌、站内主变压器铭牌等。配电铭牌新建操作与主网设备略有不同，配电铭牌功能菜单位置为：运维检修中心—配电网运维指挥管理—电系铭牌管理—铭牌申请单编制，通过铭牌申请单新建配电铭牌。配电站房铭牌根据站房类型分为环网柜、箱式变电站、开关站、电缆分支箱、配电室等。参照主网设备铭牌新建过程，在PMS2.0系统创建配电站房铭牌，例如电站铭牌、电站间隔铭牌、站内-配电变压器铭牌等。

任务二　站房类设备台账的创建

任务目标

（1）掌握站房类一次设备台账的创建方法。
（2）能够利用PMS2.0系统完成站房类设备台账的创建任务。

任务描述

该任务主要是设备运维人员在PMS2.0系统中完成设备新增流程、创建设备台账，主要包括设备新增申请单的创建、设备台账的新增、设备具体参数的维护、设备台账的审核与发布。变电站一次设备主要有变压器、断路器、隔离开关、电流互感器、电压互感器、电容器、电抗器等。运维人员需要根据220kV竞秀变电站、110kV莲池变电站设备新建工程项目要求，依据变电站设备清册和主接线图，完成变电站、间隔及站内设备台账新建工作，例如，新建220kV竞秀变电站、220kV 4号母线间隔、220kV 4号母线等设备台账。

任务准备

一、知识准备

设备统一调度命名规范、命名及编号准则。变电站调度命名一般以变电站所在地的实际地名（2~3个汉字）命名，标准书写格式为："×××站"。输电线路的调度命名由"两端厂站简称＋回路数＋线"构成，两端厂站简称取厂站调度命名中的一个字且不能相同，对于不同电压等级的两端厂站，高电压等级厂站简称在前，低电压等级厂站简称在后。主变压器调度命名由"♯＋变压器序号＋变压器"构成，变压器序号应为阿拉伯数字，可简写为"♯＋变压器序号＋变"。母线调度命名由"电压等级＋母线序号＋母线"构成。

二、工具准备

Win7版本电脑（32/64）、Google浏览器（32/64）、PMS2.0客户端、PMS2.0培训环境。

三、资料准备

220kV竞秀变电站、110kV莲池变电站主接线图、设备参数信息、新建变电站工程信息等，详见附录A变电站主接线图、附录B变电站铭牌信息、附录C变电站设备清册、附录D输电设备清册。

四、人员准备

变电运维班成员、班长。变电运维班成员应具备PMS2.0系统设备变更申请单新建、电系铭牌新建、台账维护、图形维护、查询统计等权限。变电运维班班长应具备PMS2.0系统设备变更申请单审核、台账审核、图形审核、查询统计等权限。

五、场地准备

具有电网省属公司内网环境的机房（有可登录PMS2.0系统内网的电脑）。

任务实施

一、任务流程图

站房类设备台账创建流程图见图1-18。

PMS 系统认知实训

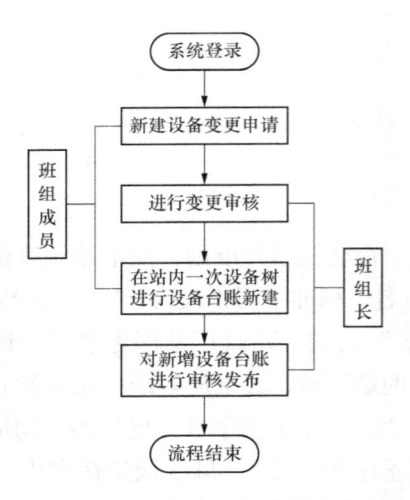

图 1-18 站房类设备台账创建流程图

二、操作步骤

（1）登录 PMS2.0 系统，打开"系统导航"—"电网资源中心"—"电网资源管理"—"设备台账管理"—"设备变更申请"菜单。设备变更申请界面访问路径如图 1-19 所示。

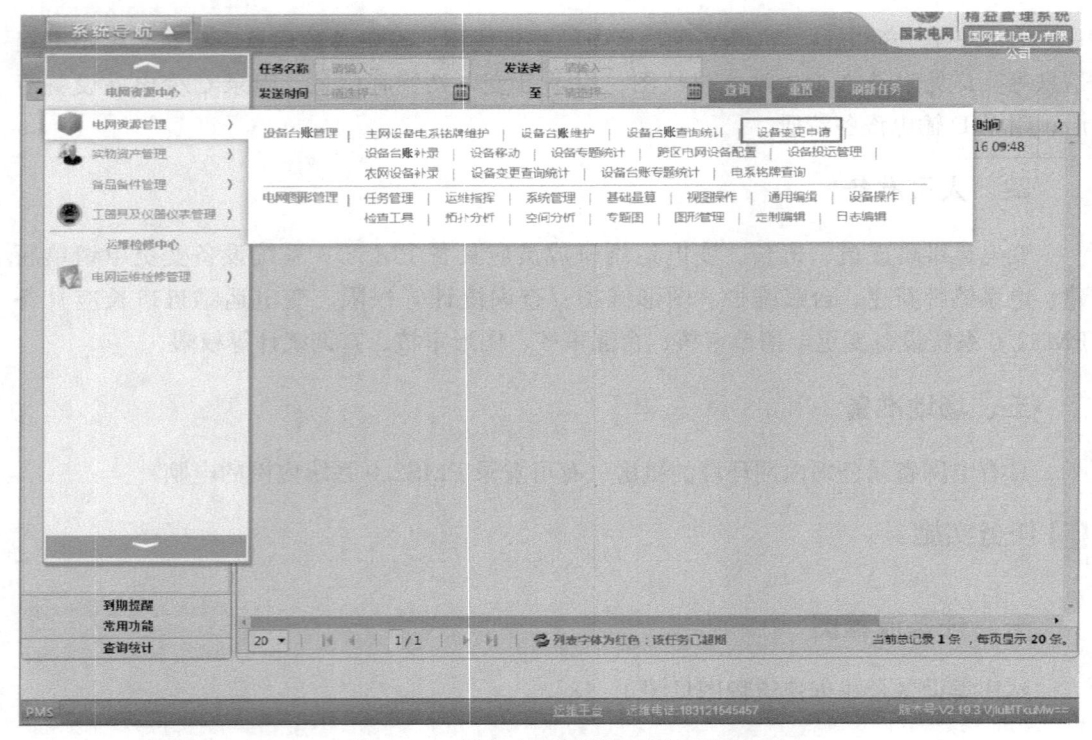

图 1-19 设备变更申请界面访问路径

登录模块，页面功能模块主要提供新建、修改、删除、发送、流程撤回、作废、查看详情、导出、打印申请单功能。设备变更申请界面如图1-20所示。

图1-20 设备变更申请界面

变电台账设备变更申请包括新建、审核、台账维护、台账审核、发布等环节。设备变更申请流程界面如图1-21所示。

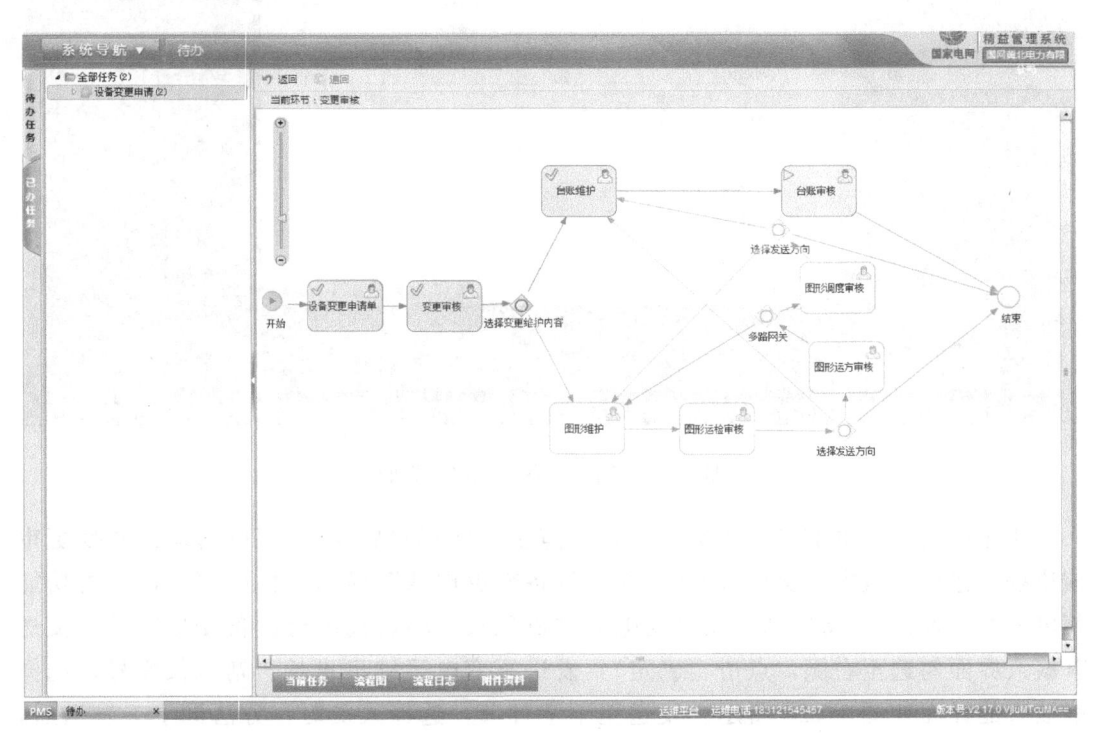

图1-21 设备变更申请流程界面

（2）新建设备变更申请。进入"设备变更申请"页面，点击"新建"，会弹出新建设备变更申请窗口，发起设备变更申请。设备变更申请信息包括三部分：基本信息、变更设备清册和附件资料。基本信息包括：申请类型、电站/线路名称、工程编号、工程名称、主要设备、申请单位、申请人、申请时间、输变配标识、所属地市、投运日期、

PMS 系统认知实训

变更内容、设备变更原因。其中，申请类型提供设备新增、设备修改、线路切改、设备更换、设备投运、设备退役等选项，可根据实际操作内容进行选择；工程编号和工程名称可手动填写，也可以进行选择；新建任务提供"图形变更"和"台账变更"选择的功能；信息带"*"为必填选项，选项框内信息为灰色字段，是系统自带字段，无法进行修改。本次以"220kV 竞秀变电站"整站台账新建为例，故新建设备变更申请单仅勾选台账变更。新建设备变更申请界面如图 1-22 所示。

图 1-22 新建设备变更申请界面

新建变更申请单信息维护完成后，可点击"保存并启动"，即可启动设备变更审核流程，也可以点击"保存"，然后在"设备变更申请"界面选择申请单，点击功能菜单里的"发送"，将申请单发至变电运维班班长、副班长进行设备变更审核。发送审核人界面勾选至右侧，点击"确定"，发送至变电运维班班长、副班长账号。选择审核人的界面如图 1-23 所示。发送至下一环节，选择人员时，方法同上。发送后，登录变电运维班班长、副班长账号，在待办中可看到对应任务名称。审核人待办事项界面如图 1-24 所示。

（3）设备变更审核。审核人登录系统，在页面上方，点击"待办"。在左侧"待办任务"结构树中，选择设备变更申请下的变更审核项，在页面右侧选择需要处理的设备变更申请任务。变更审核任务界面如图 1-25 所示。

在打开页面中填写审核意见，审核意见填写完成后点击"发送"，按照流程发送至

情境一　站房类设备台账、图形管理

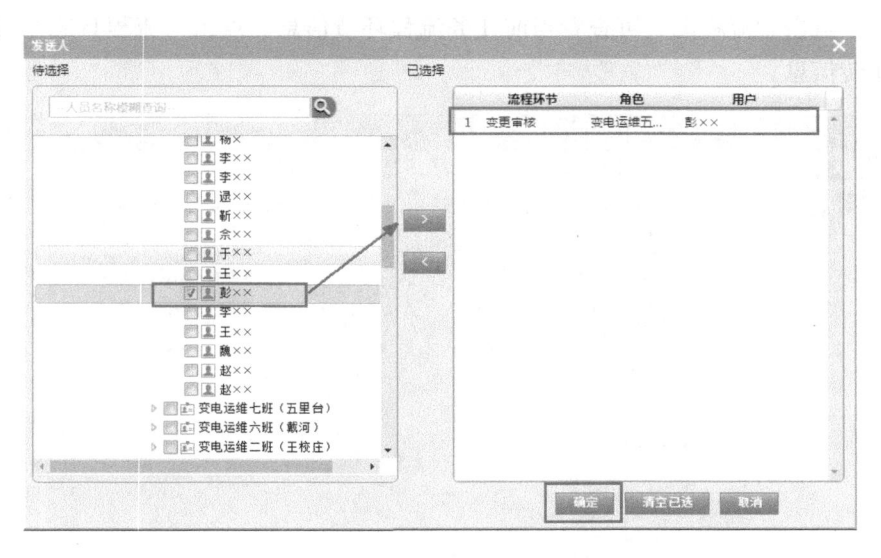

图 1-23　选择审核人的界面

图 1-24　审核人待办事项界面

图 1-25　变更审核任务界面

变电运维班成员进行台账及图形维护。本次任务仅进行台账维护，故仅发给台账维护人员即可。填写设备变更申请审核意见如图 1-26 所示。

另外，在设备变更审核界面（见图 1-27）中，运维班组负责人点击"返回"可返回至上一页面，重新选择任务。点击"退回"可以将该任务回退至变更申请环节，由申请人重新填写。点击"发送"可发送至下一环节处理人。点击"当前任务"可查看当前

17

处理信息。点击"流程图"可查看当前任务流程环节信息。点击"流程日志"可查看当前流程流转信息。

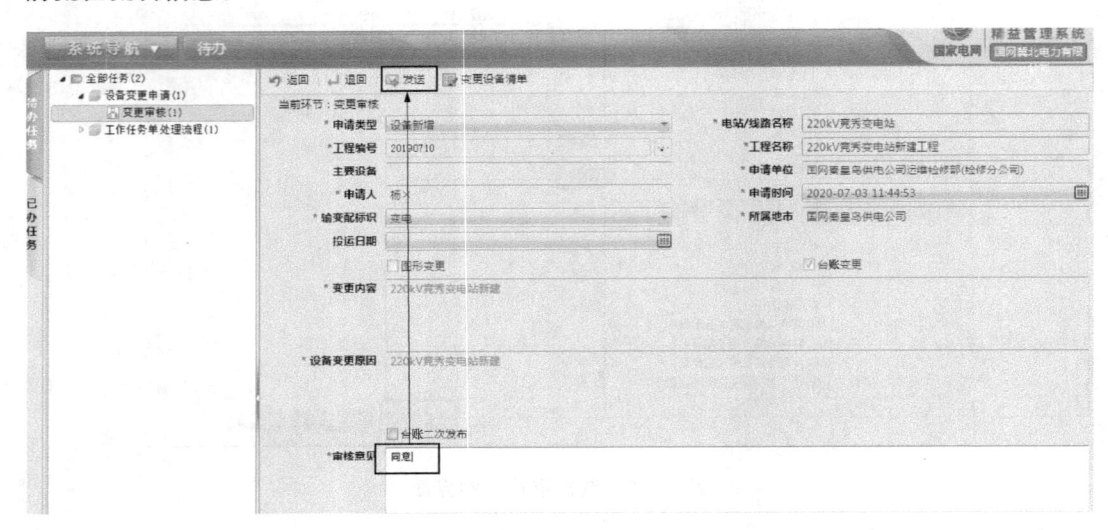

图 1-26　填写设备变更申请审核意见

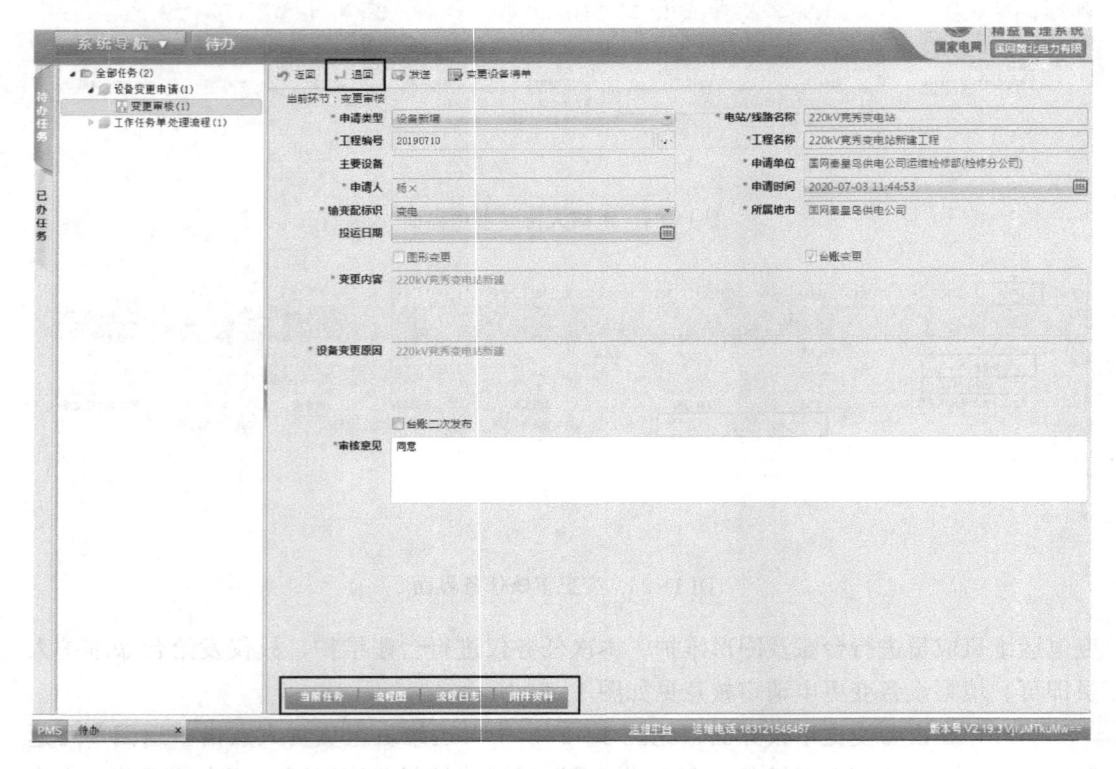

图 1-27　设备变更审核界面

（4）台账新建。设备变更发送到台账维护环节后，变电运维班成员进入左侧"待办任务"结构树，选择"设备变更申请"下的"台账维护"选项。在页面出现了台账维护任务，选择需要处理的任务，进入台账维护界面。台账维护任务界面如图1-28所示。

图1-28 台账维护任务界面

在台账维护任务详细信息界面（见图1-29）中点击"台账维护"。

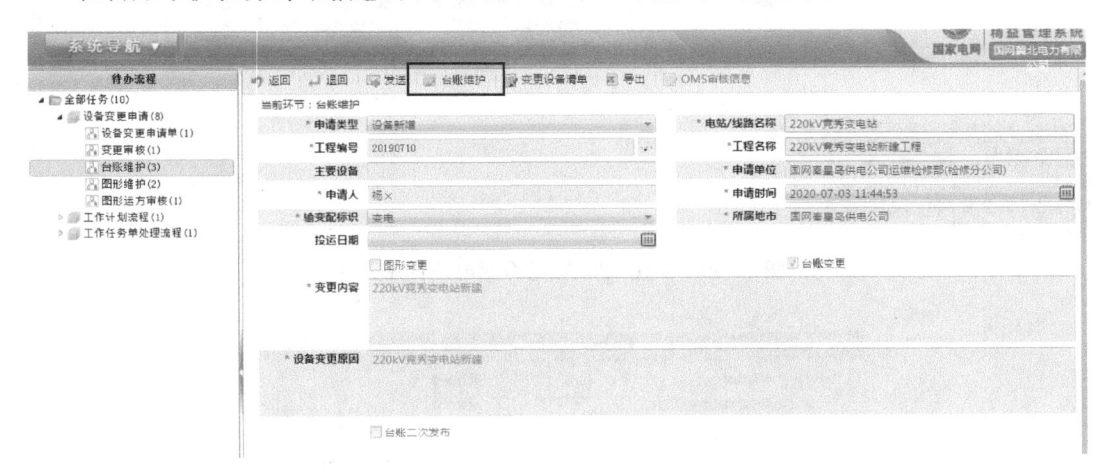

图1-29 台账维护任务详细信息界面

点击"台账维护"后，进入"设备台账维护"界面，PMS2.0系统将导航树按设备分为站内一次设备、站内二次设备、线路设备、低压设备、生产辅助设备、阀冷却及调相机辅助、大馈线等。

1）变电站台账新建。变电站属于站内一次设备，选择"站内一次设备"并选择"交流220kV"，然后点击"新建"，开始新建220kV竞秀变电站台账。新建220kV竞秀变电站台账界面如图1-30所示。

点击"新建"后，将弹出"电站—新建"对话框，未完善信息的变电站台账界面如图1-31所示。点击"电站名称"右侧"..."按钮，进入"电系铭牌选择"界面（如图1-32所示）。在"电系铭牌选择"中选择与需维护的设备台账相对应的铭牌，点击"确定"，铭牌信息会自动填入至"电站—新建"界面中。

然后在"电站—新建"界面中点击"确定"，完成变电站站房台账的建立。已完善信息的变电站台账如图1-33所示。

图 1-30　新建 220kV 竞秀变电站台账界面

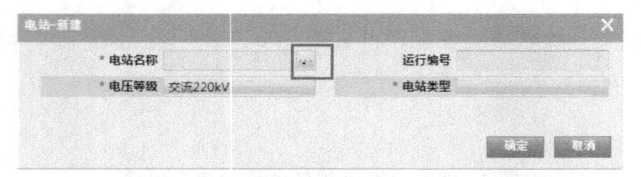

图 1-31　未完善信息的变电站台账界面

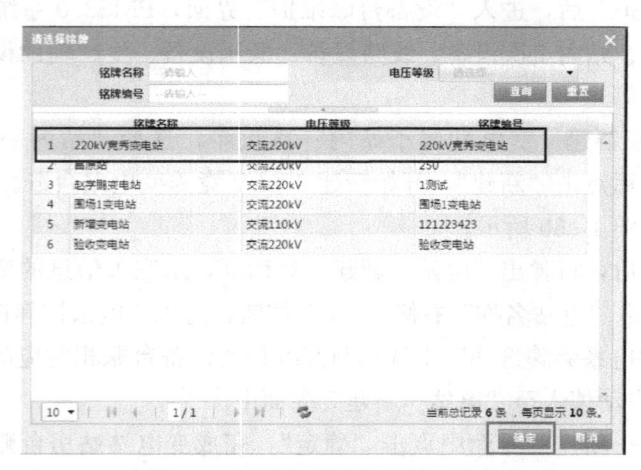

图 1-32　"电系铭牌选择"界面

情境一　站房类设备台账、图形管理

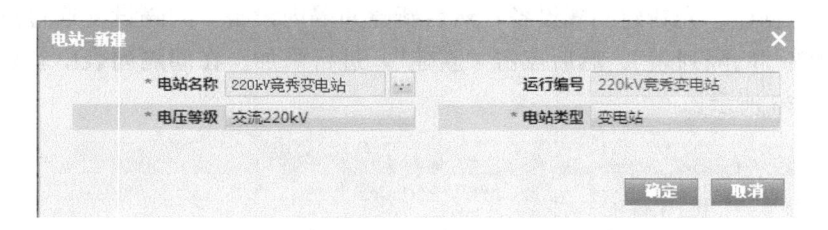

图 1- 33　已完善信息的变电站台账

新建完成的台账可在左侧导航树中查看。并可以在此处点击"修改",对设备台账信息进行维护。查看并修改变电站台账界面如图 1- 34 所示。

图 1- 34　查看并修改变电站台账界面

2）站内设备台账新建。站内设备台账存在批量创建和逐一创建两种方式。

（a）批量创建。点击变电站台账上方功能菜单中的"铭牌创建台账"（依据铭牌创建站内设备台账界面如图 1- 35 所示），将弹出提示框"是否根据电系铭牌自动按照间隔、设备的结构生成台账！"，点击"确定"，系统会根据"主网设备电系铭牌维护"界面内站房下的铭牌自动批量创建台账。

图 1- 35　依据铭牌创建站内设备台账界面

21

（b）逐一创建。先新建间隔设备，然后新建间隔内设备。间隔设备通过点击变电站台账上方页签"间隔列表"，然后点击"新建"，进行添加。在间隔列表中新建间隔设备界面如图 1-36 所示。

图 1-36　在间隔列表中新建间隔设备界面

点击"新建"后，页面会弹出"间隔—新建"窗口，点击"间隔单元名称"右侧的"…"按钮时，同样会进入电系铭牌列表，选择需新建铭牌，在"间隔—新建"窗口维护好相应信息后，点击"确定"，即完成间隔台账的新建。完成间隔台账新建界面如图 1-37 所示。

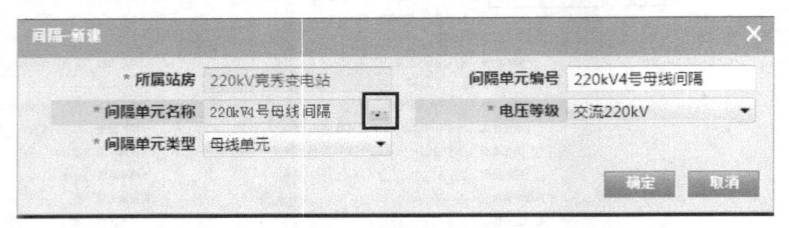

图 1-37　完成间隔台账新建界面

完成间隔台账新建后，开始新建间隔内设备。在间隔设备处，右击鼠标，选择"直接新建"可直接新建设备台账；或者点击间隔台账上方"设备列表"，点击"新建"进行新建台账。点击"新建"后会弹出"设备—新建"窗口，维护信息后，点击"确定"，即完成了间隔内设备台账的新建。新建间隔内设备台账界面如图 1-38 所示。

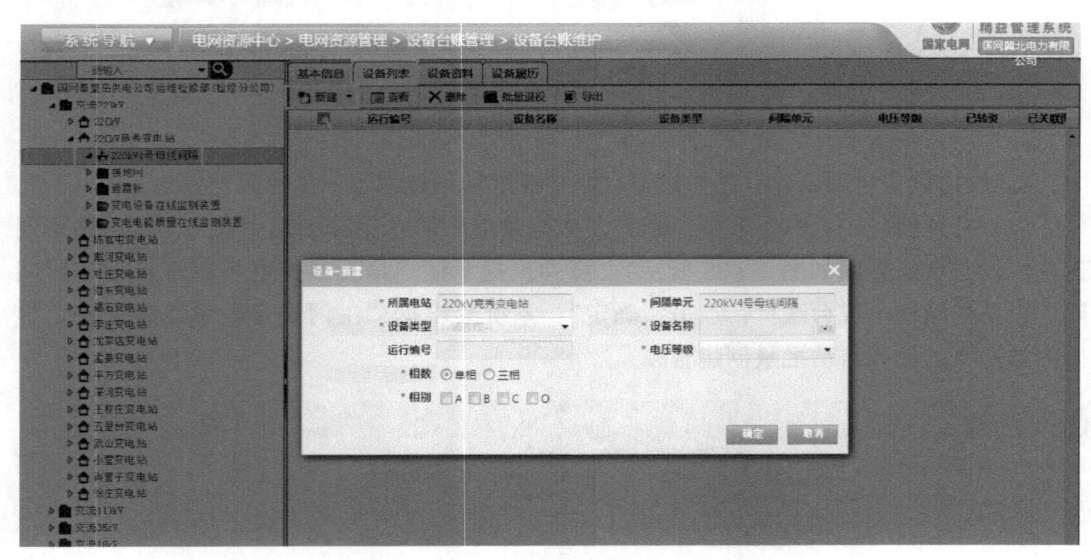

图 1-38　新建间隔内设备台账界面

情境一　站房类设备台账、图形管理

也可以点击间隔台账上方"铭牌创建台账",弹出提示框"是否根据电系铭牌自动按照间隔、设备的结构生成台账",点击"确定"即完成批量新建间隔内设备台账。依据铭牌创建间隔内设备台账界面如图1-39所示。

图1-39　依据铭牌创建间隔内设备台账界面

站内设备台账新建完成后,站内设备台账创建界面如图1-40所示。

图1-40　站内设备台账创建界面

台账新建、维护完成后,点击待办处,重新进入"台账维护"界面,点击"发送"。若台账信息未完全填写,点击"发送"后会弹出对话框,将提示存在空字段的台账。设备台账空字段提示界面如图1-41所示。

此时点击蓝色字体进入台账页面进行维护。

若台账已全部维护好后点击"发送",会进入台账审核人员选择界面,选择变电运

23

图 1-41 设备台账空字段提示界面

维班班长、副班长，流程将进入"台账审核"环节。

（5）台账审核。发送至审核人后，变电运维班班长、副班长在待办中找到台账审核任务单，台账审核界面如图 1-42 所示，点击"设备台账变更审核"，填写审核意见后，确认无误，点击"发送"，选择"结束"，至此台账审核流程结束。

图 1-42 台账审核界面

若该台账包含设备参数信息变化，则弹出参数同步弹框，点击"确定"，同步 ERP

24

情境一　站房类设备台账、图形管理

成功。设备参数同步界面如图1-43所示。

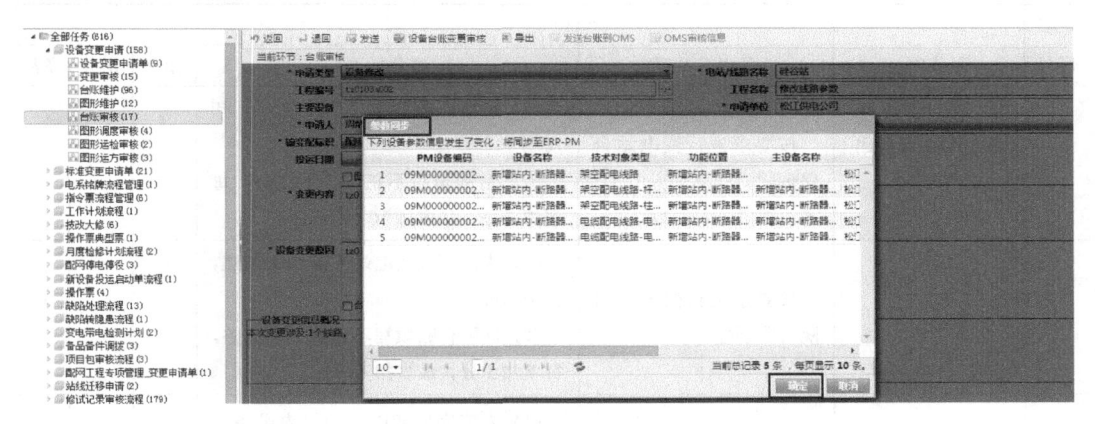

图1-43　设备参数同步界面

若存在问题，点击该页面菜单"退回"可进行退回，返回至台账维护阶段进行修改。

任务评价

站房类设备台账创建任务评价表见表1-2。

表1-2　　　　　　　　站房类设备台账创建任务评价表

姓名		学号				
序号	评分项目	评分内容及要求	评分标准	扣分	得分	备注
1	准备工作（5分）	（1）电脑的应用环境为内网，可登录Google浏览器。（2）资料准备齐全，包括教材、笔、笔记本等	（1）没有进行电脑操作环境检查，扣3分。（2）资料准备不齐全，扣2分			
2	设备变更申请单新建及审核流程（10分）	（1）正常登录PMS2.0系统。（2）按要求进行设备变更申请单新建及审核	（1）未能登录PMS2.0系统，扣2分。（2）未能找到PMS2.0系统中申请单新建模块，扣2分。（3）未能完成申请单信息填写及启动流程，扣4分。（4）申请单申请类型不正确、不完整，每项扣2分			

续表

姓名		学号				
序号	评分项目	评分内容及要求	评分标准	扣分	得分	备注
3	变电站台账新建（20分）	按要求进行变电站台账创建	（1）未能完成变电站台账创建，扣10分。 （2）台账填写不正确、不完整，每项扣1分，最多扣10分			
4	变电站间隔台账新建（20分）	按要求进行变电站间隔台账创建	（1）未能完成变电站间隔台账创建，扣10分。 （2）间隔台账填写不正确、不完整，每项扣1分，最多扣10分			
5	变电站间隔内设备台账创建（30分）	按要求进行变电站间隔内设备台账创建	（1）未能完成变电站间隔内设备台账创建，扣10分。 （2）间隔内设备台账填写不正确、不完整，每项扣1分，最多扣20分			
6	设备变更审核、结束流程（10分）	按要求进行设备变更审核、结束流程	未能完成申请单审核及结束流程，扣10分			
7	综合素质（5分）	（1）着装整齐，精神饱满。 （2）独立完成相关工作。 （3）课堂纪律良好，不大声喧哗				
8	总分（100分）					

操作开始时间： 　　时　　分
操作结束时间： 　　时　　分　　　　　　　　　　　　用时：　　分

指导教师

任务扩展

上述操作可任选一种，按照变电站台账创建架构，完成220kV竞秀变电站和110kV莲池变电设备台账信息录入操作。配电站房电压等级为10kV，在台账维护站内一次设备树10kV侧进行新建，设备新建过程与变电相同。参照变电站台账创建过程，新建配电站房、间隔以及站内母线、断路器等设备台账，维护站房设备信息及站房专业班组等台账内容。

任务三　站房类辅助设施台账的创建

任务目标

（1）掌握站房类辅助设施台账的创建方法。

(2) 能够利用 PMS2.0 系统完成站房类辅助设施台账的创建任务。

任务描述

该任务主要是在变电站一次设备台账维护完成后，辅助设施运维人员依据项目资产移交清册，在 PMS2.0 系统中完成变电站内辅助设施创建工作，如变电站辅助设施有微机五防、消防系统等。220kV 竞秀变电站、110kV 莲池变电站一次设备台账维护已完成，下面创建 220kV 消防系统等站内辅助设备台账。

任务准备

一、知识准备

变电站辅助设施主要指为保证变电站安全稳定运行而配备的消防、安防、视频、通风、除湿、给排水等系统。变电站辅助设施作为电网生产辅助系统，是提高变电站运行维护能力及保证变电站稳定、安全、可靠运行的重要手段。

二、工具准备

Win7 版本电脑（32/64）、Google 浏览器（32/64）、PMS2.0 客户端、PMS2.0 培训环境。

三、资料准备

220kV 竞秀变电站、110kV 莲池变电站辅助设施台账、新建变电站工程信息，详见附录 C。

四、人员准备

变电运维班成员、班长。人员权限与情境一任务二人员一致。

五、场地准备

具有电网省属公司内网环境的机房（有可登录 PMS2.0 系统内网的电脑）。

任务实施

一、任务流程图

站房类辅助设施台账创建流程图如图 1-44 所示。

二、操作步骤

(1) 登录 PMS2.0 系统，打开"系统导航"—"电网资源中心"—"电网资源管理"—"设备台账管理"—"设备变更申请"菜单。设备变更申请界面访问路径如图 1-45 所示。

该任务的操作模块、流程与"情境一任务二站房类设备台账的创建"相同,在"设备变更申请"界面,进行新建台账任务,变更审核后,发送至台账维护人员。

(2)台账维护阶段。任务到达"台账维护"流程环节后,进入任务。点击"台账维护",打开台账维护页面,切到"生产辅助设备",找到一个电站下的防误闭锁装置或消防系统分组节点。两者类似,以消防系统分组节点为例,右侧展示消防系统设备列表。消防系统列表界面如图 1-46 所示。

消防系统台账新增:点击"新建"按钮,弹出消防系统台账新建对话框,该对话框提供系统类型、系统名称、投运日期、设备状态 4 个参数,其中系统类型下拉选择,可选项包括油浸式变压器(换流变压器、电抗器)固定灭火系统、火灾自动报警系统、消防给水及消火栓系统;系统名称、投运日期需手工填写;设备状态默认为"未投运"且不可修改,台账新建完成后可进行修改。消防系统台账新建界面如图 1-47 所示。

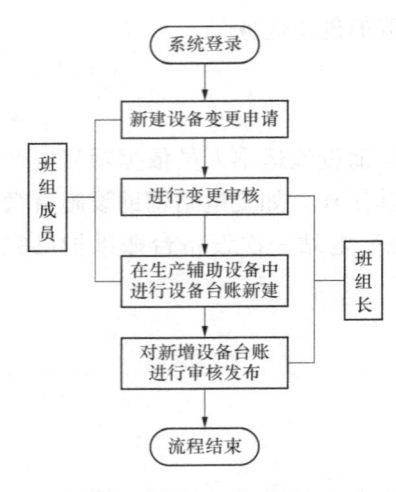

图 1-44 站房类辅助设施台账创建流程图

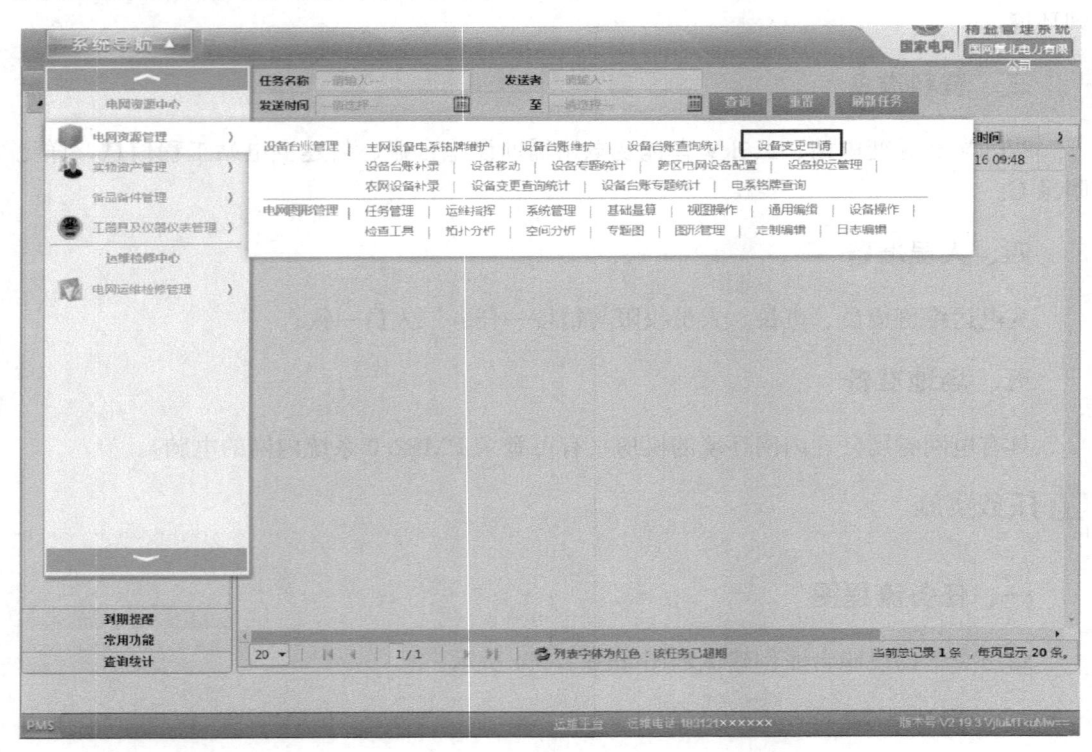

图 1-45 设备变更申请界面访问路径

图1-46 消防系统列表界面

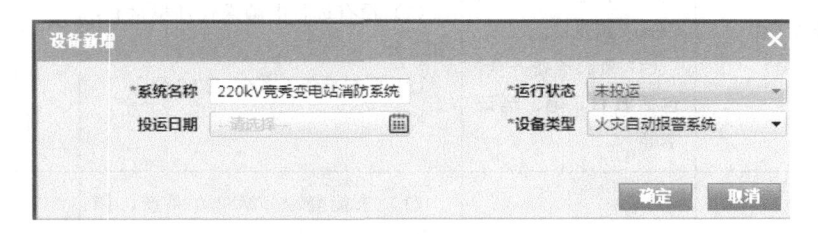

图1-47 消防系统台账新建界面

消防系统台账新建对话框录入相关参数并点击"确定",在设备树的消防系统节点下显示新增的消防系统节点,并自动选中该节点,同时右侧显示新增消防系统对应的详情参数页面。新增消防系统详情参数界面如图1-48所示。

图1-48 新增消防系统详情参数界面

(3) 确认信息填写完成后，将申请单发往变电运维班班长、副班长进行审核，发布台账。

任务评价

站房类设备辅助设施台账创建任务评价表见表1-3。

表1-3　　　　　　站房类设备辅助设施台账创建任务评价表

姓名		学号				
序号	评分项目	评分内容及要求	评分标准	扣分	得分	备注
1	准备工作（5分）	（1）电脑的应用环境为内网，可登录Google浏览器。（2）资料准备齐全，包括教材、笔、笔记本等	（1）没有进行电脑操作环境检查，扣3分。（2）资料准备不齐全，扣2分			
2	设备变更申请单新建及审核流程（30分）	（1）正常登录PMS2.0系统。（2）按要求进行设备变更申请单新建及审核	（1）未能登录PMS2.0系统，扣5分。（2）未能找到PMS2.0系统中申请单新建模块，扣10分。（3）未能完成申请单信息填写及启动流程，扣10分。（4）申请单申请类型不正确，每项扣5分			
3	变电站生产辅助设备台账创建（30分）	按要求进行变电站生产辅助设备台账创建	（1）未能完成变电站生产辅助设备台账创建，扣15分。（2）间隔内设备台账填写不正确、不完整，每项扣1分，最多扣15分			
4	设备变更审核、结束流程（30分）	按要求进行设备变更审核、结束流程	未能完成申请单审核及结束流程，扣30分			
5	综合素质（5分）	（1）着装整齐，精神饱满。（2）独立完成相关工作。（3）课堂纪律良好、不大声喧哗				
6	总分（100分）					
操作开始时间：　　时　　分 操作结束时间：　　时　　分				用时：　　分		
指导教师						

任务扩展

站内二次设备与生产辅助设备操作流程类似。结合上述操作步骤，在生产辅助设备树，完成 220kV 竞秀变电站、110kV 莲池变电站消防系统、微机五防系统的创建工作。在站内二次设备树中，完成 220kV 竞秀变电站、110kV 莲池变电站时间同步装置、自动化系统创建工作。台账创建完成、维护完成信息后，核对设备台账，确保设备台账在 PMS2.0 系统中无误。

任务四　站房类设备图形的绘制

任务目标

（1）掌握站房类主接线图的绘制方法。
（2）能够利用 PMS2.0 系统完成变电站主接线图的绘制。

任务描述

该任务主要是通过设备变更申请单，在 PMS2.0 系统中 C/S 图形客户端，根据实际的站房接线图，完成设备图形信息录入工作，实现设备台账和电网图形的一致性维护。220kV 竞秀变电站、110kV 莲池变电站铭牌信息已录入完成。下面根据 220kV 竞秀变电站、110kV 莲池变电站站内一次接线图信息，完成变电站 220kV 竞秀变电站、220kV 4 号母线、220kV 竞秀一线断路器等主接线图的图形绘制工作。

任务准备

一、知识准备

电气主接线主要是指发电厂、变电站、电力系统中，高压电气设备之间相互连接的电路。电气主接线是以电源进线和引出线为基本环节，以母线为中间环节构成的电能输配电路。电力系统常采用的主接线方式有单母线接线、单母分段接线、双母线接线、内桥接线、外桥接线等。

二、工具准备

Win7 版本电脑（32/64）、Google 浏览器（32/64）、PMS2.0 客户端、PMS2.0 图形客户端、PMS2.0 培训环境。

三、资料准备

220kV 竞秀变电站、110kV 莲池变电站主接线图（详见附录 A）。

四、人员准备

变电运维班成员、班长。人员权限与情境一任务二一致。

五、场地准备

具有电网省属公司内网环境的机房（有可登录 PMS2.0 系统内网的电脑）。

任务实施

一、任务流程图

站房类设备图形绘制流程图如图 1-49 所示。

二、操作步骤

（1）登录 PMS2.0 系统，打开"系统导航"—"电网资源中心"—"电网资源管理"—"设备台账管理"—"设备变更申请"菜单。

该任务的操作模块仍为设备变更申请。在设备变更申请界面，勾选"图形变更"，新建图形任务。在实际工作中，可同时勾选"图形变更"和"台账变更"，将台账新增与图形新增工作同时进行。新建变更申请勾选图形变更界面如图 1-50 所示。

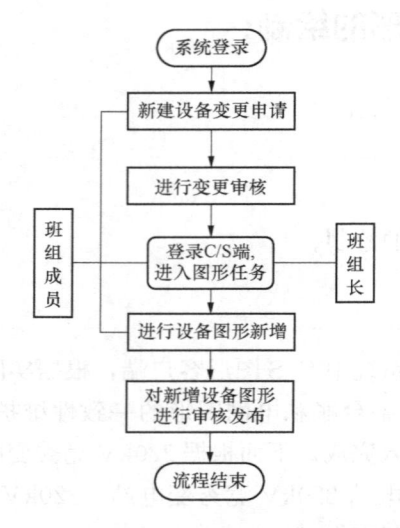

图 1-49 站房类设备图形绘制流程图

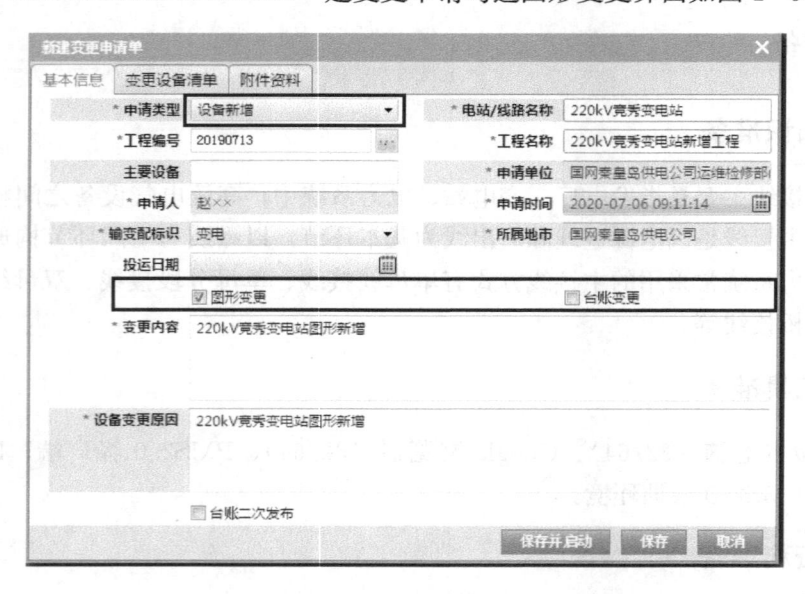

图 1-50 新建变更申请勾选图形变更界面

进行变更审核后，发至变电运维班成员进行图形维护。然后，登录"设备（资产）运维精益化管理系统"（以下简称"C/S 系统"）。设备（资产）运维精益管理系统图标如图 1-51 所示，设备（资产）运维精益管理系统登录界面如图 1-52 所示。

图 1-51　设备（资产）运维精益管理系统图标

图 1-52　设备（资产）运维精益管理系统登录界面

（2）图形维护。变电运维班成员登录 C/S 系统后，进入"任务管理"，选择图形维护任务，依据工程信息开展图形的变更维护（由于需要加载地理背景图和电网数据，需要缓存一段时间）。图形维护任务界面如图 1-53 所示。

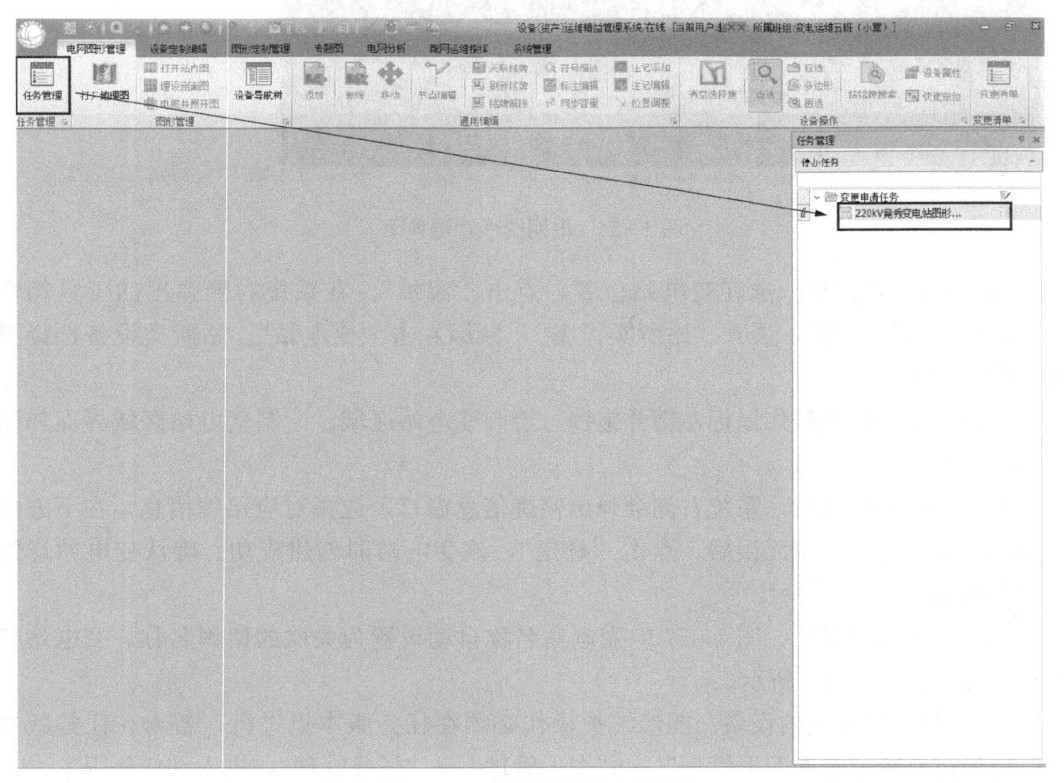

图 1-53　图形维护任务界面

PMS 系统认知实训

设备分为有铭牌的设备和没有铭牌的设备。有铭牌的设备图形和台账可以同时进行维护，没有先后顺序。没有铭牌的设备，要先维护图形，再进行台账的参数维护。本次绘制 220kV 竞秀变电站内一次设备，大多数设备为有铭牌的设备。

本次使用的功能模块主要在"电网图形管理"下，电网图形管理界面如图 1-54 所示。

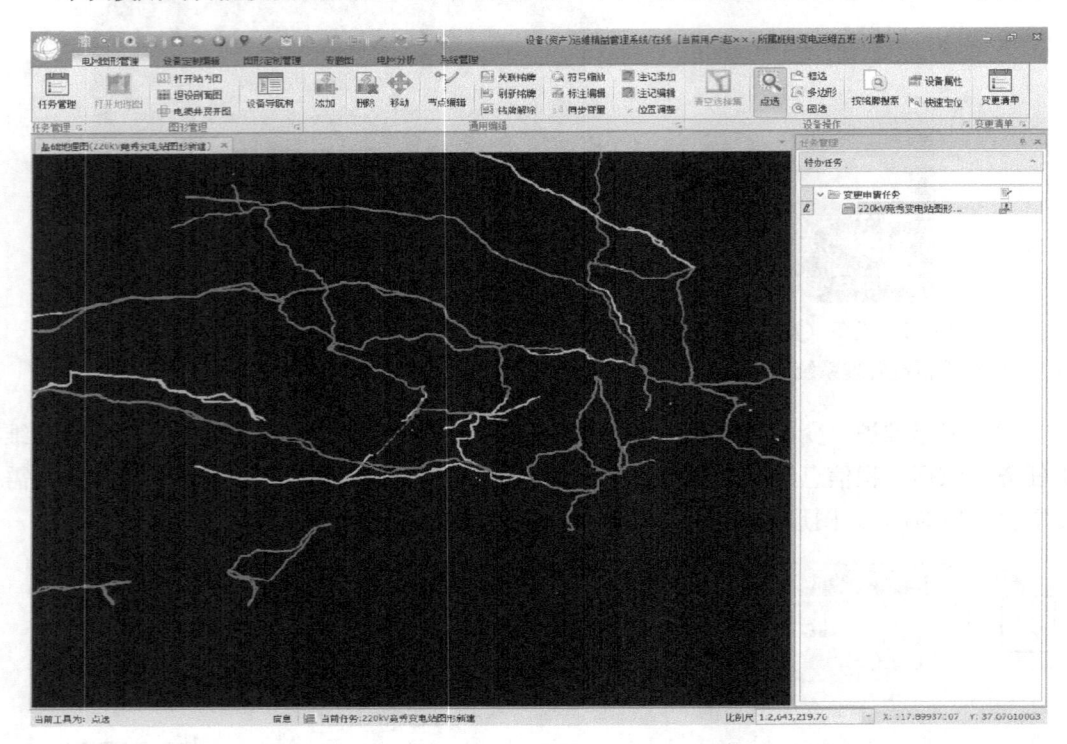

图 1-54　电网图形管理界面

1) 站房图形添加。选好变电站位置，点击"添加"，在系统右侧弹出的工具箱窗口，选择"站外一次"，展开"站所类设备"，鼠标左击"变电站"。站所类设备选择界面如图 1-55 所示。

然后在地理图上按住鼠标左键并拖拽，绘制变电站区域。绘制变电站区域界面如图 1-56 所示。

绘制变电站区域后，系统右侧会弹出铭牌信息窗口，选择对应铭牌信息，在下方位置显示详细信息，确定无误后，点击"确定"，该变电站即创建成功。确认变电站详细信息界面如图 1-57 所示。

成功创建效果图后，图 1-57 中变电站名称自动设置为关联的铭牌名称。变电站名称显示界面如图 1-58 所示。

2) 添加母线及站内设备。图形维护操作必须在任务版本里进行，若未在任务版本中，可通过路径"电网图形管理"—"图形管理"—"任务管理"，进入到任务版本。

先选中变电站再点击"打开站内图"，然后在地理图点击需要操作的站房设备。打

情境一　站房类设备台账、图形管理

开站内图界面如图1-59所示。

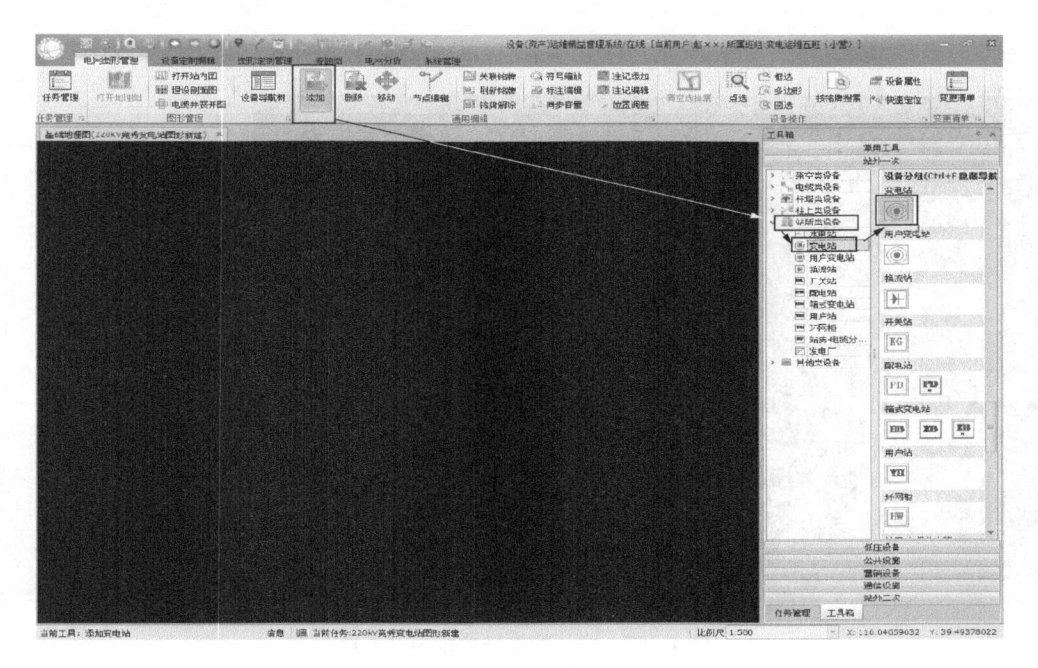

图1-55　站所类设备选择界面

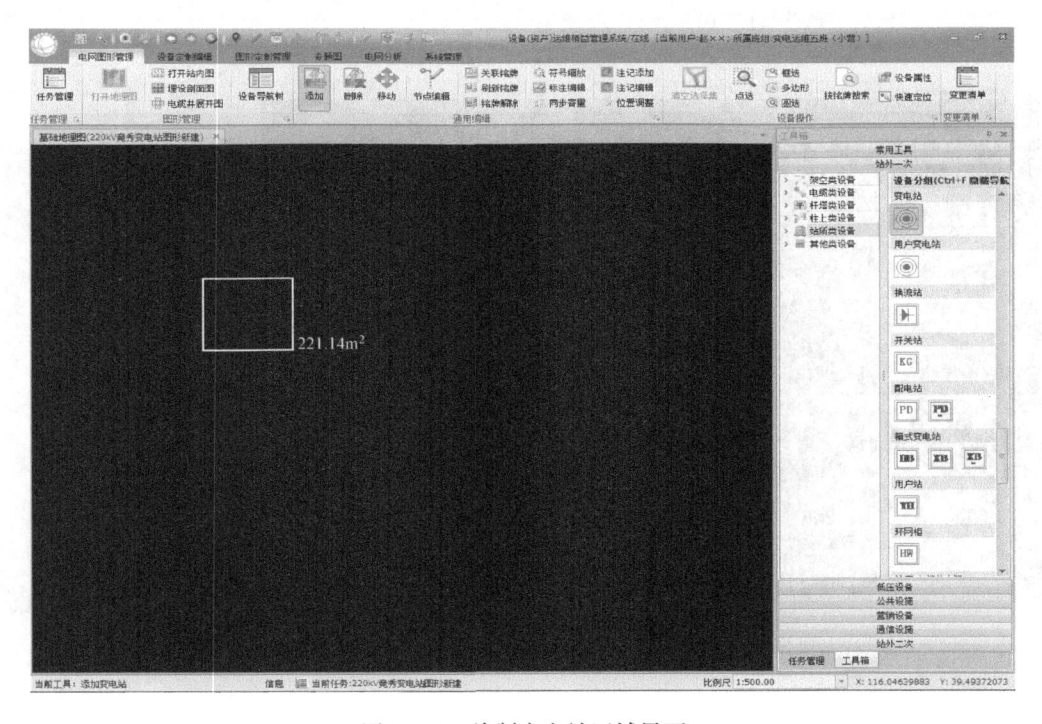

图1-56　绘制变电站区域界面

35

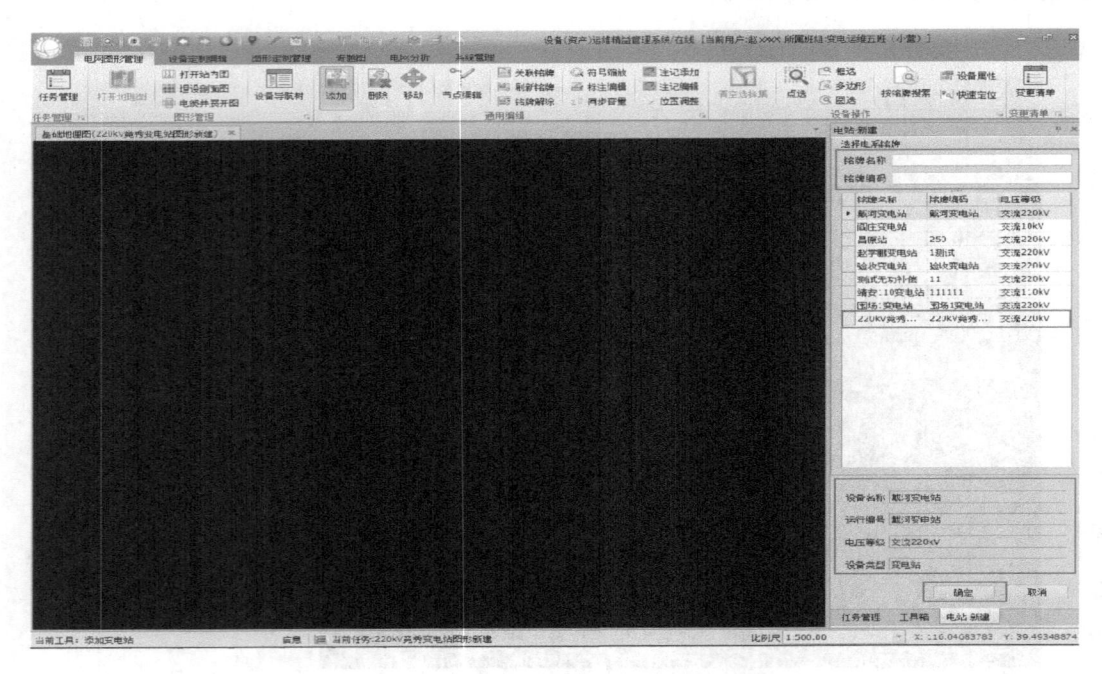

图 1-57 确认变电站详细信息界面

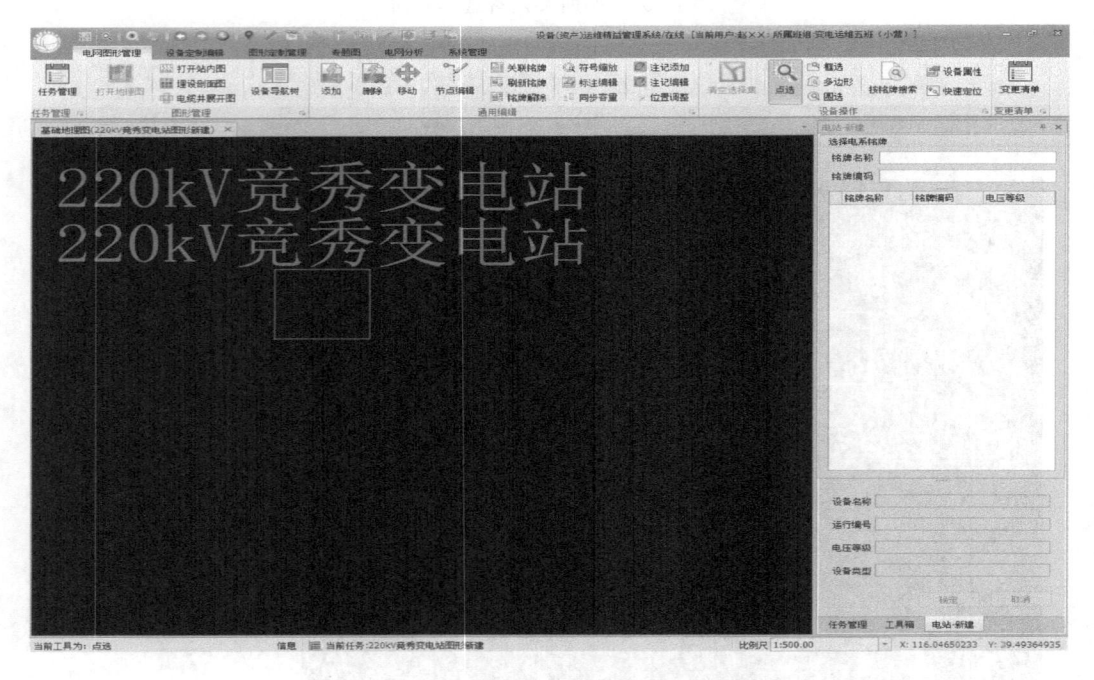

图 1-58 变电站名称显示界面

情境一　站房类设备台账、图形管理

图 1-59　打开站内图界面

打开站内图后，点击"添加"，在系统右侧弹出的工具箱窗口，选择"站内一次"，展开"母线类设备"。选择站内设备界面如图 1-60 所示。

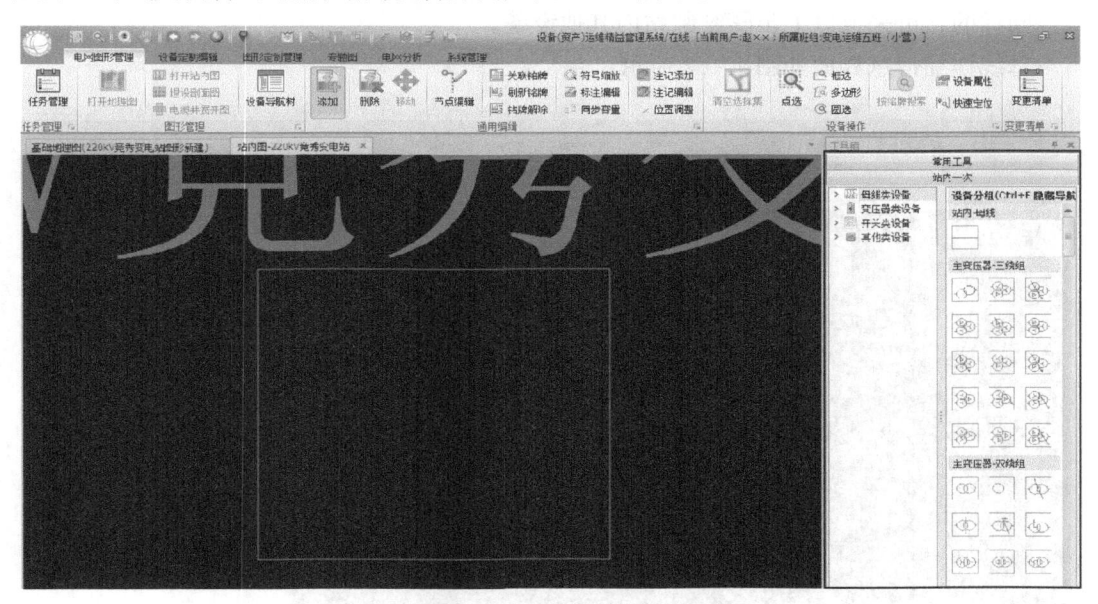

图 1-60　选择站内设备界面

用鼠标点击"母线"，然后在站内图鼠标左击确定起点，移动鼠标自定义长度，再次鼠标左击确定终点。绘制母线界面如图 1-61 所示。

37

PMS 系统认知实训

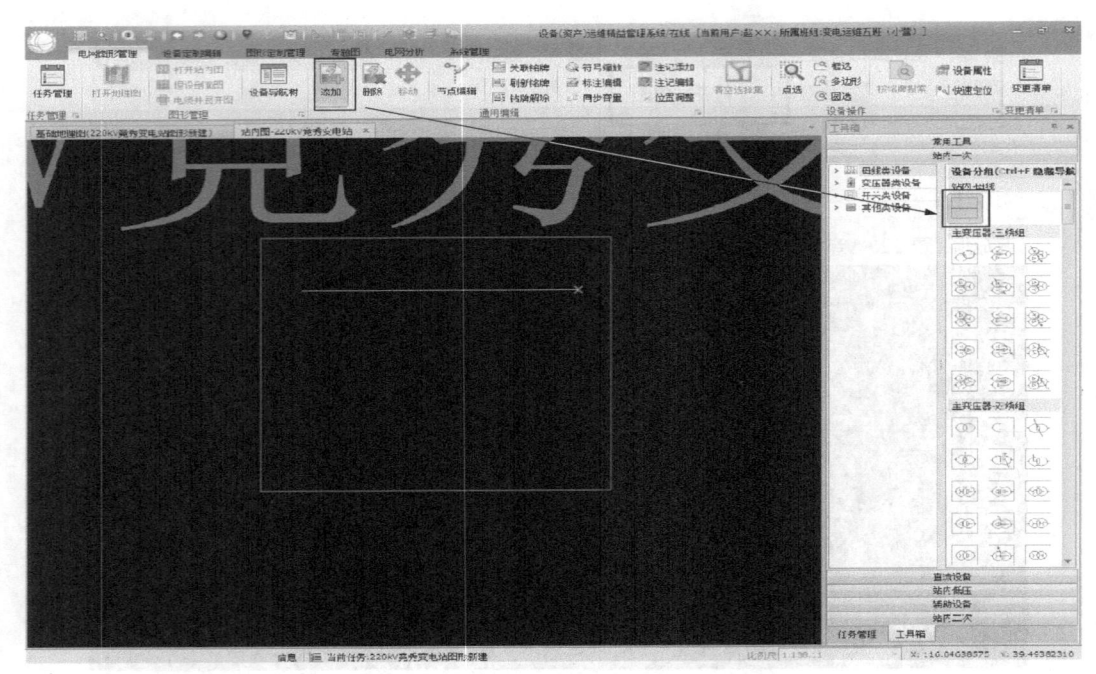

图 1-61 绘制母线界面

绘制母线后，系统右侧会弹出铭牌信息窗口，选择铭牌信息，点击"确定"，母线创建成功。

同样的，可采取以上步骤绘制站内其他设备。

母线详细信息界面如图 1-62 所示。

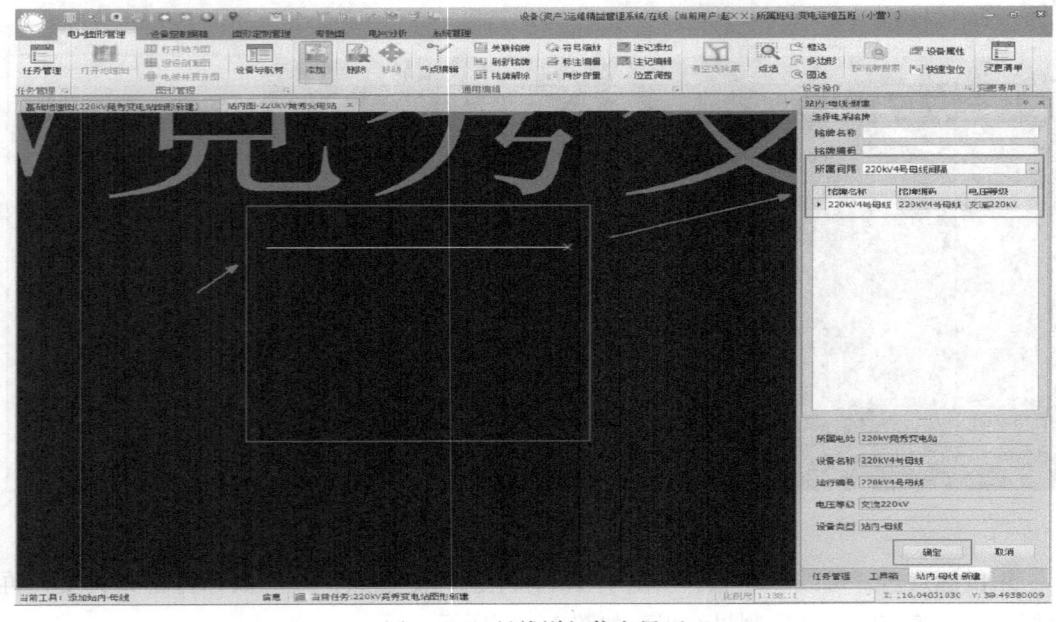

图 1-62 母线详细信息界面

成功创建效果图（其他站内设备添加方法同上）。站内母线图创建完成界面如图1-63所示。

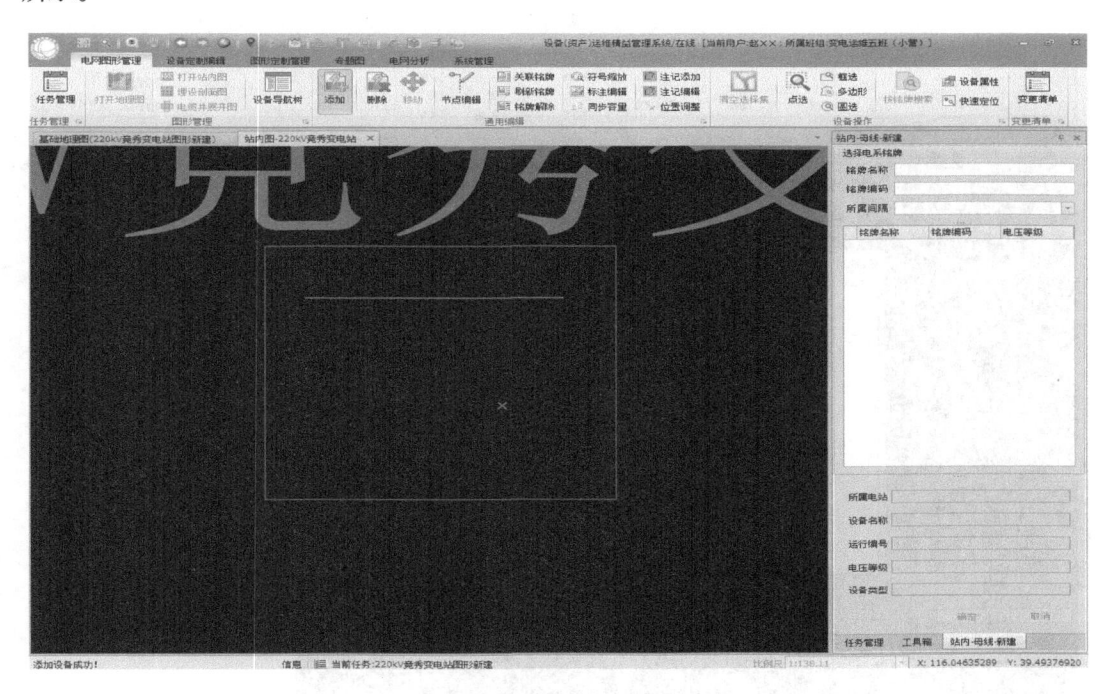

图1-63　站内母线图创建完成界面

依据上述方法绘制整站内图形。绘制完成后，呈现结果，220kV站内图创建完成界面如图1-64所示。

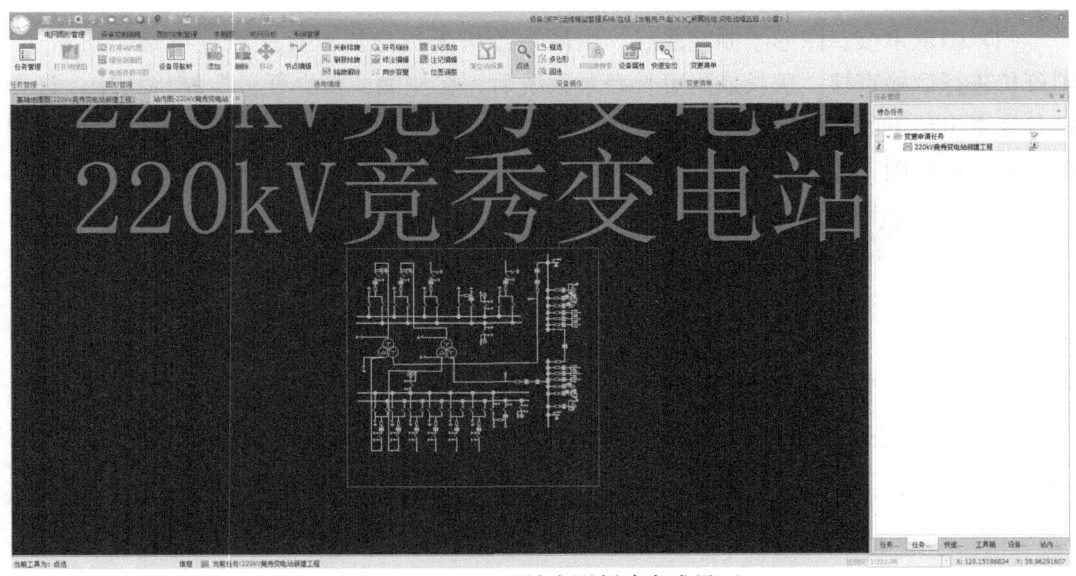

图1-64　220kV站内图创建完成界面

图形站房内设备维护完成后,点击"任务管理"后双击任务名称,选择并发送至变电运维班班长、副班长进行图形运检审核。将绘制的图形提交审核界面如图 1-65 所示。

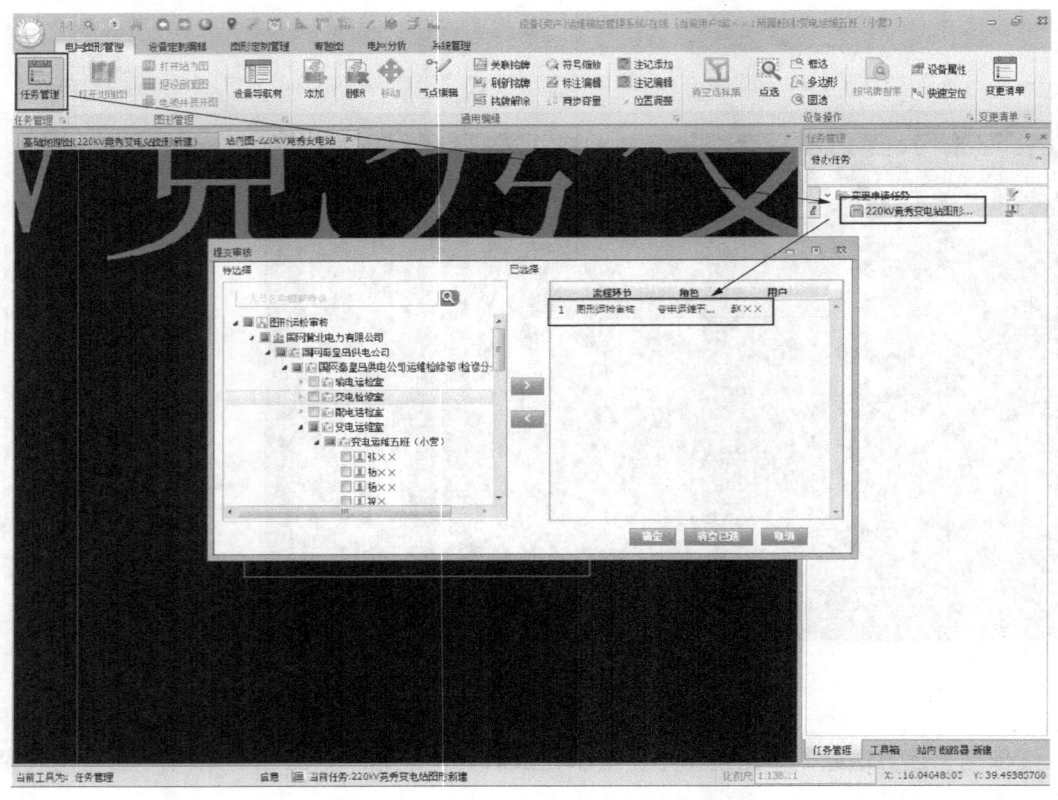

图 1-65　将绘制的图形提交审核界面

(3) 图形审核。图形绘制完成后,由图形维护人员把流程提交给变电运维班班长、副班长进行运检审核。班长或副班长登录系统后,在左侧"待办任务"结构树中,选择设备变更申请下的图形运检审核项,在页面右侧选择需要处理的图形审核任务。图形审核任务界面如图 1-66 所示。

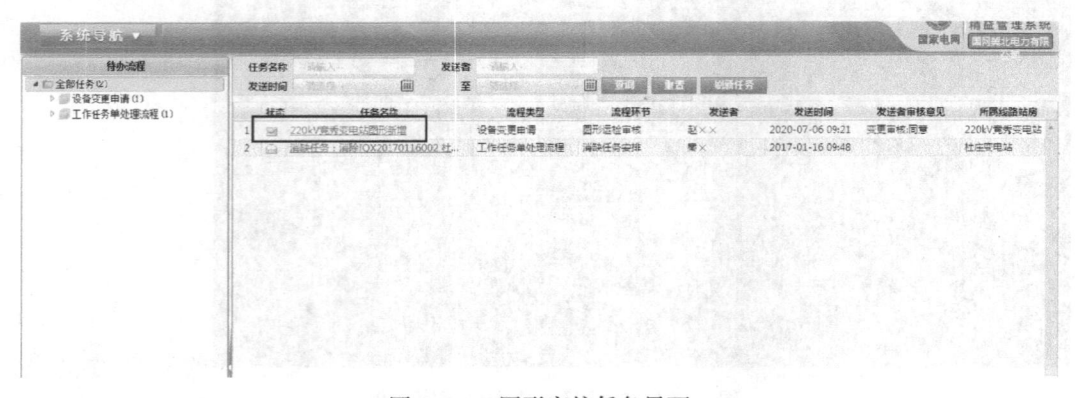

图 1-66　图形审核任务界面

情境一　站房类设备台账、图形管理

在打开页面中点击"图形变更审核"按钮。图形变更审核界面如图 1-67 所示。

图 1-67　图形变更审核界面

在弹出的页面中查看、审核图形信息。查看、审核图形信息界面如图 1-68 所示。

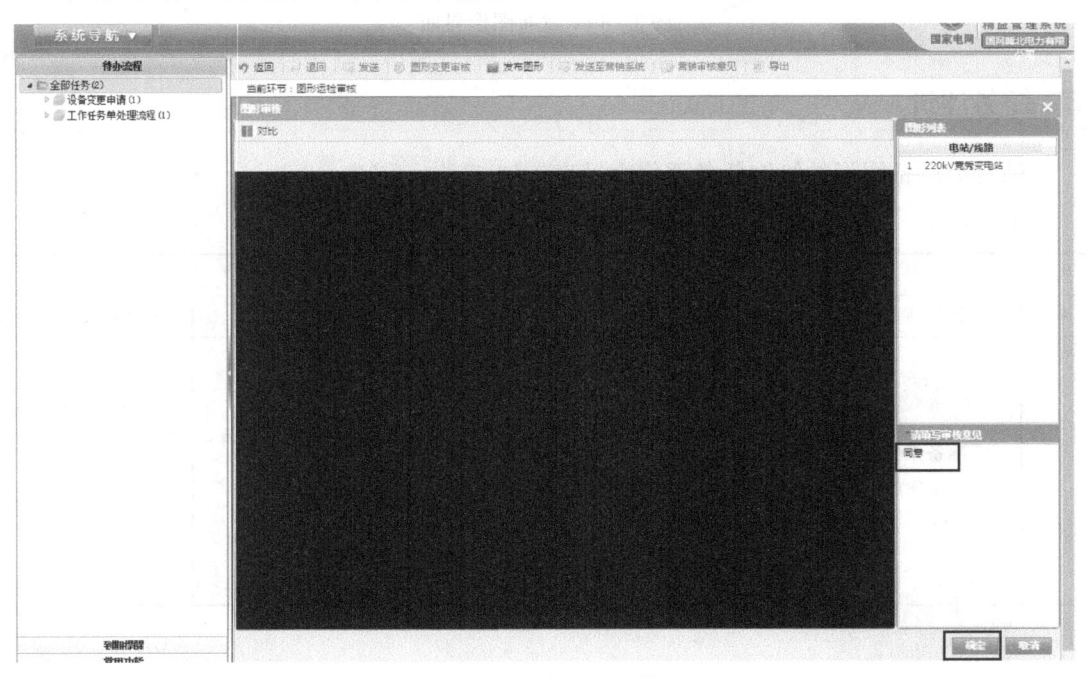

图 1-68　查看、审核图形信息界面

41

点击"确定"后，会回到图形运检审核界面，点击"发布图形"，等待页面下方红色字体变为绿色，提示图形发布成功，就可以点击"发送"，结束流程。发布图形界面如图1-69所示。

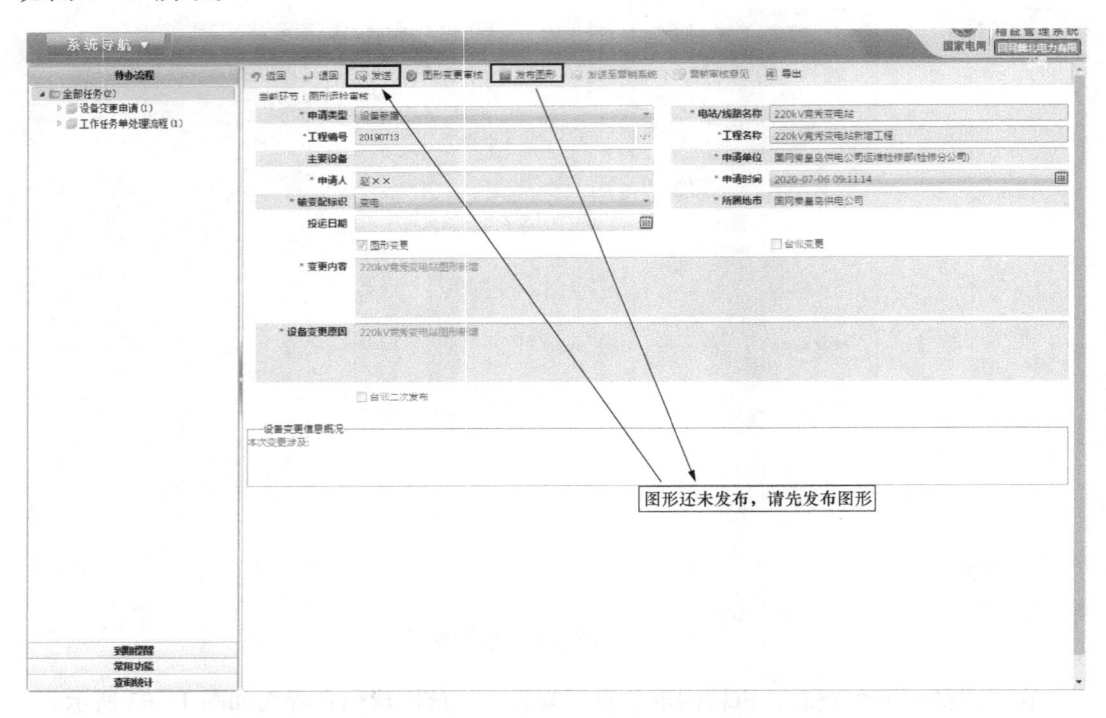

图1-69 发布图形界面

任务评价

站房类设备图形的绘制任务评价表见表1-4。

表1-4　　　　　　站房类设备图形的绘制任务评价表

姓名		学号				
序号	评分项目	评分内容及要求	评分标准	扣分	得分	备注
1	准备工作（5分）	（1）电脑的应用环境为内网，可登录Google浏览器。（2）资料准备齐全，包括教材、笔、笔记本等	（1）没有进行电脑操作环境检查，扣3分。（2）资料准备不齐全，扣2分			

续表

姓名		学号				
序号	评分项目	评分内容及要求	评分标准	扣分	得分	备注
2	设备变更申请单新建及审核流程（20分）	（1）正常登录PMS2.0系统。 （2）按要求进行设备变更申请单新建及审核	（1）未能登录PMS2.0系统，扣5分。 （2）未能找到PMS2.0系统中申请单新建模块，扣5分。 （3）未能完成申请单信息填写及启动流程，扣5分。 （4）申请单申请类型不正确，每项扣5分			
3	变电站图形新建（20分）	按要求进行变电站图形创建	（1）未能完成变电站图形创建，扣10分。 （2）图形选择铭牌不正确，扣10分			
4	变电站间隔内设备图形创建（30分）	按要求进行变电站间隔内设备图形创建	（1）未能完成变电站间隔内设备图形创建，扣15分。 （2）间隔内设备图形选择铭牌不正确，每项扣1分，最多扣15分			
5	设备变更审核、结束流程（20分）	按要求进行设备变更审核、结束流程	未能完成申请单审核及结束流程，扣20分			
6	综合素质（5分）	（1）着装整齐，精神饱满。 （2）独立完成相关工作。 （3）课堂纪律良好、不大声喧哗				
7	总分（100分）					

操作开始时间： 时 分	用时： 分
操作结束时间： 时 分	
指导教师	

任务扩展

结合上述操作步骤，依据220kV竞秀变电站、110kV莲池变电站主接线方式，完成220kV竞秀变电站、110kV莲池变电站主接线图形绘制。配电站房图形录入过程与变电类似，在配电设备铭牌维护准确的前提下，按照配电站房接线方式，在C/S系统中完成配电站房接线图形绘制。若配电站房存在10kV出线，需在图形绘制完成后，使用设备定制编辑－馈线分析，分析出线的上级线路。

43

任务五　站房类设备台账的变更

任务目标

（1）掌握站房类设备变更流程。
（2）能够利用PMS2.0系统完成设备变更的操作。

任务描述

该任务主要是当设备需要变更时，如设备退出、设备更换、TA变比调整或设备名称变更，由运维人员在PMS2.0系统中提出设备变更申请，将设备台账、图形进行变更并发送班长审核、发布。通过设备变更状态，实现台账、图形与实际电网的同步更新。下面进行220kV竞秀变电站220kV 5号母线225-9隔离开关名称、消防系统名称信息修改、1号主变压器容量修改、1号主变压器220kV侧2201断路器退役、火灾自动报警系统退役及110kV 4号母线设备更换操作。

任务准备

一、知识准备

设备变更指设备退出、设备更换、接线变更、TA变比调整或设备名称变更。当设备需要变更时，需由运维人员提出设备变更申请，同时将设备变更前后对比信息上报，通过调度审批后，在实际设备变更执行时进行同步发布。通过设备变更管理，可实现设备资料随设备退出及更换的完整传递，实现电网接线图与实际电网的同步更新。

二、工具准备

Win7版本电脑（32/64）、Google浏览器（32/64）、PMS2.0客户端、PMS2.0培训环境。

三、资料准备

220kV竞秀变电站内设备清册，详见附录C变电站设备清册。

四、人员准备

变电运维班成员、班长。人员权限与情境一任务二人员一致。

五、场地准备

具有电网省属公司内网环境的机房（有可登录PMS2.0系统内网的电脑）。

任务实施

一、任务流程图

站房类设备台账变更流程图如图 1-70 所示。

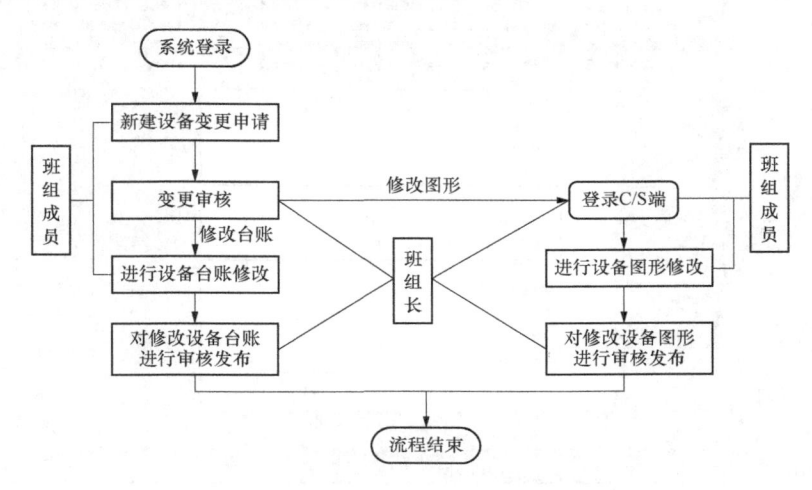

图 1-70 站房类设备台账变更流程图

二、操作步骤

(1) 登录 PMS2.0 系统，打开"系统导航"—"电网资源中心"—"电网资源管理"—"设备台账管理"—"设备变更申请"菜单。

(2) 设备台账名称及信息修改。变电设备分为有铭牌和无铭牌的设备。对有铭牌的设备，通过在主网电系铭牌维护中，修改铭牌名称后，台账名称自动变更。设备名称修改前界面如图 1-71 所示，将 220kV 5 号母线 225-9 隔离开关名称更改为"220kV 5 号母线隔离开关"。

在主网设备电系铭牌维护中找到"220kV 5 号母线 225-9 隔离开关"铭牌，勾选后点击"修改"，进入编辑铭牌窗口。在窗口内将设备铭牌名称修改为"220kV 5 号母线隔离开关"，最后点击"确定"，铭牌修改完成。名称修改操作过程界面如图 1-72 所示。

铭牌修改完成后台账名称自动根据铭牌名称进行变更。设备修改结果界面如图 1-73 所示。

图 1-71 设备名称修改前界面

PMS 系统认知实训

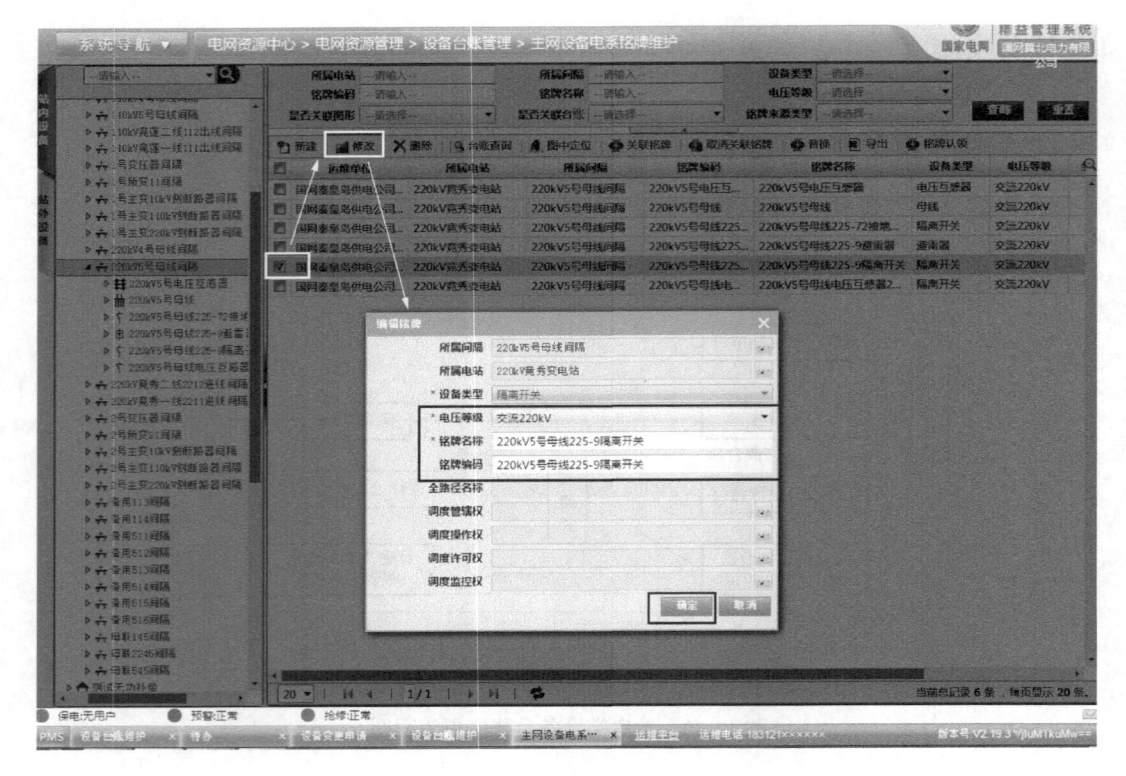

图 1-72　名称修改操作过程界面

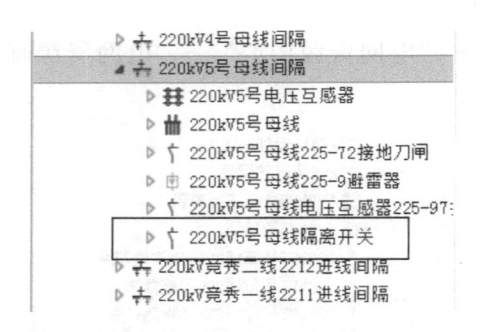

图 1-73　设备修改结果界面

无铭牌的设备，例如，生产辅助设备、站内二次设备等，需要通过新建设备变更申请流程，因本次任务为进行站房类设备修改流程，故申请类型选择"设备修改"（申请类型为"设备修改"时，在台账维护时只能进行修改，无法进行新增）。以"220kV 竞秀变电站"为例，申请设备修改界面如图 1-74 所示。

任务发至台账维护环节后，进入台账维护界面。在设备导航树中找到消防系统设备台账，点击台账左上方"修改"，在台账名称手动输入，点击"保存"。修改设备台账界面如图 1-75 所示。

修改设备其他相关信息与修改无铭牌设备名称相同，点击"修改"，可在台账侧修改相应字段。例如将 1 号主变压器容量改为 200MVA，点击修改后，在台账对应字段进行修改，最后点击"保存"。修改变压器台账界面如图 1-76 所示。其他字段如运行状态、TA 变比调整等，操作相同。

情境一　站房类设备台账、图形管理

图1-74　申请设备修改界面

图1-75　修改设备台账界面

（3）设备退役。变电设备分为站内一次设备、二次设备、生产辅助设备等。设备退役通过新建设备变更申请流程，申请类型选择"设备退役"。变电站内一次设备退役，勾选"台账维护"和"图形维护"。申请设备退役界面如图1-77所示。

进入图形任务，在设备导航树下，找到需退役设备，如1号主变压器220kV侧2201断路器，右击鼠标，点击"设备定位"后，点击"删除"按钮。设备定位与删除界面如图1-78所示。

47

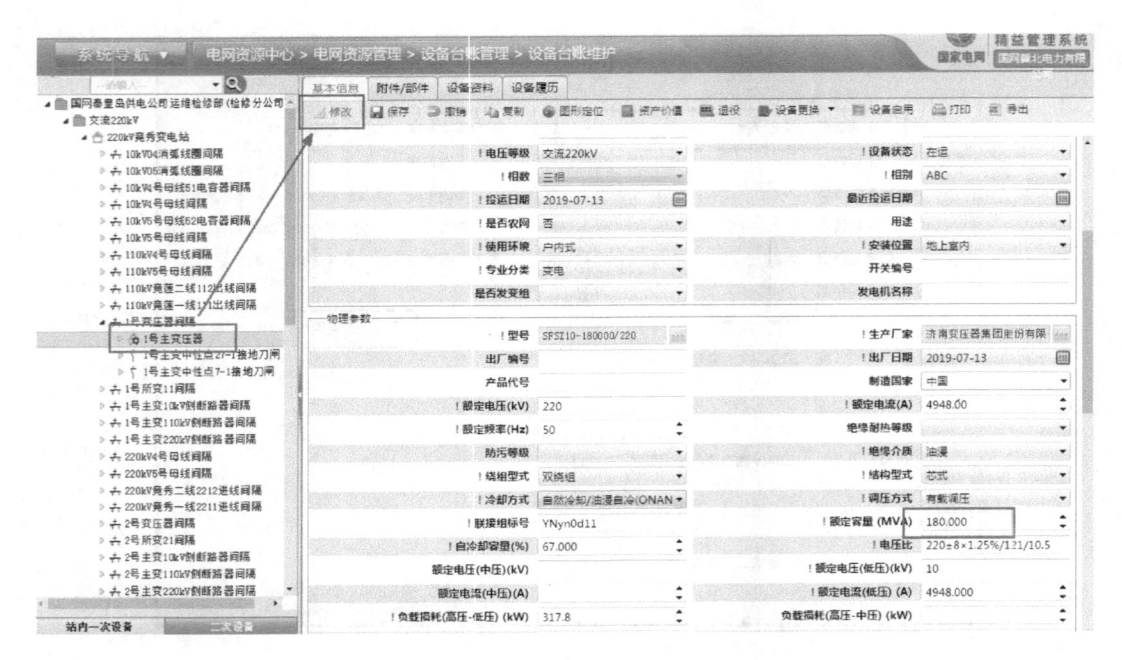

图 1-76 修改变压器台账界面

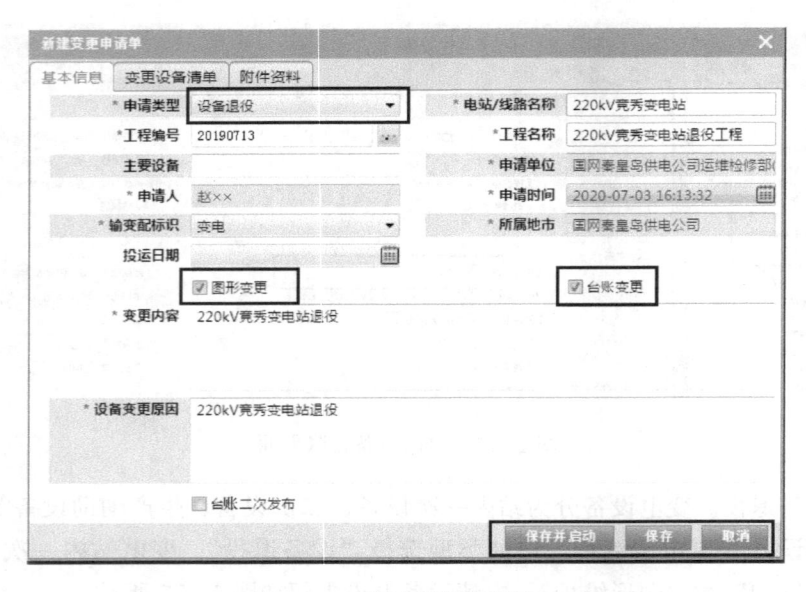

图 1-77 申请设备退役界面

图形设备删除完成后，1号主变压器 220kV 侧 2201 断路器图形消失。设备已删除界面如图 1-79 所示。

图形删除后，将图形任务流程审核、发布。然后进入台账任务环节，找到 1 号主变压器 220kV 侧 2201 断路器，点击台账上方功能区"退役"按钮。设备退役操作界面如

48

图 1-80 所示。

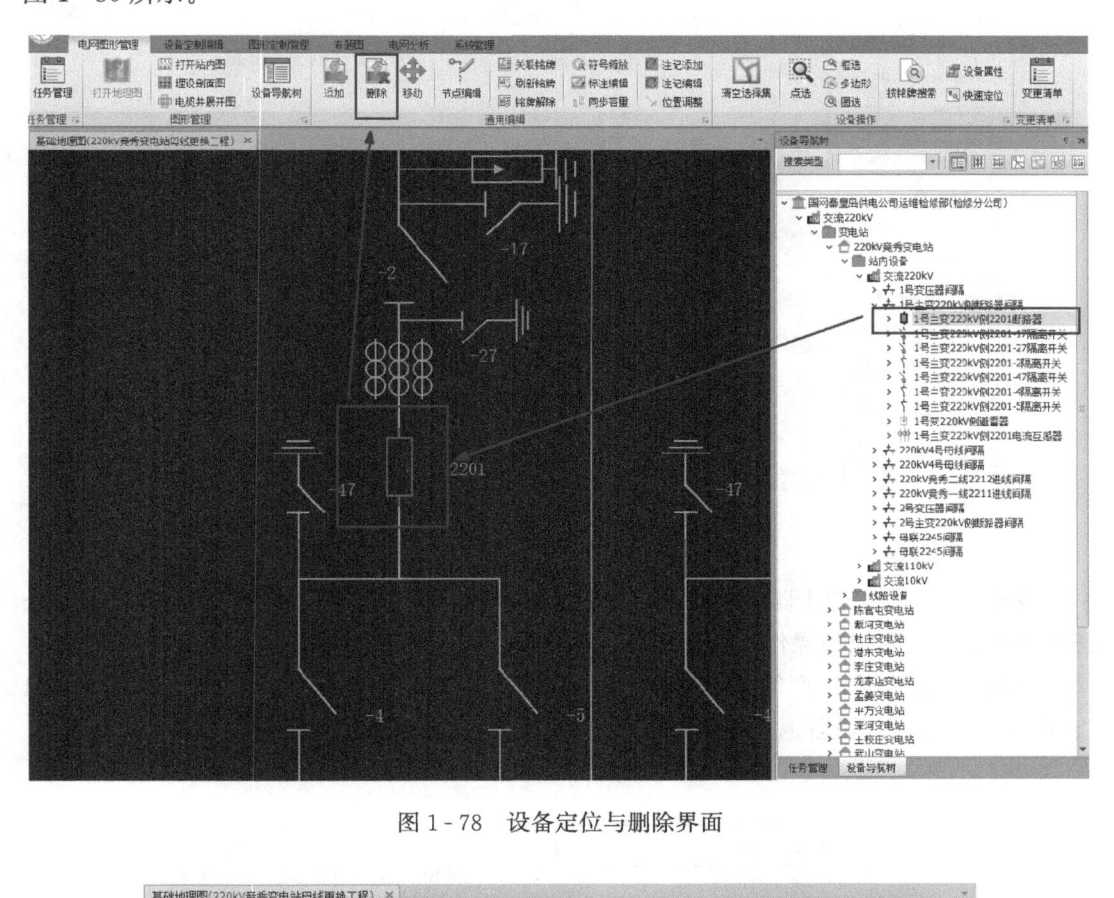

图 1-78 设备定位与删除界面

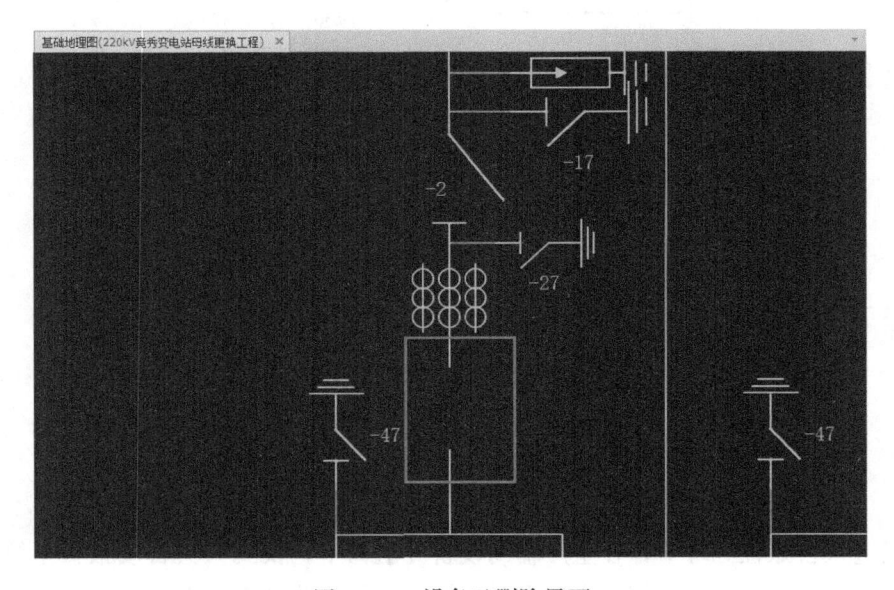

图 1-79 设备已删除界面

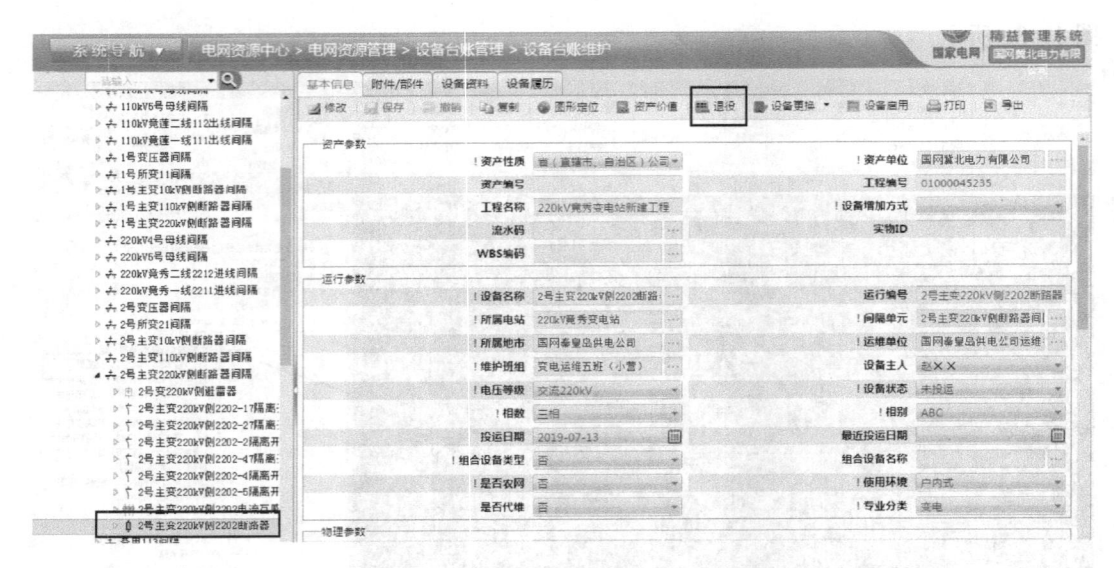

图 1-80 设备退役操作界面

退役后，1号主变压器 220kV 侧 2201 断路器运行状态自动转变为"退役"。将台账任务结束后，设备退役操作完成。

变电二次设备和生产辅助设备无关联图形，故在新建设备变更申请流程时，勾选"台账维护"即可。设备退役申请界面如图 1-81 所示。

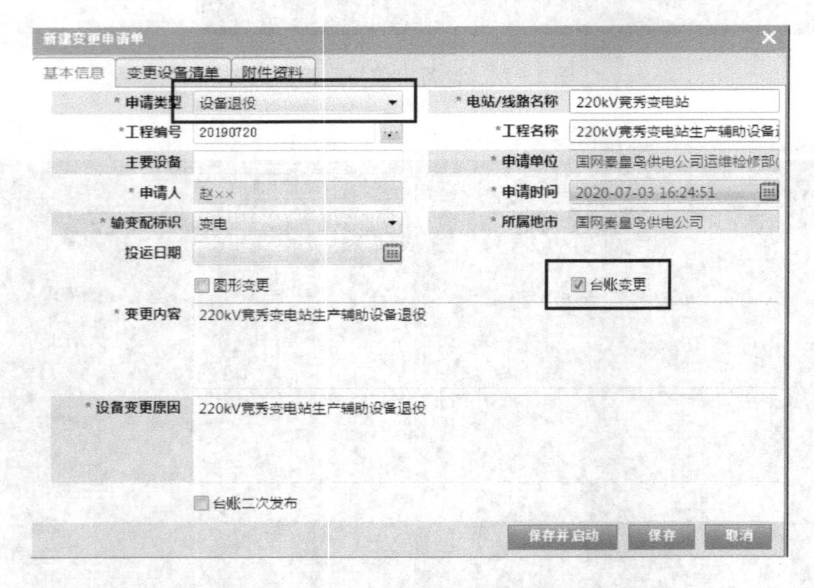

图 1-81 设备退役申请界面

然后进入台账任务环节，在生产辅助设备导航树下，找到火灾自动报警系统，点击台账上方功能区"退役"按钮。之后设备运行状态转换为"退役"。将台账任务发布后，火灾自动报警系统退役完成。设备退役操作界面如图1-82所示。

图1-82 设备退役操作界面

（4）设备更换。设备更换通过新建设备变更申请流程，因本次任务为进行站房类设备更换，故申请类型选择"设备更换"。以"220kV 竞秀变电站"为例，设备更换申请界面如图1-83所示。

图1-83 设备更换申请界面

任务发至台账维护环节后，如台账维护界面，点击台账上方"设备更换"按钮，包括直接更换、从再利用库中更换、从备品备件库中更换，按实际情况选择后，新台账替换到旧台账，旧台账运行状态自动改为"退役"状态。设备更换操作界面如图1-84所示。

（5）台账审核。最后，确认设备修改信息、设备退役操作、设备更换等操作已全部完成，进行台账任务审核，结束流程。

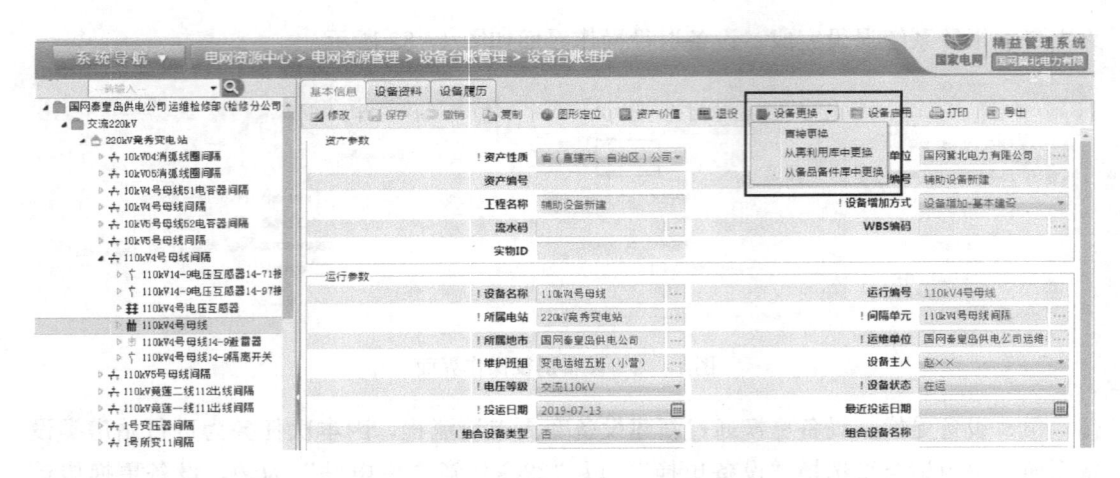

图 1-84 设备更换操作界面

任务评价

站房类设备台账的变更任务评价表见表 1-5。

表 1-5　　　　　　　　站房类设备台账的变更任务评价表

姓名		学号				
序号	评分项目	评分内容及要求	评分标准	扣分	得分	备注
1	准备工作 （5分）	（1）电脑的应用环境为内网，可登录Google浏览器。 （2）资料准备齐全，包括教材、笔、笔记本等	（1）没有进行电脑操作环境检查，扣3分。 （2）资料准备不齐全，扣2分			
2	设备变更申请单新建及审核流程 （20分）	（1）正常登录PMS 2.0系统。 （2）按要求进行设备变更申请单新建及审核	（1）未能登录PMS2.0系统，扣2分。 （2）未能找到PMS2.0系统中申请单新建模块，扣3分。 （3）未能完成申请单信息填写及启动流程，扣10分。 （4）申请单申请类型不正确，每项扣5分			

情境一　站房类设备台账、图形管理

续表

姓名		学号				
序号	评分项目	评分内容及要求	评分标准	扣分	得分	备注
3	变电站、站内设备名称及台账信息修改（30分）	（1）1号主变压器容量修改为200MVA。（2）消防系统名称改为火灾自动报警系统。（3）220kV 5号母线225-9隔离开关修改为"220kV 5号母线隔离开关"	（1）1号主变压器容量修改未完成，扣10分。（2）消防系统名称修改未完成，扣10分。（3）220kV 5号母线225-9隔离开关修改未完成，扣10分。			
4	变电站、站内设备更换（10分）	直接更换110kV 4号母线	未能完成110kV 4号母线更换操作，扣10分			
5	变电站、站内设备退役（20分）	（1）将1号主变压器220kV侧2201断路器退役。（2）将火灾自动报警系统退役	（1）1号主变压器220kV侧2201断路器退役操作未完成，扣10分。（2）火灾自动报警系统退役操作未完成，扣10分。			
6	设备变更审核、结束流程（10分）	按要求进行设备变更审核、结束流程	未能完成申请单审核及结束流程扣10分			
7	综合素质（5分）	（1）着装整齐，精神饱满。（2）独立完成相关工作。（3）课堂纪律良好，不大声喧哗				
8	总分（100分）					

操作开始时间：	时　分		用时：	分
操作结束时间：	时　分			
指导教师				

任务扩展

结合上述操作步骤，修改220kV竞秀变电站主变压器台账名称、额定容量、设备型号、设备状态。完成110kV莲池变电站110kV断路器设备更换操作，维护更换后设备信息。配电站房根据站房类型分为环网柜、箱式变电站、开关站、电缆分支箱、配电室等。在站内一次设备树下，需在进入10kV电压等级分类下，环网柜、箱式变电站等设备类型分类下进行查找。完成10kV配电站房母线型号、生产厂家、运行状态等台账信息的修改。

任务六　站房类设备台账、图形的查询、统计

任务目标

掌握站房类设备台账、图形的统计、查询等辅助功能。

任务描述

该任务主要是班组人员需要了解设备构成、规模、分布情况或开展巡视、检修、试验等运检业务时，可在PMS2.0系统中对设备台账信息和设备履历进行实时的查询、统计，为设备状态检修提供数据支撑。下面在设备台账查询统计页面中，统计运行状态为"在运"的站房个数，查询220kV竞秀变电站设备，并查看设备详细信息及图形。

任务准备

一、知识准备

站房类设备台账、图形查询统计提供对设备台账进行查询、统计的功能，实现更快捷、更有效地在PMS2.0系统中查询到与生产人员需求相吻合的数据，展现方式分为统计、查询、报表、GIS图。

二、工具准备

Win7版本电脑（32/64）、Google浏览器（32/64）、PMS2.0客户端、PMS2.0培训环境。

三、人员准备

变电运维班成员、班长。人员权限与情境一任务二人员一致。

四、场地准备

具有电网省属公司内网环境的机房（有可登录PMS2.0系统内网的电脑）。

任务实施

操作步骤：

（1）登录PMS2.0系统，打开"系统导航"—"电网资源中心"—"电网资源管理"—"设备台账管理"—"设备台账查询统计"菜单。设备台账查询统计界面访问路径界面如图1-85所示。

图 1-85 设备台账查询统计界面访问路径界面

进入"设备台账查询统计"模块后,该页面有"查询""统计""GIS 图"三个小按钮。设备台账查询统计界面如图 1-86 所示。

图 1-86 设备台账查询统计界面

(2) 统计。

1) 统计界面,分为导航树区、统计条件区、显示结果区,可以将显示结果以"统计数据"和"统计图"两种形式进行展示。在条件查询区查询设备,可选择某一设备类型,例如"站房",点击"按电压等级统计"查看设备统计数据列表。站房类设备统计数据列表如图 1-87 所示。

2) 在条件查询区查询设备类型选择"站房"设备类型,点击"按电压等级统计"查看设备统计图。站房类设备统计图如图 1-88 所示。

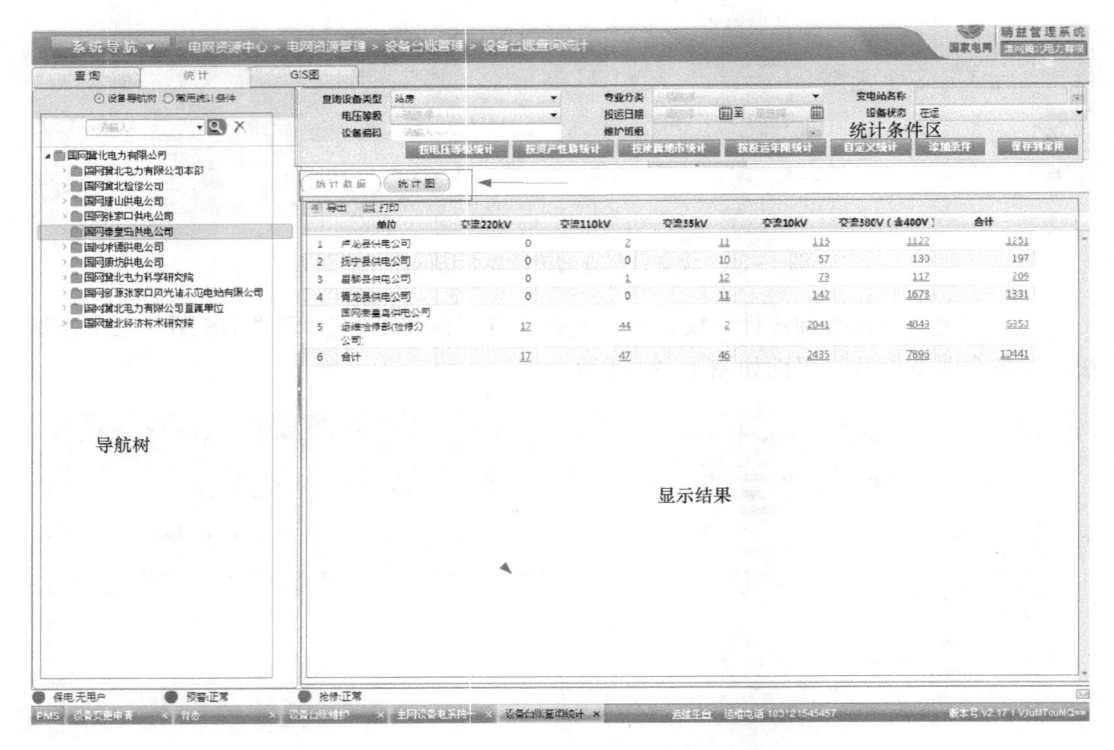

图 1-87　站房类设备统计数据列表

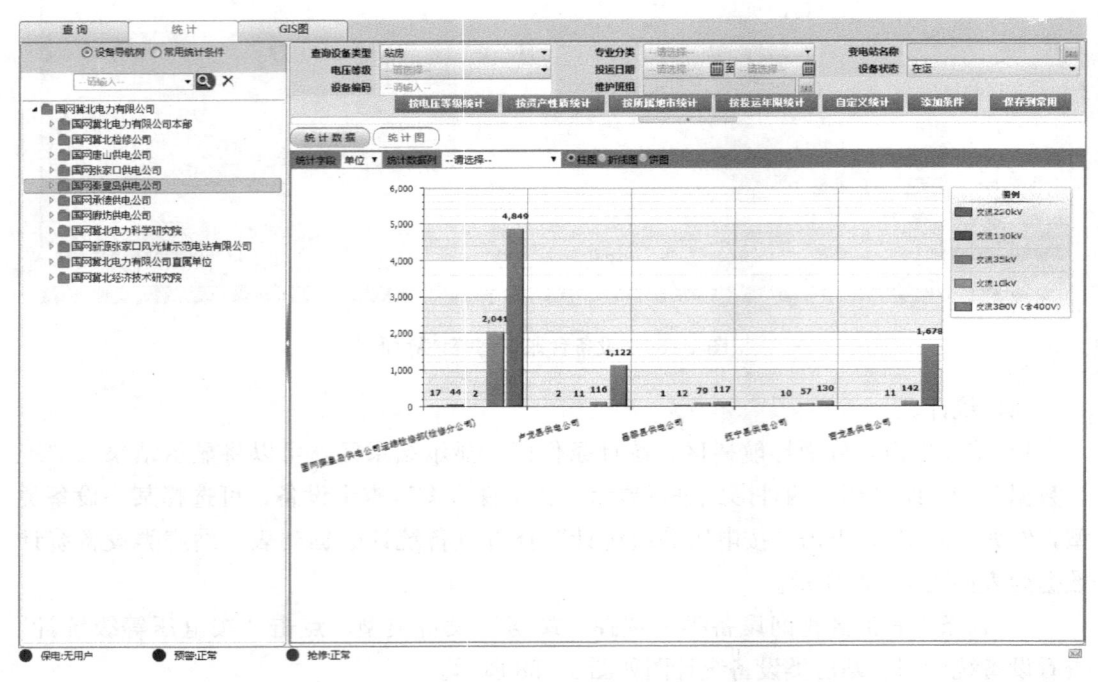

图 1-88　站房类设备统计图

情境一　站房类设备台账、图形管理

（3）查询。在"查询"页签中，站内设备查询根据设备分类，分布在设备导航树的"站内一次设备""站内二次设备""生产辅助设备"。以查询"220kV 竞秀变电站"为例，输入查询条件，查询设备类型为"变电站"，变电站名称为"220kV 竞秀变电站"，根据筛选条件展示查询结果。查询变电站设备界面如图 1-89 所示。

图 1-89　查询变电站设备界面

点击设备名称，即蓝色字体部分，可进入到设备详细信息界面，查看设备详细信息。查询变电站设备界面见图 1-90。

图 1-90　查询变电站设备界面

在"查询"页签中,点击"排序"按钮,在弹出框内进行字段排序。字段排序界面如图1-91所示。

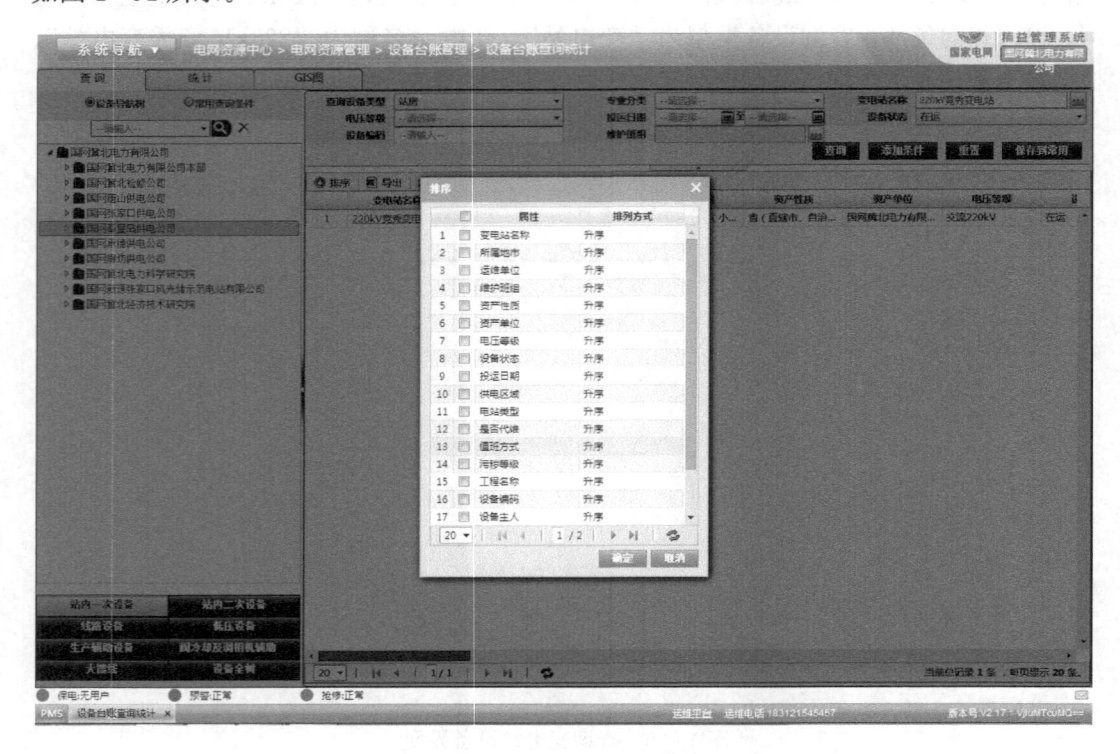

图1-91 字段排序界面

在"查询"页签中,点击"导出"按钮,选择是否导出当前显示内容或查询全部信息,然后选择需要设备台账字段,即可导出设备台账信息。数据导出确认界面、选择导出字段属性界面分别如图1-92、图1-93所示。

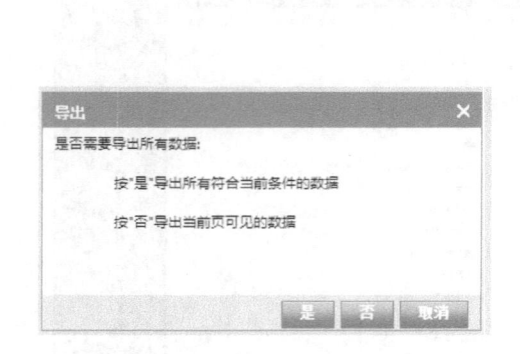

图1-92 数据导出确认界面　　　　图1-93 选择导出字段属性界面

（4）GIS 图。在 GIS 图中，选择查询设备内容，其界面如图 1-94 所示。

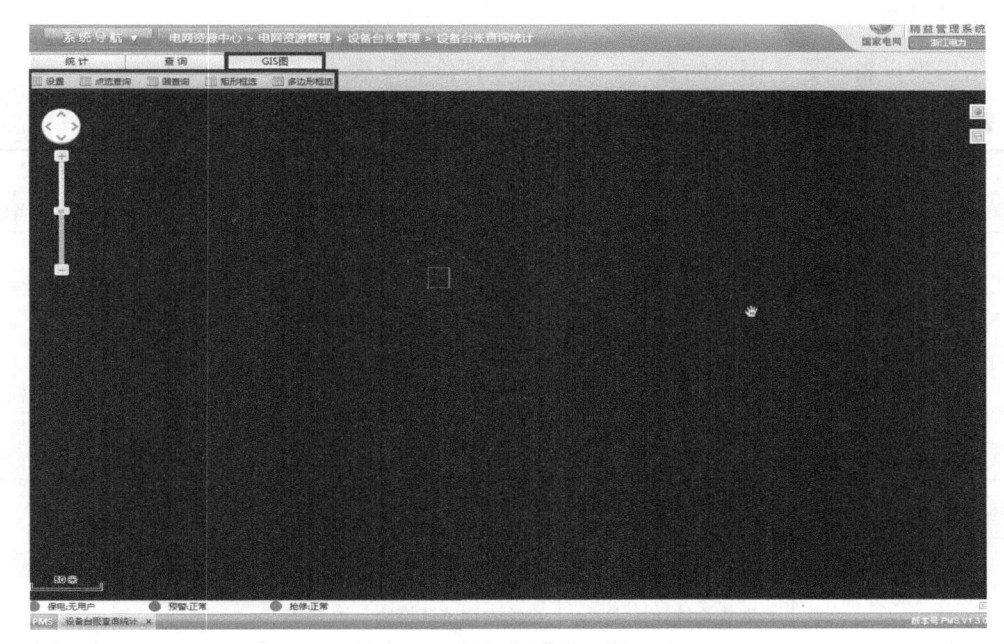

图 1-94　在 GIS 图查询设备内容界面

220kV 竞秀变电站 GIS 图界面如图 1-95 所示。

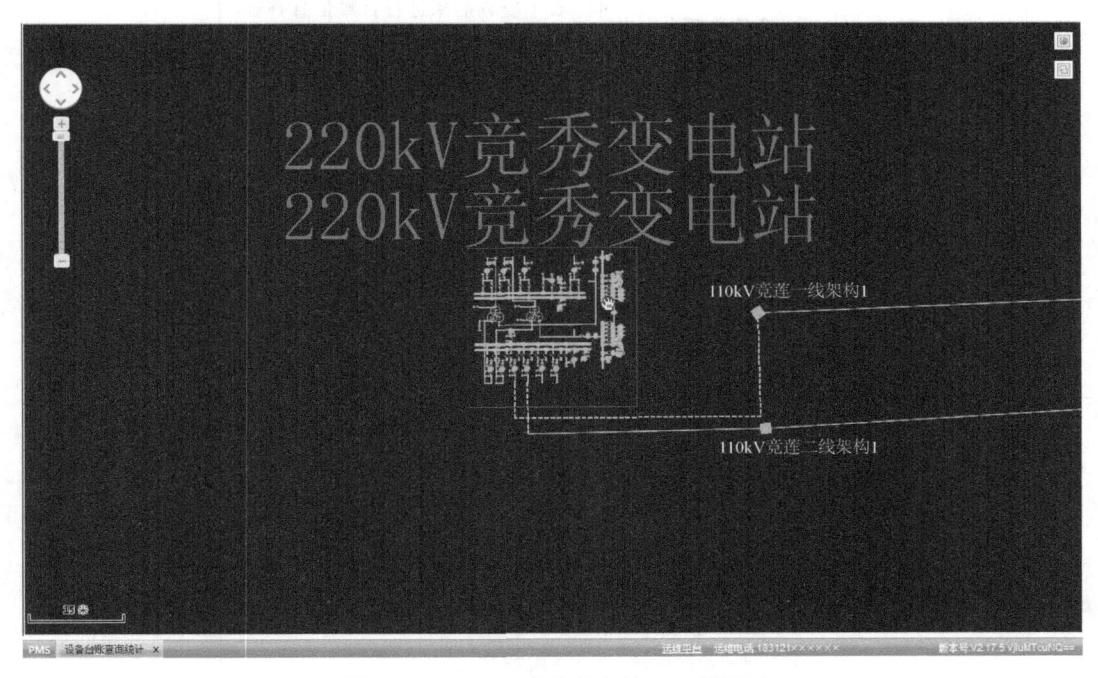

图 1-95　220kV 竞秀变电站 GIS 图界面

任务评价

站房类设备台账、图形的查询、统计任务评价表见表1-6。

表1-6　　　　站房类台账、图形的查询、统计设备任务评价表

姓名		学号				
序号	评分项目	评分内容及要求	评分标准	扣分	得分	备注
1	准备工作 （5分）	（1）电脑的应用环境为内网，可登录Google浏览器。 （2）资料准备齐全，包括教材、笔、笔记本等	（1）没有进行电脑操作环境检查，扣3分。 （2）资料准备不齐全，扣2分			
2	设备台账查询统计模块 （20分）	（1）正常登录PMS2.0系统。 （2）顺利进入设备台账查询统计模块	（1）未能登录PMS2.0系统，扣10分。 （2）未能找到PMS2.0系统中设备台账查询统计模块，扣10分			
3	设备台账查询统计—查询 （30分）	查看设备状态为在运，设备类型为主变压器、断路器等	（1）未使用模块查询设备，扣10分。 （2）查询后未进行台账信息查看，扣10分。 （3）查询的设备类型、设备信息不符合要求，扣10分			
4	设备台账查询统计—统计 （20分）	统计设备状态：在运；设备数量，即主变压器个数及其他设备个数	（1）未使用模块统计各单位设备情况，扣10分。 （2）统计设备类型、设备信息不符合要求，扣5分。 （3）统计后，未进行数据统计或统计错误，扣5分			
5	设备台账查询统计—GIS图 （20分）	查找竞秀变电站图形	（1）未使用GIS图查询到设备，扣10分。 （2）使用GIS图查看设备错误，扣10分			
6	综合素质 （5分）	（1）着装整齐，精神饱满。 （2）独立完成相关工作。 （3）课堂纪律良好、不大声喧哗				

续表

姓名		学号				
序号	评分项目	评分内容及要求	评分标准	扣分	得分	备注
7	总分 （100 分）					

操作开始时间： 时 分		
操作结束时间： 时 分	用时：	分
指导教师		

任务扩展

结合上述操作步骤，按照电压等级，查询断路器，导出 Excel 表格。在查询页面，选择"添加条件"，增加设备编码字段，输入 110kV 莲池变电站主变压器设备编码，查询主变压器。配电站内设备与变电站内设备操作类似，根据变电设备操作步骤，统计各单位运行状态为"在运"配电变压器的个数，查看任一配电变压器台账详细信息。

情境二

线路类设备台账、图形管理

【情境描述】

该情境包含四项任务，分别是根据设备清册维护台账，根据图纸绘制图形。核心知识点为创建台账、图形的流程及先后顺序，维护台账、图形参数时的注意事项。关键技能项为根据设备清册、图纸可在 PMS2.0 系统中完成线路类设备台账、图形的创建、修改。

【情境目标】

通过该情境学习，应该达到的知识目标为熟悉 PMS2.0 系统创建线路类设备台账及图形绘制的方法，掌握线路类设备台账创建、图形绘制的操作流程。应该达到的能力目标为能利用 PMS2.0 系统创建线路类设备台账、图形，完成线路类设备台账、图形的审核、发布，并开展相关应用。应该达到的态度目标为牢固树立线路类设备台账创建、图形绘制过程中的规范意识，严格按照设备管理架构进行台账创建、图形绘制，提高系统应用能力。

任务一 线路类设备图形的绘制

任务目标

（1）掌握线路类设备图形的绘制方法及其与站房类图形绘制的区别。
（2）能够利用 PMS2.0 系统完成输电线路图形的绘制。

任务描述

该任务主要是设备运维人员通过设备变更申请单，在 PMS2.0 系统中 C/S 图形客户端，根据实际的线路图及采集的坐标，完成输电线路图形绘制、审核、发布工作，其中线路图形设备主要包括导线、杆塔等。下面以 110kV 竞莲一线、110kV 竞莲二线输电线路图形录入工作为例进行说明。

任务准备

一、知识准备

输电线路是发电厂向电力负荷中心输送电能的线路，以及电力系统之间的联络线路。输电线路分为架空输电线路和电缆线路。架空输电线路主要由导线、避雷线、金具、绝缘子、杆塔、拉线和基础构成。电缆线路由电力电缆及其附件构成，电力电缆主要包括导体、绝缘层和护层三大部分，通过电缆附件与其他电气设备及自身相连接，电缆附件包括电缆终端接头、电缆中间接头、连接管、接线端子、钢板接线槽、电缆桥架等。

二、工具准备

Win7 版本电脑（32/64）、Google 浏览器（32/64）、PMS2.0 客户端、PMS2.0 图形客户端、PMS2.0 培训环境。

三、资料准备

110kV 竞莲一线、110kV 竞莲二线输电线路杆塔坐标、设备资产移交清册、新建线路工程信息，详见附录 A 变电站主接线图、附录 D 输电设备清册。

四、人员准备

输电班组成员、班长。输电班组成员具备 PMS2.0 系统设备变更申请单新建、电系铭牌新建、台账维护、图形维护、查询统计等权限。输电运检班班长具备 PMS2.0 系统设备变更申请单审核、台账审核、图形审核、查询统计等权限。

五、场地准备

具有电网省属公司内网环境的机房（有可登录 PMS2.0 系统内网的电脑）。

任务实施

一、任务流程图

线路类设备图形绘制流程图如图 2-1 所示。

二、操作步骤

（1）登录 PMS2.0 系统，打开"系统导航"—"电网资源中心"—"电网资源管理"—"设备台账管理"—"主网设备电系铭牌维护"菜单。

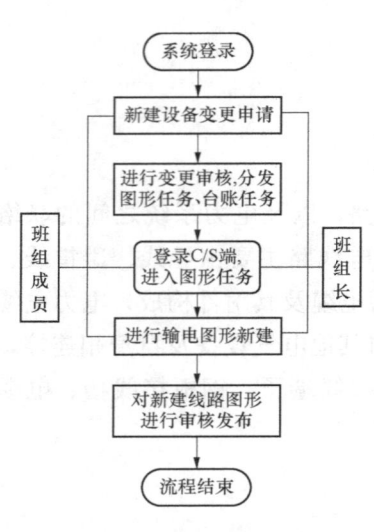

PMS系统认知实训

图2-1 线路类设备图形绘制流程图

（2）铭牌新建。输电线路图形绘制之前，需要在"主网设备电系铭牌维护"中新建输电线路铭牌。

进入"主网设备电系铭牌维护"界面，选择"站外设备"，铭牌类型选择"线路"，点击"新建"，维护好电压等级和设备名称后点击"确定"。输电线路铭牌新建完成界面如图2-2所示。

（3）打开"系统导航"—"电网资源中心"—"电网资源管理"—"设备台账管理"—"设备变更申请"菜单。

（4）设备变更申请新建。输电图形维护操作必须在任务中进行，且台账根据图形生成，故输电运维班组成员在新建设备变更申请时需要同时选择"台账维护"和"图形维护"，并在图形维护结束后，维护台账信息。新建设备变更申请界面如图2-3所示。

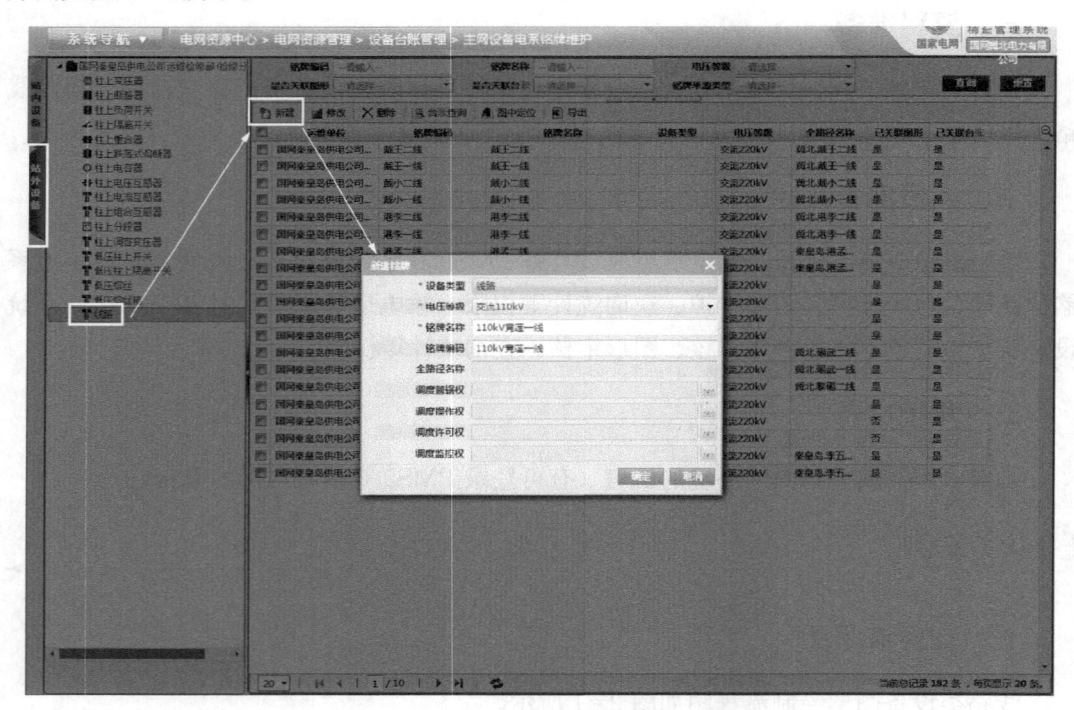

图2-2 输电线路铭牌新建完成界面

任务审核结束后，发送至"台账维护"和"图形维护"阶段。

（5）图形维护。登录C/S端，打开"电网图形管理"—"图形管理"—"任务管理"菜单，打开图形维护任务，进行操作。

情境二　线路类设备台账、图形管理

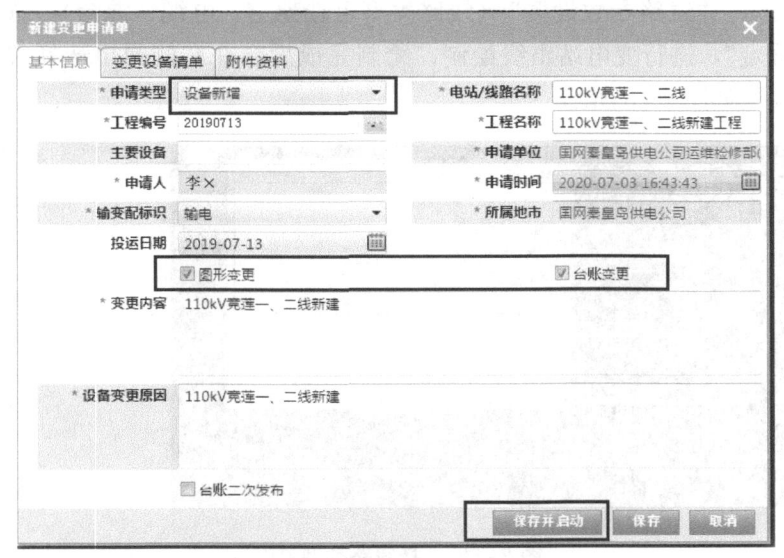

图 2-3　新建设备变更申请界面

添加变电站出线，点击"添加"按钮，选择"站外一次"—"电缆类设备"—"站外—超连接线"，在地理图移至变电站间隔出线点，点击鼠标左键。图形维护—添加变电站出线界面如图 2-4 所示。

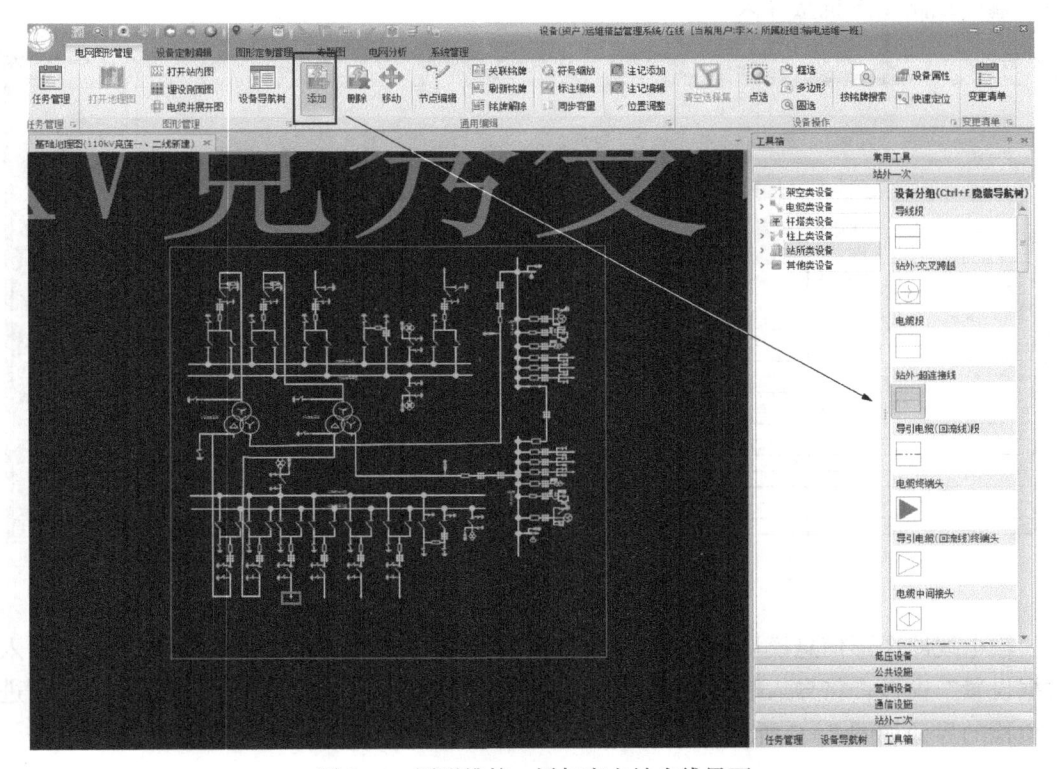

图 2-4　图形维护—添加变电站出线界面

65

左击后提示:"线路参数设置"(线路类型可选架空、电缆、混合)。选择架空类型后,点击"确定",进行变电站出线绘制,绘制完成后会在右侧弹出选择关联铭牌。选择线路类型界面如图2-5所示。

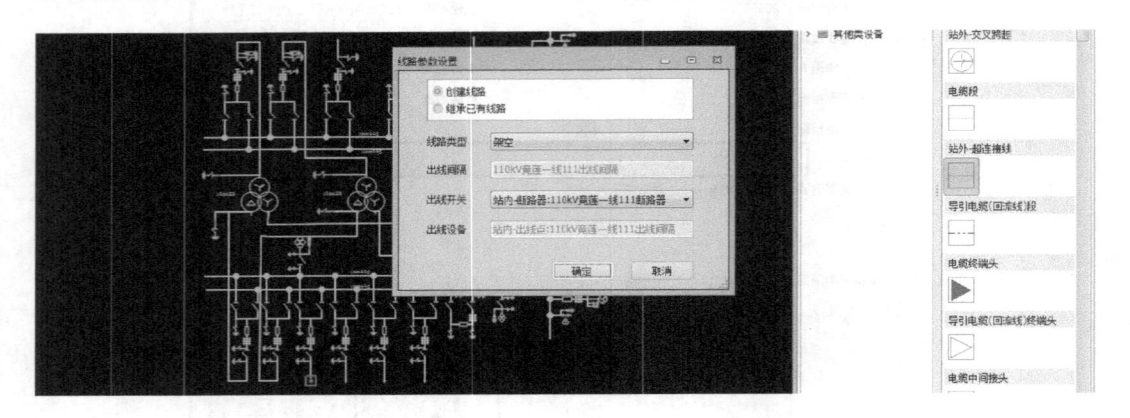

图2-5 选择线路类型界面

输电设备图形导入模板路径:PMS2.0/Data/Template/线路自动导入模板及说明/电网资源(输电线路类)设备导入模板.xls。输电设备图形信息导入模板如图2-6所示。将信息按照要求维护完整,并将文件名称改为"部门id+输电线路名称"格式。可用于输电线路图形批量导入。

图2-6 输电设备图形信息导入模板

输电线路图形信息模块在设备定制编辑下的线路台账导入,点击后,会弹出"导入数据设置"窗口,将导入模板信息选入到选择文件中,点击"质检"。对所导入数据进行质检的界面如图2-7所示。

情境二　线路类设备台账、图形管理

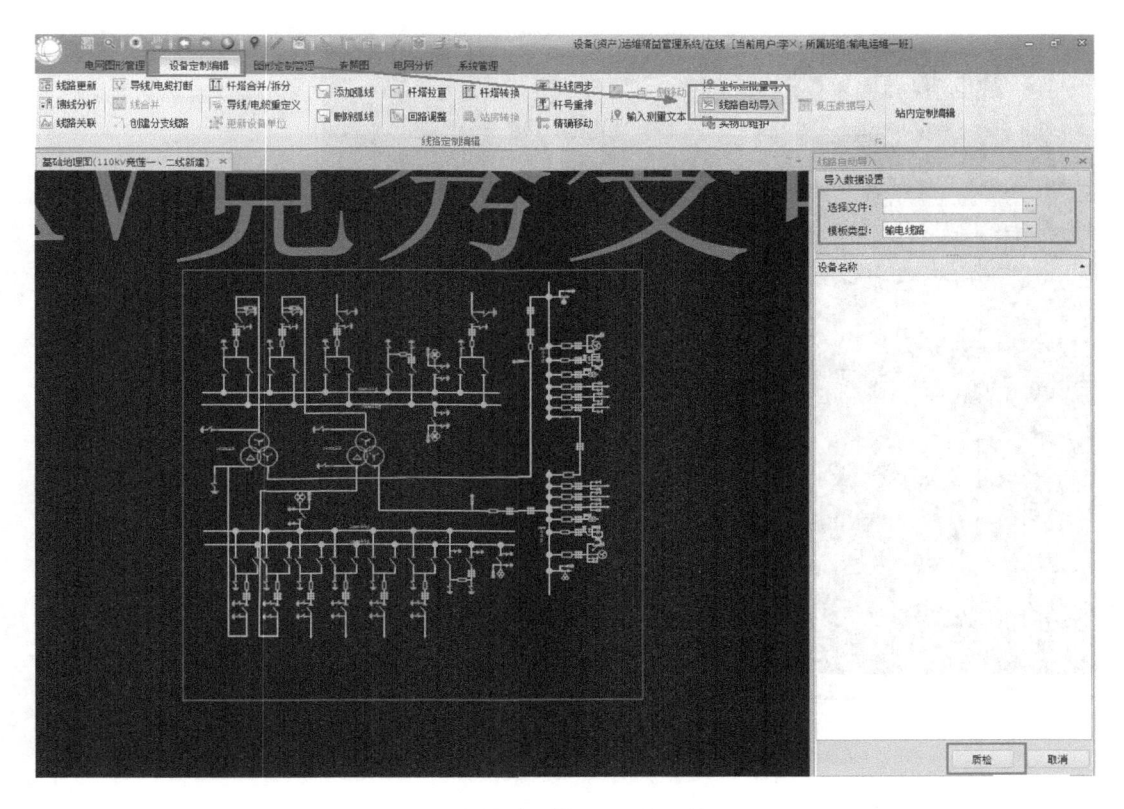

图 2-7　对所导入数据进行质检的界面

质检无误，会在基础地理图中显示初步图形，确认无误后，在"导入数据设置"中点击"确定"。最后，在变电站出口处，将起始杆塔与已录入连接线另一断点用"站外—连接线"连接。将终止杆塔与莲池变电站出线点用"站外—连接线"连接。确认所导入数据界面如图 2-8 所示。

图形绘制完成后，点击"任务管理"，选择任务进行提交审核。选择任务提交审核界面如图 2-9 所示。

（6）图形审核。图形绘制完成后，由图形维护人员把流程提交给运检专责审核。审核人员登录系统后，在左侧"待办任务"结构树中，选择设备变更申请下的"图形运检审核"按钮，在页面右侧选择需要处理的图形审核任务。在打开页面中点击"图形变更审核"按钮。图形变更审核界面如图 2-10 所示。

在弹出的页面中查看、审核图形信息。查看、审核图形信息界面如图 2-11 所示。

点击"确定"后，会回到图形运检审核界面，点击"发布图形"，等待页面下方红色字体变为绿色，提示图形发布成功，就可以点击"发送"，结束流程。发布图形界面如图 2-12 所示。

PMS 系统认知实训

图 2-8 确认所导入数据界面

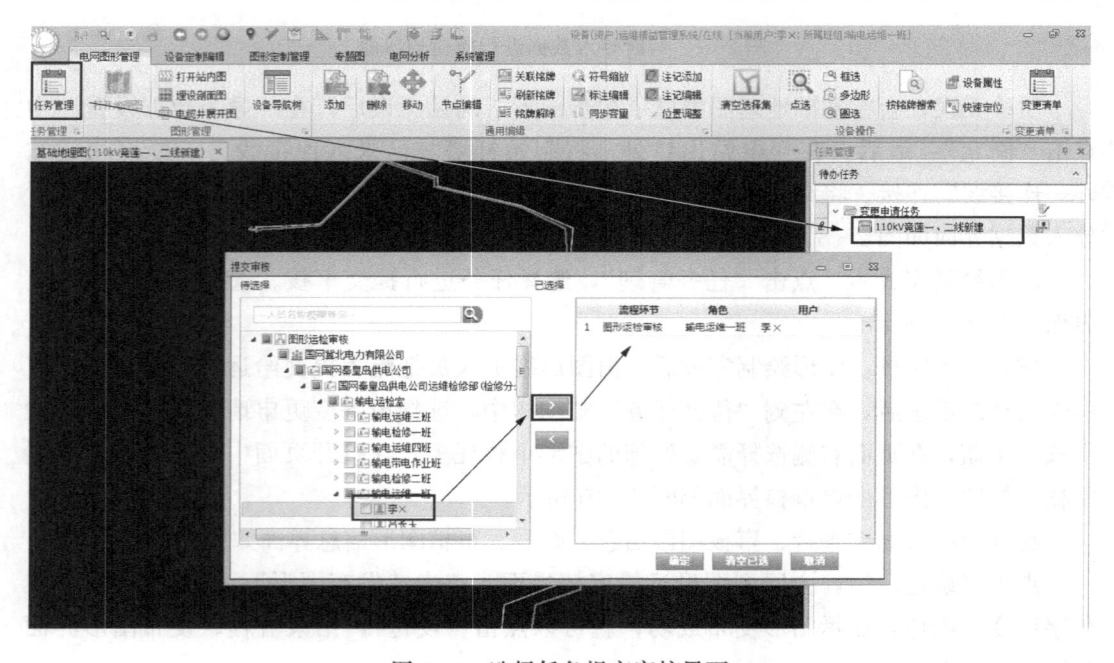

图 2-9 选择任务提交审核界面

情境二　线路类设备台账、图形管理

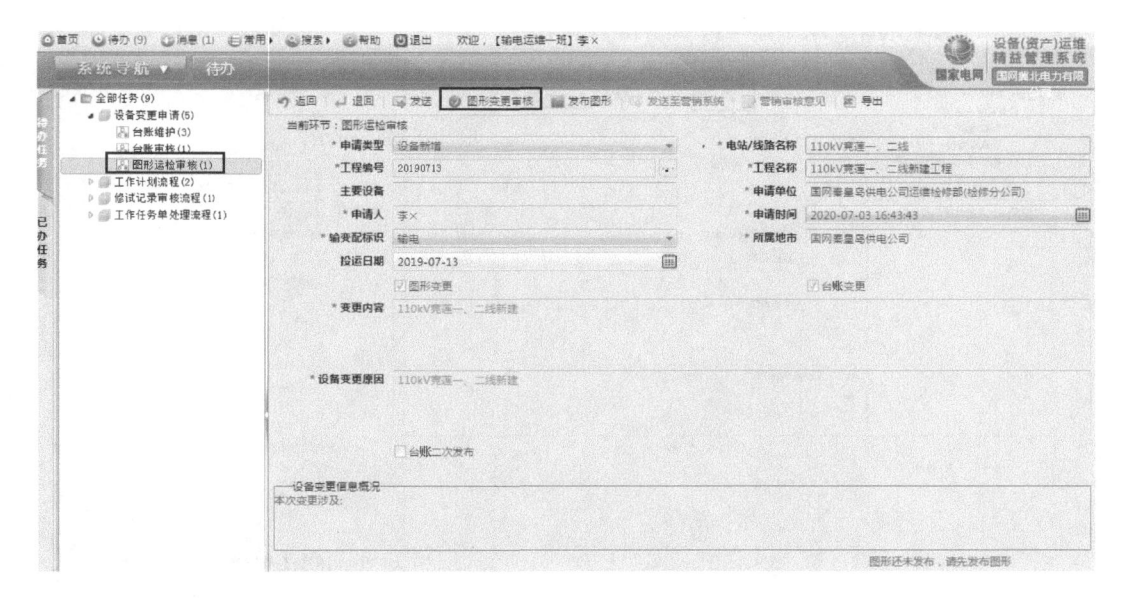

图 2-10　图形变更审核界面

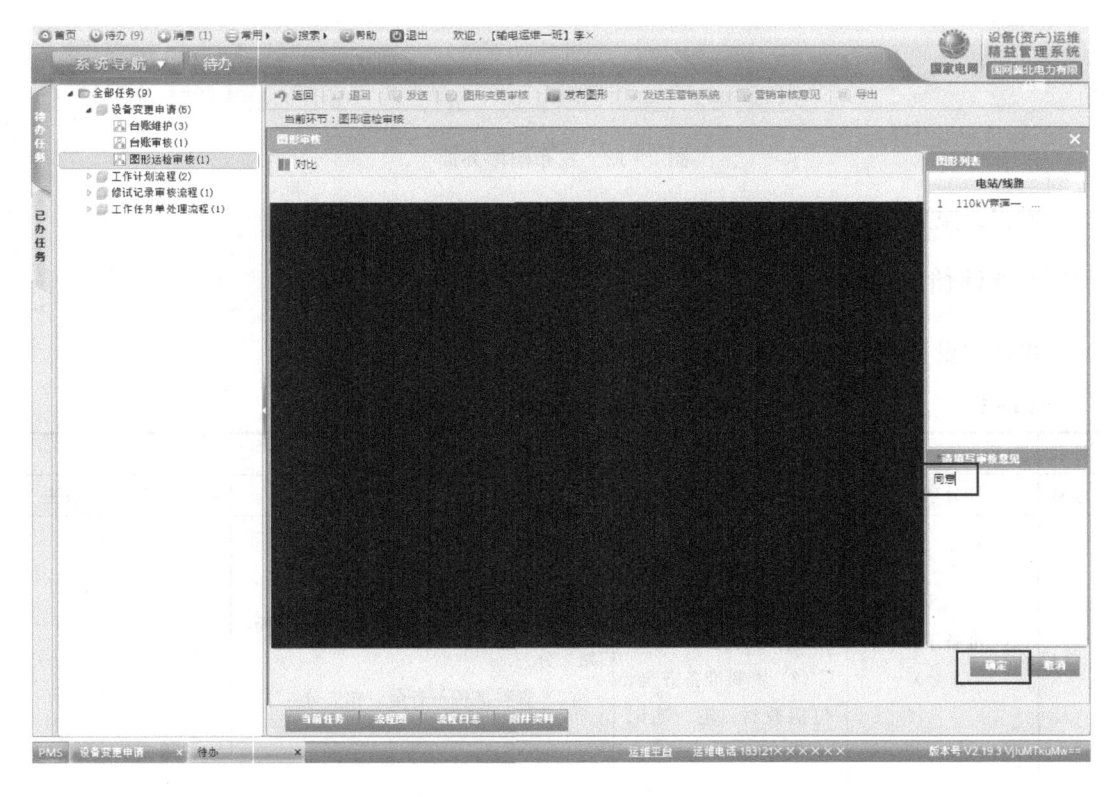

图 2-11　查看、审核图形信息界面

69

PMS 系统认知实训

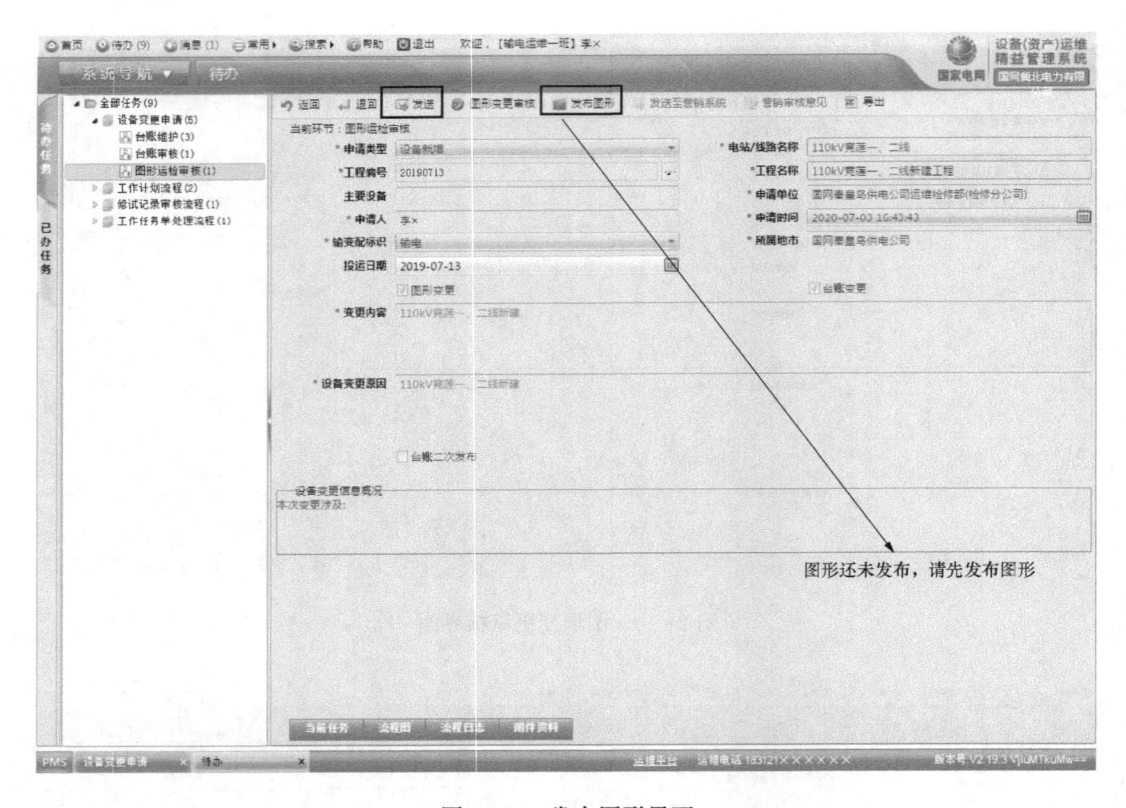

图 2-12 发布图形界面

流程结束后,输电线路图形绘制完成。

任务评价

线路类设备图形的绘制任务评价表见表 2-1。

表 2-1　　　　线路类设备图形的绘制任务评价表

姓名		学号				
序号	评分项目	评分内容及要求	评分标准	扣分	得分	备注
1	准备工作 (5分)	(1) 电脑的应用环境为内网,可登录 Google 浏览器。 (2) 资料准备齐全,包括教材、笔、笔记本等	(1) 没有进行电脑操作环境检查,扣 3 分。 (2) 资料准备不齐全,扣 2 分			

续表

姓名		学号				
序号	评分项目	评分内容及要求	评分标准	扣分	得分	备注
2	设备变更申请单新建及审核流程（20分）	（1）正常登录PMS 2.0系统。 （2）按要求进行设备变更申请单新建及审核	（1）未能登录PMS2.0系统，扣5分。 （2）未能找到PMS2.0系统中申请单新建模块，扣5分。 （3）未能完成申请单信息填写及启动流程，扣5分。 （4）申请单申请类型不正确，每项扣5分			
3	线路铭牌创建（20分）	按要求进行线路铭牌创建	（1）未能完成线路铭牌创建，扣15分。 （2）线路铭牌信息填写错误，每项扣1分，最多扣5分			
4	线路图形绘制（30分）	（1）按要求进行线路图形绘制。 （2）按要求进行杆塔、导线图形绘制	（1）未能完成线路图形新增，扣15分。 （2）线路下设备信息不正确、不完整，每项扣1分，最多15分			
5	设备变更图形维护审核、结束流程（20分）	按要求进行设备变更图形维护审核、结束流程	未能完成申请单审核及结束流程，扣20分			
6	综合素质（5分）	（1）着装整齐，精神饱满。 （2）独立完成相关工作。 （3）课堂纪律良好，不大声喧哗				
7	总分（100分）					

操作开始时间：　　时　　分
操作结束时间：　　时　　分　　　　　　　　　　用时：　　分

指导教师

任务扩展

依据上述操作步骤，完成110kV竞莲一线、110kV竞莲二线铭牌创建、导线、杆塔的图形绘制工作。10kV配电线路图形不需要新建铭牌，直接进行图形绘制。此外，配电线路模板位置：PMS2.0/Data/Template/线路自动导入模板及说明/电网资源（10kV配电线路）设备导入模板.xls。依据上述介绍，进行配电线路图形新增操作，进行

10kV 或者 400V（380V）线路图形绘制。

任务二　线路类设备台账的创建

📋 任务目标

（1）掌握线路类设备图形绘制、台账生成的方法和先后顺序。
（2）能够利用 PMS2.0 系统完成线路类设备台账生成的任务。

📋 任务描述

该任务主要是设备运维人员通过设备变更申请单，在 PMS2.0 系统中，会根据 C/S 图形客户端中图形自动生成线路、杆塔、导线台账信息，同时根据资产清册添加绝缘子、金具等其他附属设备信息。情境二任务一中 110kV 竞莲一线、110kV 竞莲二线图形已绘制完成。下面根据设备清册进行 110kV 竞莲一线、110kV 竞莲二线台账具体参数维护，其中线路台账设备主要包括杆塔、导线、避雷器、绝缘子、金具和杆塔附属设施等。

📋 任务准备

一、知识准备

学习线路杆塔、避雷器、绝缘子、金具等设备相关知识，掌握它们的技术特点、种类划分和选择要求。杆塔用来支持绝缘子和导线，使导线相互之间、导线对杆塔和大地之间保持一定的距离，以保证供电与人身安全。杆塔按用途可分为直线杆、耐张杆、转角杆、终端杆、特种杆。绝缘子使导线之间、导线与大地之间彼此绝缘，具有良好的绝缘性能和机械强度。线路绝缘子主要有针式绝缘子、悬式绝缘子。金具是用于连接、固定导线或固定绝缘子、横担等的金属部件，常用的金具有悬垂线夹、耐张线夹、接续金具、联结金具、保护金具等。

二、工具准备

Win7 版本电脑（32/64）、Google 浏览器（32/64）、PMS2.0 客户端、PMS2.0 培训环境。

三、资料准备

输电设备清册，详见附录 D。

四、人员准备

输电班组成员、班长。人员权限与情境二任务一一致。

五、场地准备

具有电网省属公司内网环境的机房（有可登录 PMS2.0 系统内网的电脑）。

任务实施

一、任务流程图

线路类设备台账创建流程图见图 2-13。

二、操作步骤

（1）登录 PMS2.0 系统，打开"系统导航"—"电网资源中心"—"电网资源管理"—"设备台账管理"—"设备台账维护"菜单。

（2）台账维护。将图形维护发布结束后，线路及线路下设备自动根据图形生成台账。进入台账维护界面，在设备导航树下选择"线路设备"，找到线路台账，点击台账上方功能区域"修改"，可对台账信息进行修改。修改后点击"保存"，可保存修改后的台账信息。线路设备台账维护界面如图 2-14 所示。

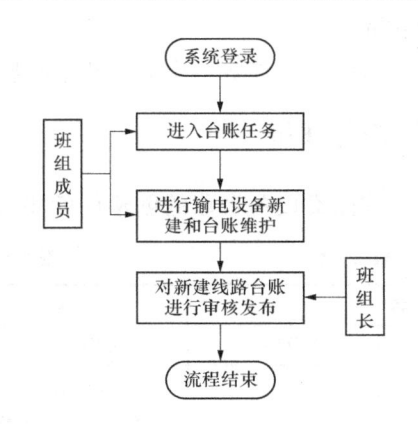

图 2-13 线路类设备台账创建流程图

图 2-14 线路设备台账维护界面

在设备中直接新建绝缘子、金具、避雷器、杆塔、拉线、地线台账。新建线路设备台账界面如图 2-15 所示。

台账维护结束后发往审核人员进行审核操作，审核操作与变电设备台账审核操作流

图2-15 新建线路设备台账界面

程相同。

台账创建任务结束后,输电线路设备新增完成。

任务评价

线路类设备台账的创建任务评价表见表2-2。

表2-2　　　　　线路类设备台账的创建任务评价表

姓名		学号					
序号	评分项目	评分内容及要求	评分标准	扣分	得分	备注
1	准备工作 （5分）	（1）电脑的应用环境为内网,可登录Google浏览器。 （2）资料准备齐全,包括教材、笔、笔记本等	（1）没有进行电脑操作环境检查,扣3分。 （2）资料准备不齐全,扣2分			
2	设备变更申请单新建及审核流程 （20分）	（1）正常登录PMS 2.0系统。 （2）设备变更申请单新建及审核	（1）未能登录PMS2.0系统,扣5分。 （2）未能找到PMS2.0系统中申请单新建模块,扣5分。 （3）未能完成申请单信息填写及启动流程,扣5分。 （4）申请单申请类型不正确,每项扣5分			
3	线路下绝缘子、金具设备台账新建 （30分）	线路下绝缘子、金具设备台账新建	（1）未完成台账创建,扣15分。 （2）台账填写不正确,每项扣1分,最多扣15分			
4	线路其他设备台账信息维护 （20分）	线路下,例如地线、拉线等其他设备台账新建、维护	（1）未能完成台账信息维护,扣10分。 （2）台账填写不正确,每项扣1分,最多扣10分			

74

续表

姓名		学号				
序号	评分项目	评分内容及要求	评分标准	扣分	得分	备注
5	设备变更审核、结束流程（20分）	设备变更审核、结束流程	未能完成申请单审核及结束流程，扣20分			
6	综合素质（5分）	(1) 着装整齐，精神饱满。 (2) 独立完成相关工作。 (3) 课堂纪律良好，不大声喧哗				
7	总分（100分）					

操作开始时间：　　时　　分　　　　　　　　　　　　　　用时：　　分
操作结束时间：　　时　　分

指导教师

任务扩展

依据上述操作步骤，完成110kV竞莲一线、110kV竞莲二线导线、杆塔、绝缘子、金具等设备台账录入工作。配电线路设备类型比输电设备有所增加，其中需关联铭牌设备，例如柱上变压器、柱上断路器、柱上跌落式熔断器、柱上隔离开关等；不关联铭牌设备，例如柱上避雷器、故障指示器等。参照输电线路台账维护操作步骤，进行配电线路及所属设备台账信息维护。

任务三　线路类设备台账的变更

任务目标

(1) 掌握线路类设备变更流程。
(2) 能够利用PMS2.0系统完成设备状态的变更。

任务描述

该任务主要是当线路设备需要变更时，如线路切改、设备更换、线路名称变更、线路投运和退役，由运维人员在PMS2.0系统中提出设备变更申请，将设备台账、图形变更并发送班长审核、发布。通过设备变更流程，实现台账、图形与实际电网的同步更新。下面进行110kV竞莲二线线路金具设备信息修改，110kV竞莲一、二线路切改，110kV竞莲一线线路投运，110kV竞莲一线退役操作。

任务准备

一、知识准备

线路设备变更指线路切改、设备更换、线路名称变更、线路投运和退役。针对输电设备在新增、改造、变更或退役时，对设备图形、台账参数等信息的修改及审核的全过程管理，包括线路路径迁移、线路T接、线路杆塔升高等。输电设备变更管理是保证系统中设备图形及台账信息维护及时性和准确性的重要手段，通过设备变更管理可实现设备资料随设备退出及更换的完整传递，实现电网接线图与实际电网的同步更新。

二、工具准备

Win7版本电脑（32/64）、Google浏览器（32/64）、PMS2.0客户端、PMS2.0培训环境。

三、人员准备

输电班组成员、班长。人员权限与情境二任务一一致。

四、场地准备

具有电网省属公司内网环境的机房（有可登录PMS2.0系统内网的电脑）。

任务实施

一、任务流程图

线路类设备台账变更流程图见图2-16。

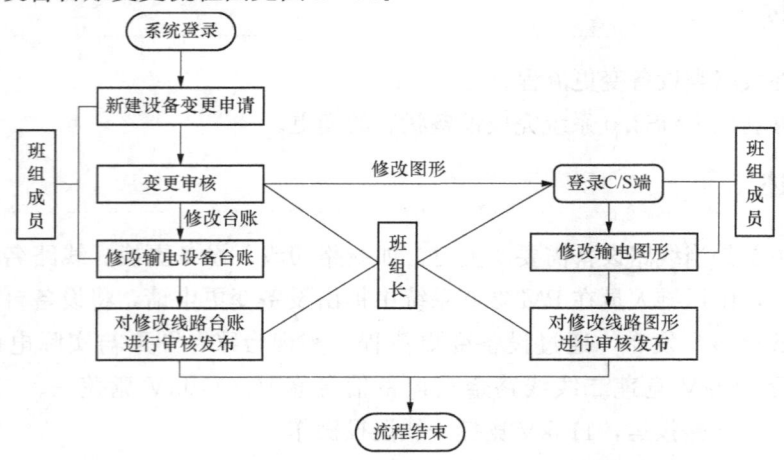

图2-16 线路类设备台账变更流程图

二、操作步骤

(1) 登录 PMS2.0 系统，打开"系统导航"—"电网资源中心"—"电网资源管理"—"设备台账管理"—"设备变更申请"菜单。

(2) 线路下设备名称及信息修改。输电设备分为有铭牌有图形、无铭牌有图形和无铭牌无图形的设备。

1) 有铭牌有图形的设备，通过在主网电系铭牌维护中，修改铭牌名称后，台账名称自动变更。

2) 无铭牌无图形的设备，类似"拉线""金具"等，通过新建设备变更申请流程。因本次任务为进行设备修改流程，故申请类型选择"设备修改"（申请类型为"设备修改"时，在台账维护时只能进行修改，无法进行新增）。以"110kV 竞莲一线"为例，线路设备修改申请界面如图 2-17 所示。

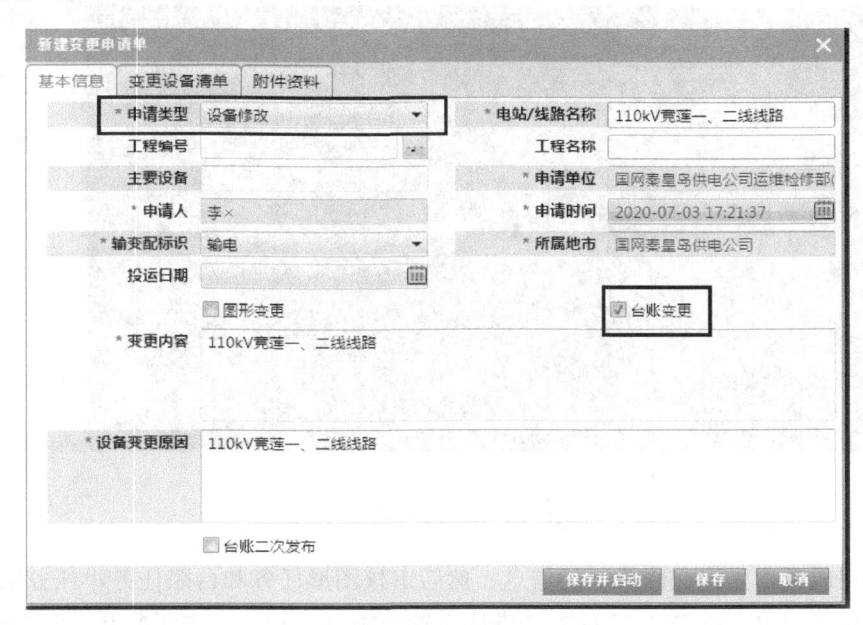

图 2-17 线路设备修改申请界面

任务发至台账维护环节后，如台账维护界面。手动输入设备名称，点击"保存"。线路设备台账维护界面如图 2-18 所示。

如果修改设备相关信息，可在台账任务中，点击"修改"，可在台账侧修改相应字段。

3) 无铭牌有图形的设备，需要在图形中修改设备名称。对新建设备变更申请任务，勾选"台账维护"和"图形维护"，进入图形任务，选择需修改设备，点击电网图形管理下的"设备属性"，修改设备名称，最后点击"保存"按钮。修改设备名称界面如图 2-19 所示。

图 2-18 线路设备台账维护界面

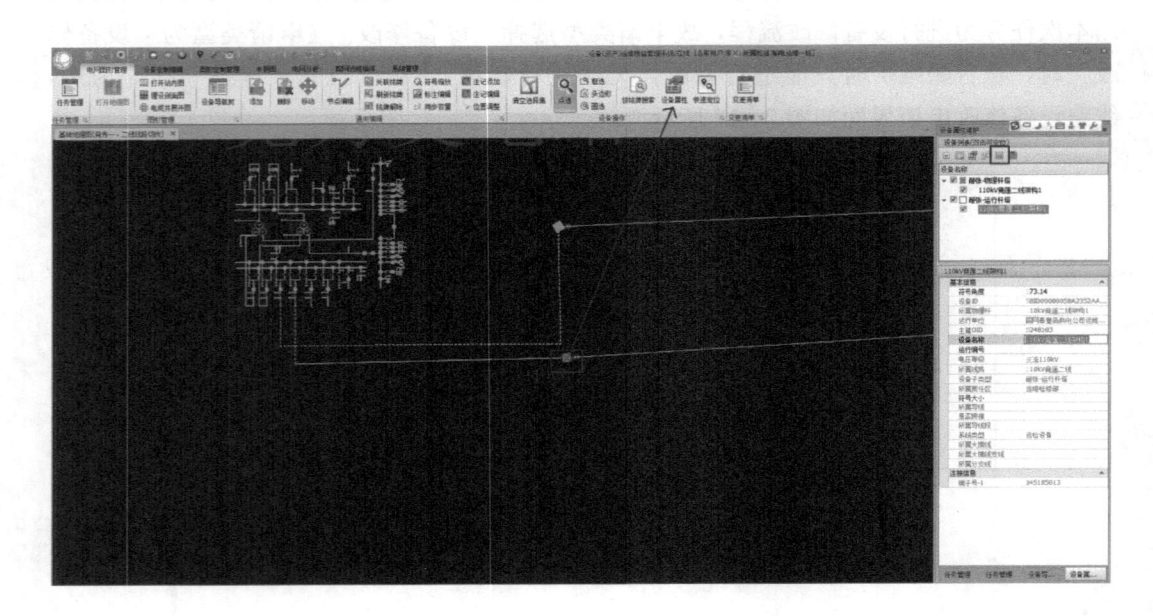

图 2-19 修改设备名称界面

修改完成后，先提交修改后的信息，然后审核图形任务和台账任务，任务结束。

（3）线路切改。将 110kV 竞秀二线从 5 号杆塔与 6 号杆塔之间截开，6 号杆塔之后转由 110kV 竞秀一线供电。

线路切改在设备变更申请下，选择申请类型为"线路切改"，勾选"台账变更"和"图形变更"，申请线路切改界面如图 2-20 所示。

进入图形任务，在需要切改的位置断开导线连接，然后将切改部位与新线路连接起来，在图形界面进行的线路切改界面如图 2-21 所示。

在设备定制编辑中选择"线路更新"按钮，将已切改设备的所属线路性质进行更新。首先选择"目标线路"下的设备，选择需要更新的起始设备，然后点击线路更新窗口左上方" "，搜索更新设备。搜索更新设备界面如图 2-22 所示。

情境二　线路类设备台账、图形管理

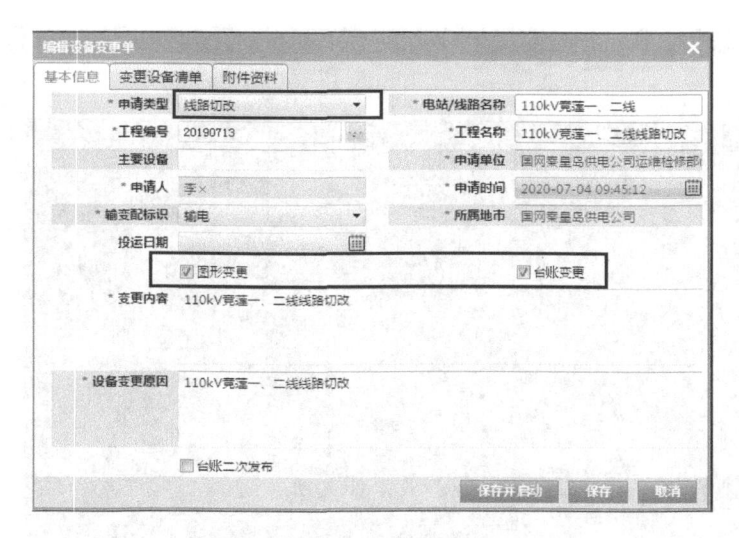

图 2-20　申请线路切改界面

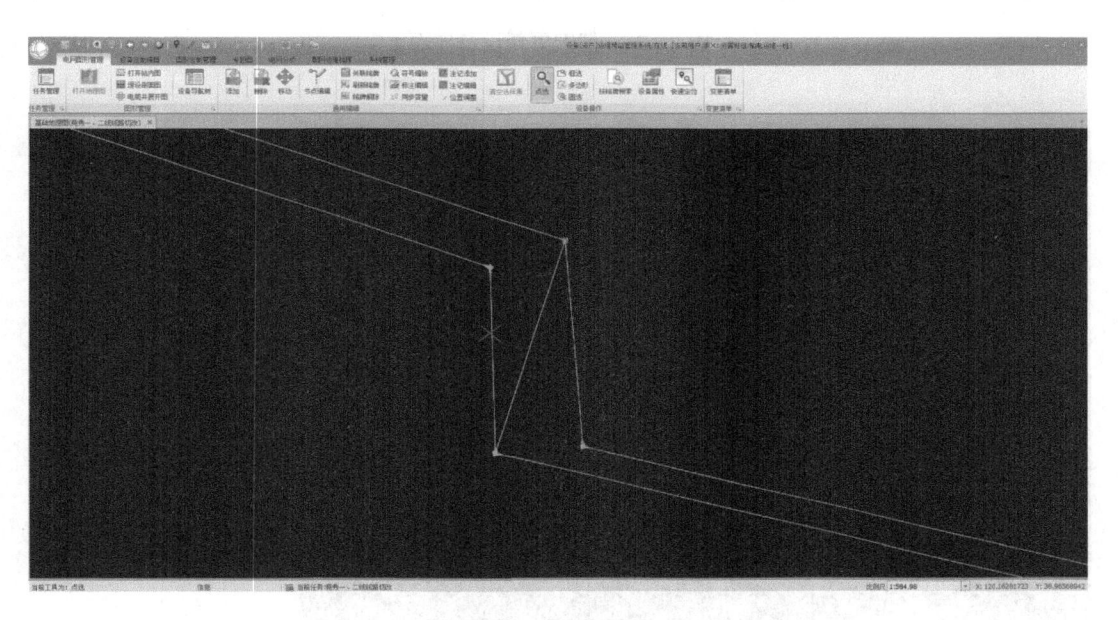

图 2-21　在图形界面进行的线路切改界面

搜索更新设备后，更新线路设备界面如图 2-23 所示。确认线路图形切改无误后，点击线路更新窗口左上方" "，更新线路设备。

更新后，点击"提交"，线路切改完成。

（4）线路投运。设备投运通过新建设备变更申请流程，申请类型选择"设备投运"，勾选"台账变更"。申请设备投运界面如图 2-24 所示。

79

PMS 系统认知实训

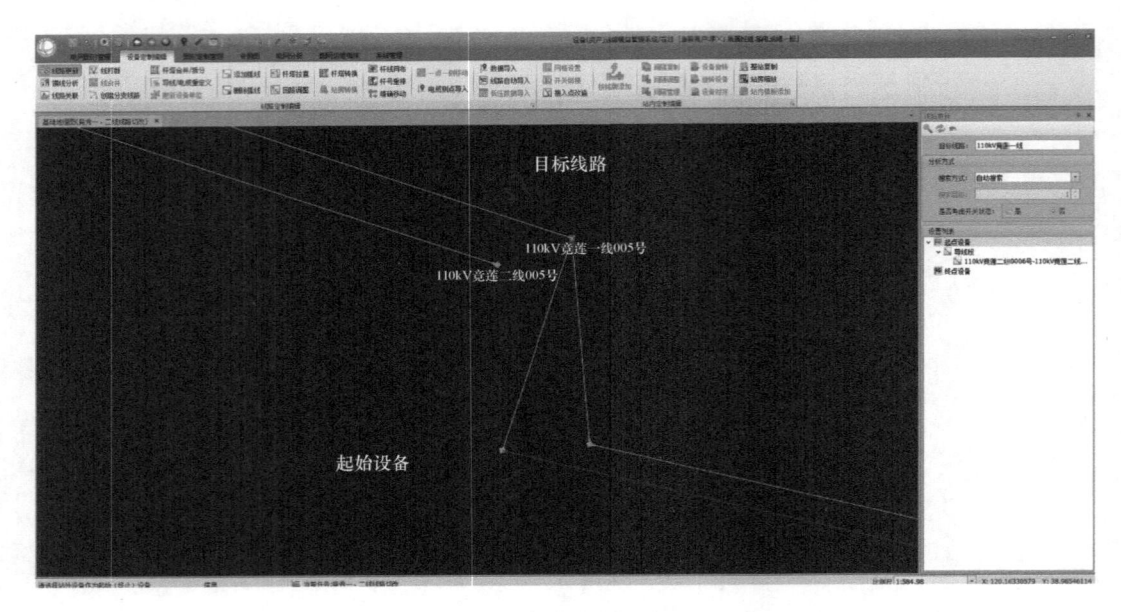

图 2-22 搜索更新设备界面

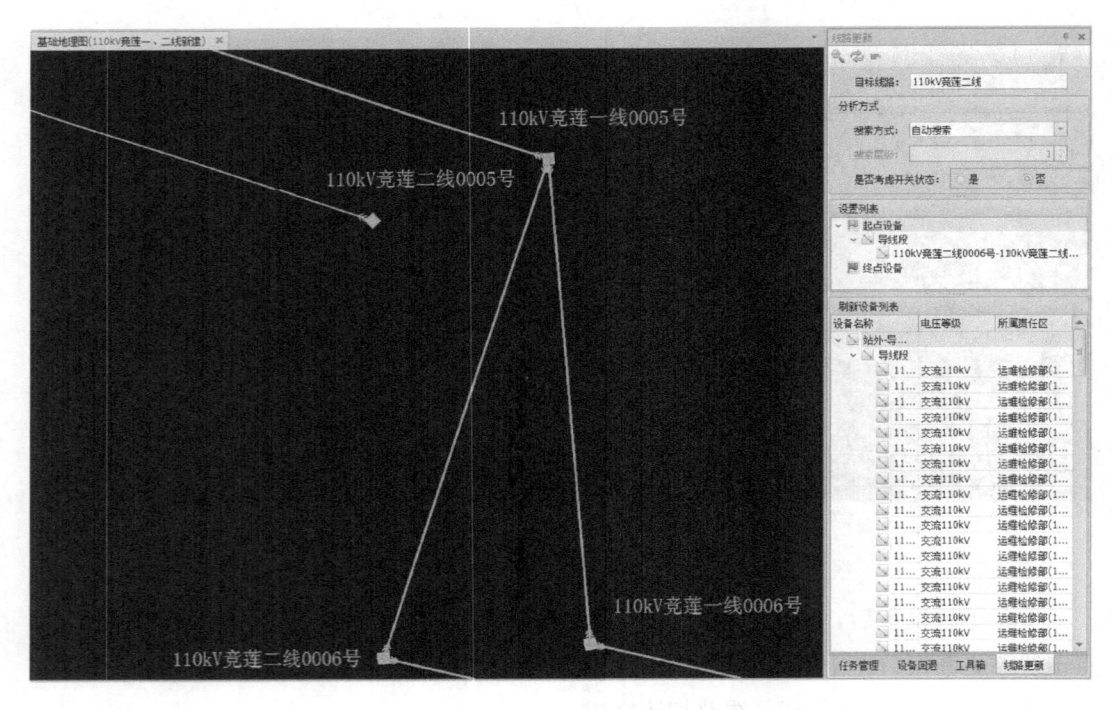

图 2-23 更新线路设备界面

审核后,找到台账任务,进入台账维护界面,将线路投运状态改为"在运"。更改设备状态为"在运"的界面如图 2-25 所示。

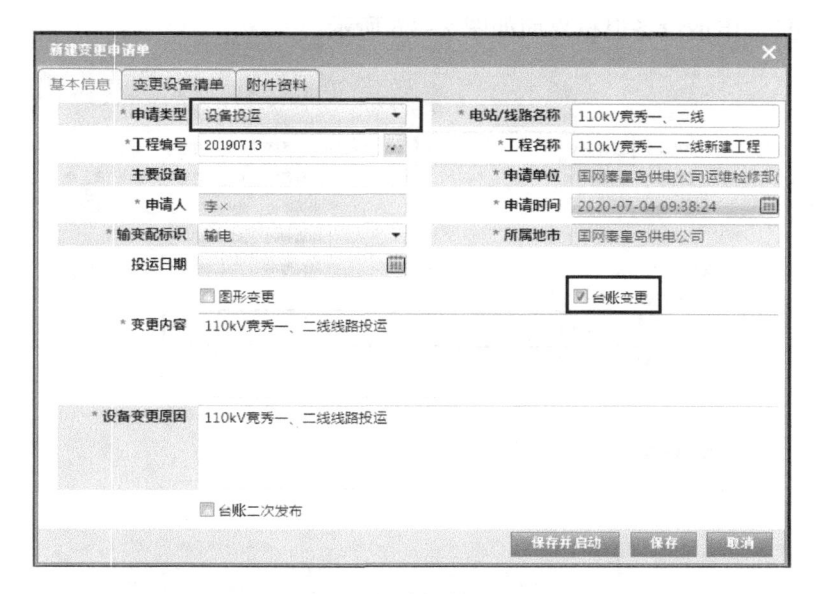

图 2-24 申请设备投运界面

图 2-25 更改设备状态为"在运"的界面

最后，将台账发布，结束任务流程。

（5）线路退役。设备退役，将关联图形进行删除，设备台账走申请退役流程。

首先，通过新建设备变更申请流程，申请类型选择"设备退役"，勾选"台账变更"

和"图形变更"。申请设备退役界面如图 2-26 所示。

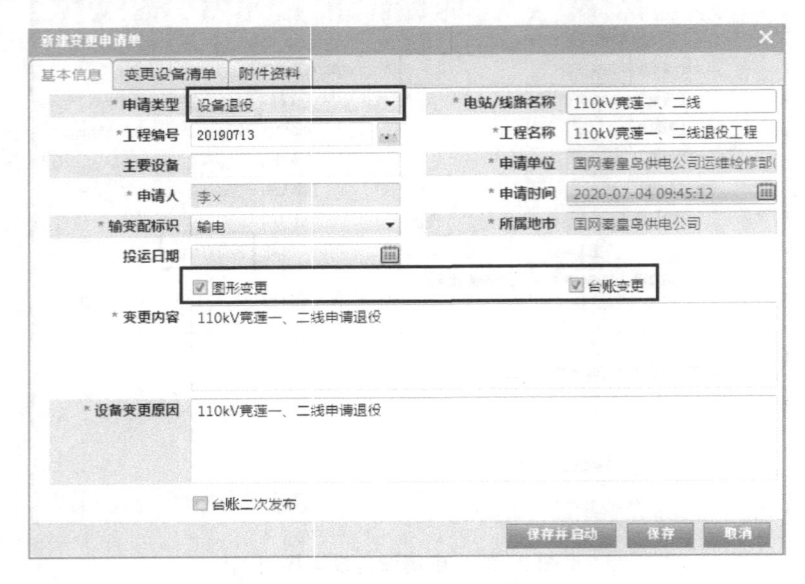

图 2-26　申请设备退役界面

进入图形任务，在设备导航树下，找到线路，右击鼠标，点击"删除"。图形将全部被删除。删除所选设备界面如图 2-27 所示。

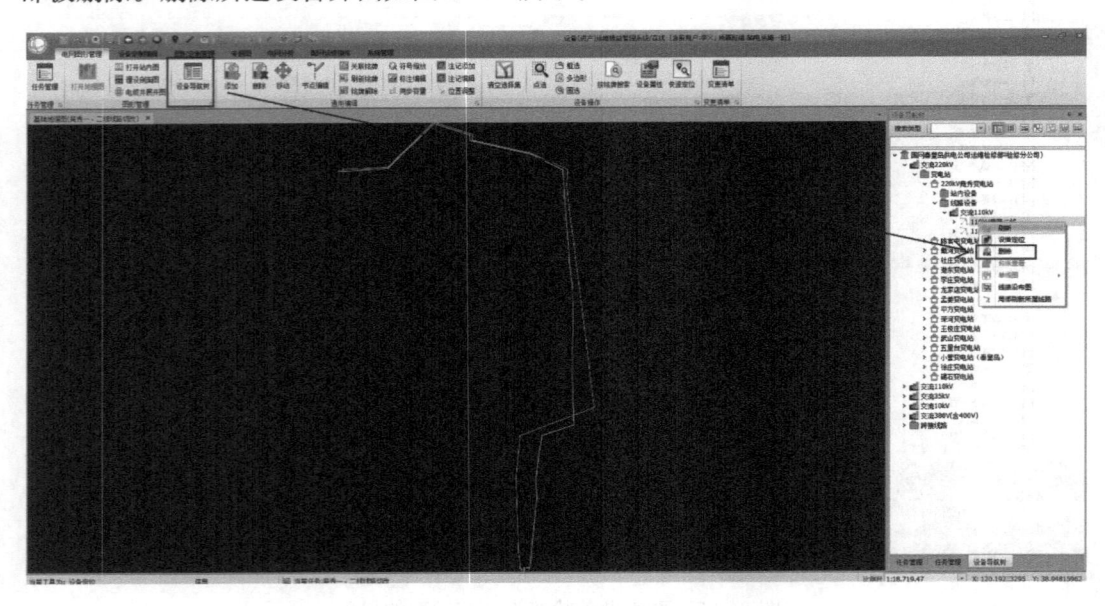

图 2-27　删除所选设备界面

然后结束图形任务。之后在台账任务侧，找到线路设备，点击"退役"按钮，线路设备台账状态将转为"退役"。更改设备状态为"退役"界面如图 2-28 所示。

图 2-28　更改设备状态为"退役"界面

操作完成后，结束任务。

任务评价

线路类设备台账的变更任务评价表见表 2-3。

表 2-3　　　　　线路类设备台账的变更任务评价表

姓名		学号				
序号	评分项目	评分内容及要求	评分标准	扣分	得分	备注
1	准备工作 （5分）	（1）电脑的应用环境为内网，可登录Google浏览器。 （2）资料准备齐全，包括教材、笔、笔记本等	（1）没有进行电脑操作环境检查，扣3分。 （2）资料准备不齐全，扣2分			
2	设备变更申请单新建及审核流程 （20分）	（1）正常登录PMS 2.0系统。	（1）未能登录PMS2.0系统，扣5分。 （2）未能找到PMS2.0系统中申请单新建模块，扣5分。			

续表

姓名		学号				
序号	评分项目	评分内容及要求	评分标准	扣分	得分	备注
2	设备变更申请单新建及审核流程（20分）	（2）设备变更申请单新建及审核	（3）未能完成申请单信息填写及启动流程，扣5分。 （4）申请单申请类型不正确，每项扣5分			
3	线路设备名称及台账信息修改（20分）	线路设备名称及台账信息修改	（1）未能完成线路设备名称修改，扣10分。 （2）台账信息修改未完成，每项扣1分，最多扣10分			
4	线路设备更换（20分）	线路设备更换	（1）未能完成线路设备更换，扣10分。 （2）更换后台账填写不正确，每项扣1分，最多扣10分			
5	线路设备退役（20分）	线路设备退役	（1）未能完成线路设备图形退役，扣10分。 （2）未能完成线路设备台账退役，扣10分			
6	设备变更审核、结束流程（10分）	设备变更审核、结束流程	未能完成申请单审核及结束流程，扣10分			
7	综合素质（5分）	（1）着装整齐，精神饱满。 （2）独立完成相关工作。 （3）课堂纪律良好、不大声喧哗				
8	总分（100分）					

操作开始时间： 时 分 用时： 分
操作结束时间： 时 分

指导教师

任务扩展

依据上述操作步骤，完成110kV竞莲一线、110kV竞莲二线投运操作。完成110kV竞莲一线、110kV竞莲二线线路下绝缘子名称及设备型号修改操作。完成110kV竞莲一线、110kV竞莲二线切改操作，并对切改中删除的导线、杆塔进行退役操作。配电设备与输电设备操作除电压等级之外，基本相同。根据输电线路投运、设备修改、退役操作，进行配电线路投运、修改、退役操作。

任务四　线路类设备台账、图形的查询、统计

📋 任务目标

掌握线路类设备台账、图形的统计、查询等辅助功能。

📋 任务描述

该任务主要是班组人员根据现场实际业务需要，在PMS2.0系统中进行线路类设备台账的查询、统计以及图形定位等辅助功能的应用。下面在设备台账查询统计页面中，统计运行状态为"在运"的线路条数，查询110kV竞秀一线图形信息。

📋 任务准备

一、知识准备

线路类设备台账、图形的查询统计提供线路信息的查询统计，统计功能可以通过按线路统计、按电压等级统计、按资产性质统计三种统计类型进行信息统计，统计结果以统计数据和统计图两种方式展现。查询功能可根据电压等级、维护班组、线路名称等查询条件，进行查询。

二、工具准备

Win7版本电脑（32/64）、Google浏览器（32/64）、PMS2.0客户端、PMS2.0培训环境。

三、人员准备

输电班组成员、班长。人员权限与情境二任务一一致。

四、场地准备

具有电网省属公司内网环境的机房（有可登录PMS2.0系统内网的电脑）。

📋 任务实施

操作步骤如下：

（1）登录PMS2.0系统，打开"系统导航"—"电网资源中心"—"电网资源管理"—"设备台账管理"—"设备台账查询统计"菜单。设备台账查询统计界面访问路径界面如图2-29所示。

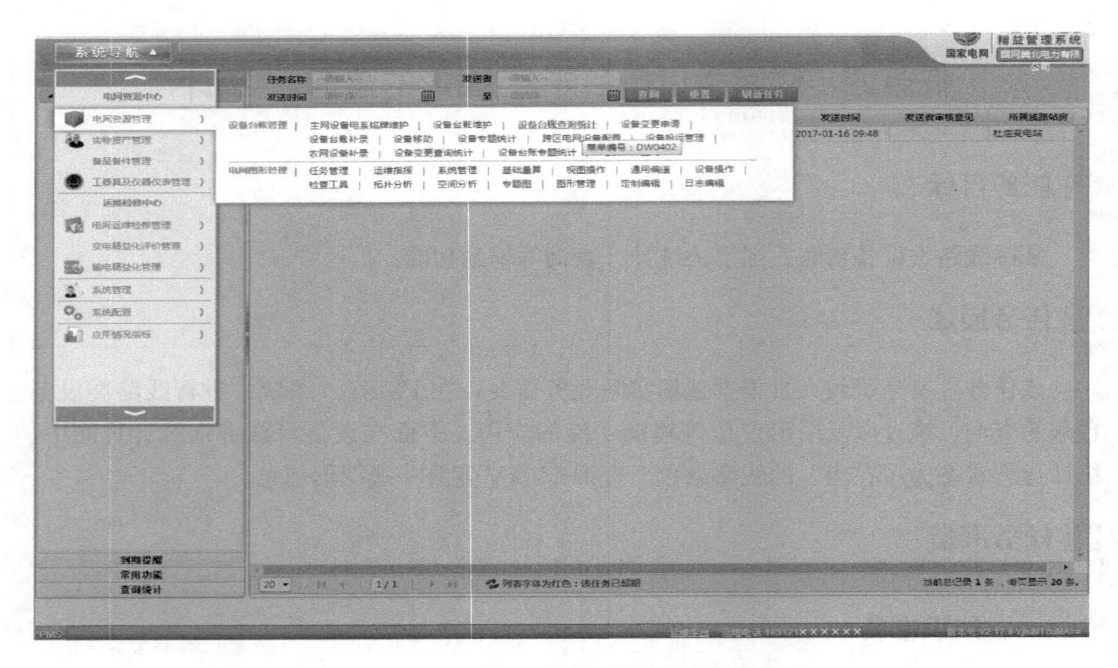

图 2-29　设备台账查询统计界面访问路径界面

进入"设备台账查询统计"模块后，该页面有查询、统计、GIS 图三个小页签。设备台账查询统计界面如图 2-30 所示。

图 2-30　设备台账查询统计界面

（2）统计。统计界面分为导航树区、统计条件区、显示结果区，同时可以呈现为"统计数据"和"统计图"的形式，并进行展示。条件区查询设备类型选择"线路"或线路下其他设备类型，点击"按电压等级统计"查看设备统计数据列表。线路类设备统计数据列表界面如图 2-31 所示。

图 2-31　线路类设备统计数据列表界面

查询条件区查询设备类型选择"线路"或其他线路设备，点击"按电压等级统计"查看设备统计图。线路类设备统计图界面如图 2-32 所示。

查询条件区查询设备类型选择某一设备类型，可按自定义的设备类型进行统计。自定义字段统计界面如图 2-33 所示。

（3）查询。在"查询"页签中，根据设备分类，按线路类设备，在设备导航树的"线路设备"中查询。以查询"110kV 竞莲一线"为例，输入查询条件，查询设备类型选择"线路"，名称选择"110kV 竞莲一线"，根据筛选结果展示查询结果。查询线路设备界面如图 2-34 所示。

在"查询"页签中，点击"排序"按钮，在弹出框内进行字段排序。字段排序界面如图 2-35 所示。

在"查询"页面中，点击"导出"按钮，选择是否导出当前显示内容或查询全部信息，然后选择需要的设备台账字段，即可导出设备台账信息。数据导出确认界面、选择导出字段属性界面分别如图 2-36、图 2-37 所示。

(4) GIS 图。在 GIS 图中，选择查询设备内容，在 GIS 图查询设备的内容界面如图 2-38 所示。

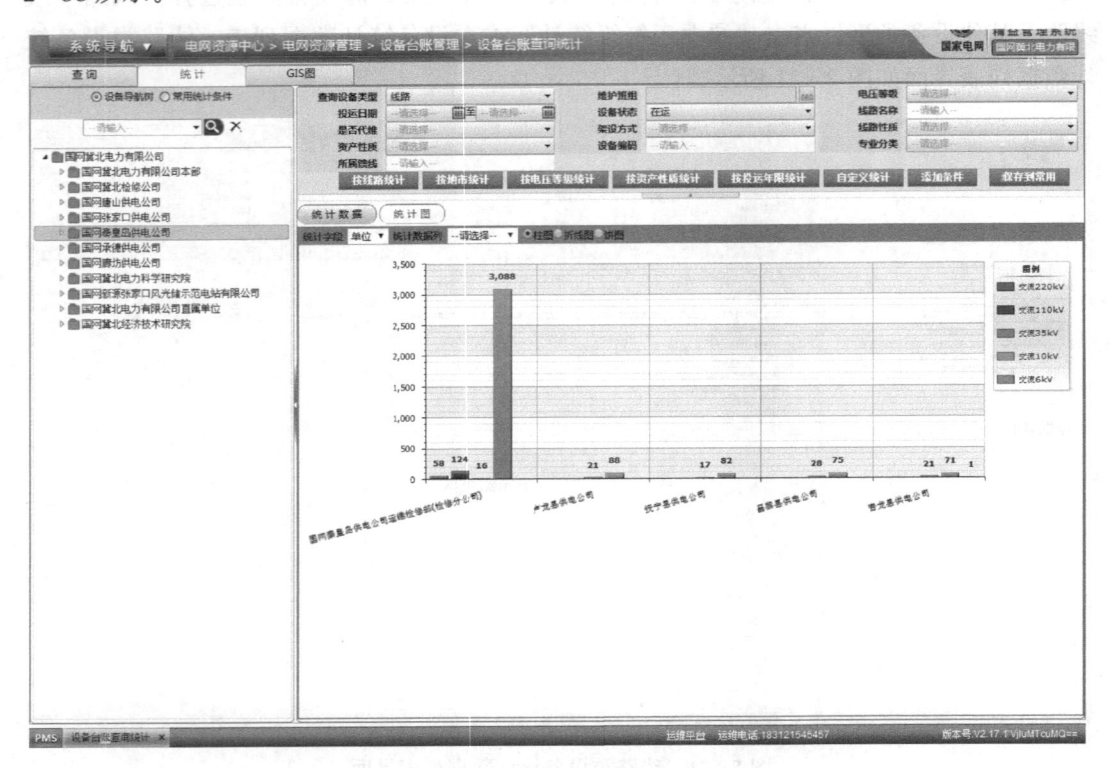

图 2-32 线路类设备统计图界面

图 2-33 自定义字段统计界面

情境二　线路类设备台账、图形管理

图 2-34　查询线路设备界面

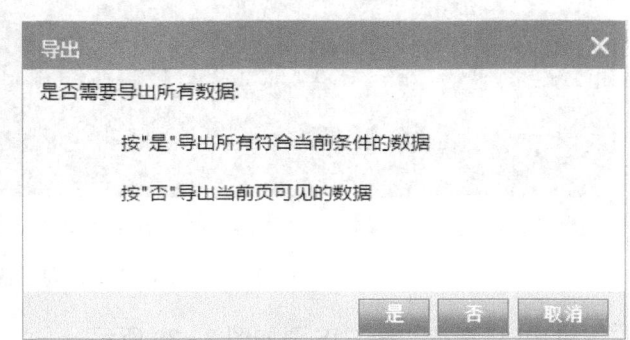

图 2-35　字段排序界面　　　　　　　图 2-36　数据导出确认界面

89

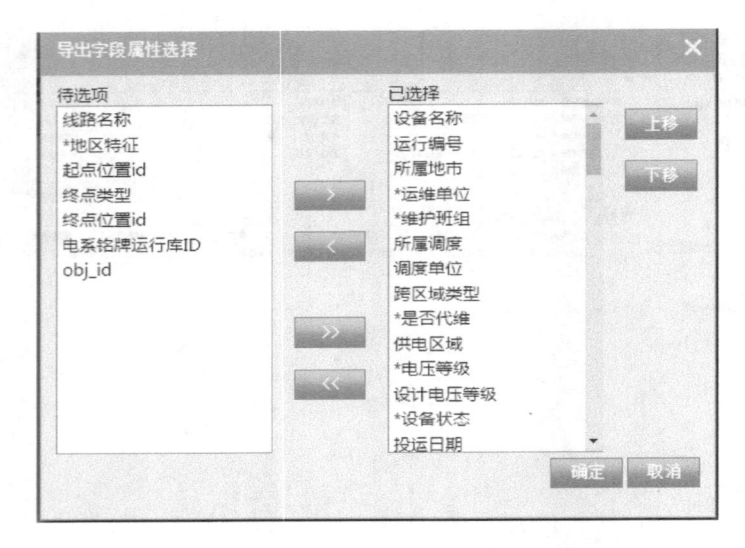

图 2-37 选择导出字段属性界面

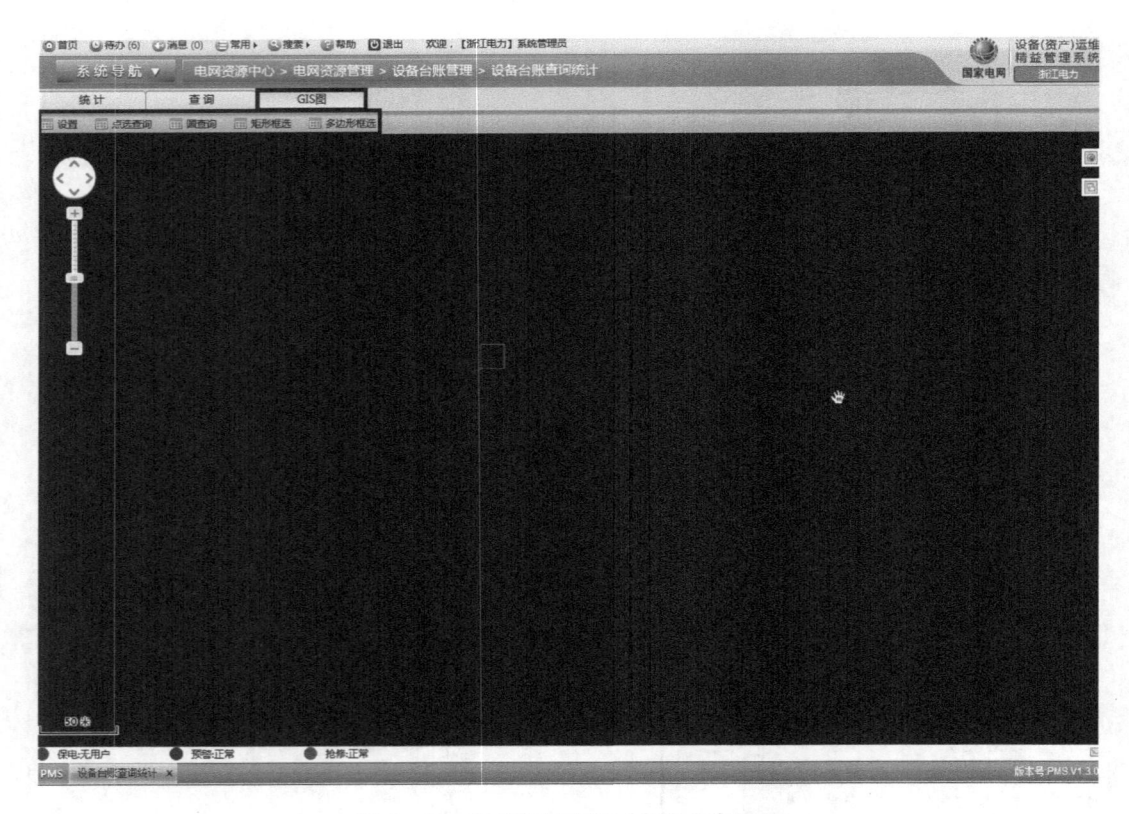

图 2-38 在 GIS 图查询设备的内容界面

110kV 竞莲二线 GIS 图如图 2-39 所示。

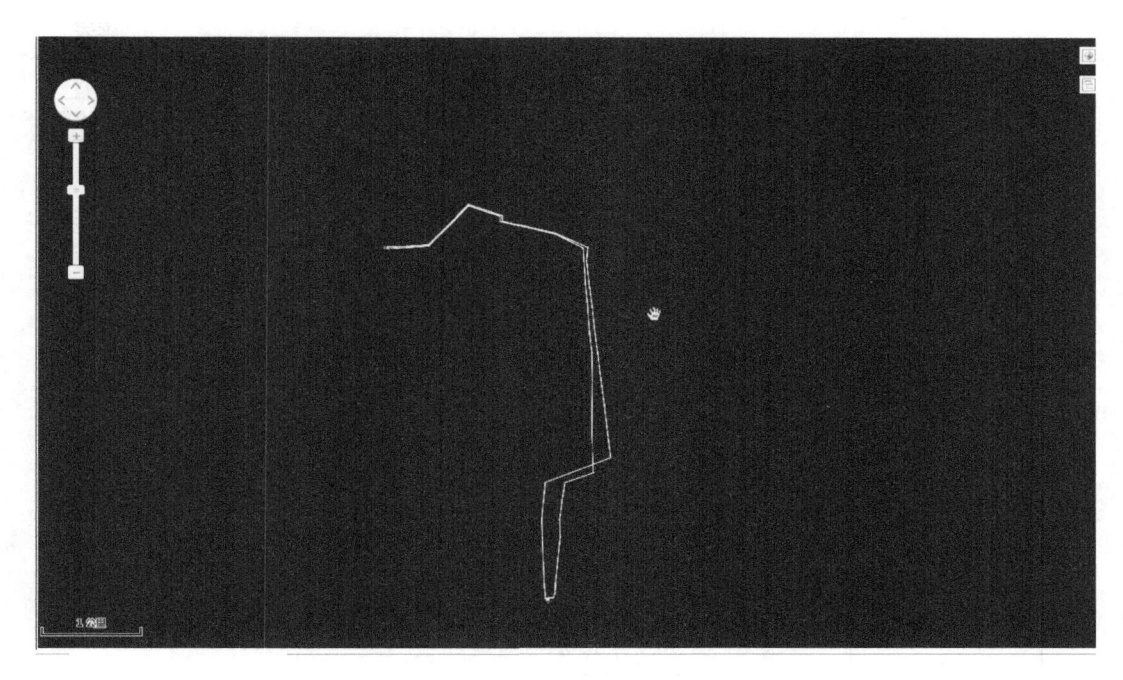

图 2-39　110kV 竞莲二线 GIS 图

任务评价

线路类设备台账、图形的查询、统计任务评价表见表 2-4。

表 2-4　　　　线路类设备台账、图形的查询、统计任务评价表

姓名		学号				
序号	评分项目	评分内容及要求	评分标准	扣分	得分	备注
1	准备工作 （5分）	（1）电脑的应用环境为内网，可登录 Google 浏览器。 （2）资料准备齐全，包括教材、笔、笔记本等	（1）没有进行电脑操作环境检查，扣 3 分。 （2）资料准备不齐全，扣 2 分			
2	设备台账查询统计模块 （20分）	（1）正常登录 PMS 2.0 系统。 （2）进入设备台账查询统计模块	（1）未能登录 PMS 2.0 系统，扣 10 分。 （2）未能找到 PMS 2.0 系统中设备台账查询统计模块，扣 10 分			

续表

姓名		学号				
序号	评分项目	评分内容及要求	评分标准	扣分	得分	备注
3	设备台账查询统计—查询（30分）	使用模块查询110kV竞莲一线台账信息	（1）未使用模块查询到设备，扣10分。 （2）查询设备不符合要求，扣10分。 （3）查询设备未进行查看信息详情，扣10分			
4	设备台账查询统计—统计（20分）	统计110kV线路条数	（1）未使用模块统计各单位设备情况，扣10分。 （2）统计数据错误，扣10分			
5	设备台账查询统计—GIS图（20分）	使用模块查看110kV竞莲一线图形信息	（1）未使用GIS图查询到设备，扣10分。 （2）查询图形设备不符合要求，扣10分			
6	综合素质（5分）	（1）着装整齐，精神饱满。 （2）独立完成相关工作。 （3）课堂纪律良好，不大声喧哗				
7	总分（100分）					

操作开始时间：　　　时　　　分　　　　　　　　　　　　　　用时：　　　分
操作结束时间：　　　时　　　分

指导教师

📋 任务扩展

依据上述操作步骤，通过查询功能，导出110kV竞莲二线杆塔设备明细，查看110kV杆塔运行设备编码、物理设备编码的区别，并根据导出表格中 obj_id、运行设备编码，分别在设备台账查询统计中查询到设备。输电设备查询统计界面与配电查询统计操作相同，根据输电设备操作说明，可在设备查询统计模块中，根据设备名称、电压等级、专业分类等字段在查询、统计界面查看配电设备信息，也可在GIS图形中查看。

情境三

电网设备实物资产管理

【情境描述】

该情境包含三项任务,分别是新增设备转资、设备退役、退役设备的再利用报废。核心知识点为电网设备转资、退役、再利用报废的操作流程。关键技能项为能够利用 PMS2.0 系统完成设备的转资、退役、报废操作。

【情境目标】

通过该情境学习,应该达到的知识目标为熟悉电网设备转资、退役、报废的操作流程及注意事项,实现设备台账、资产卡片与现场实物信息的一致。应该达到的能力目标为能够利用 PMS2.0 系统完成设备的转资、退役、再利用报废操作。应该达到的态度目标为熟悉电网设备管理流程,提升对电网设备全寿命周期管理的认知能力。

任务一 设备转资管理

任务目标

(1) 掌握新增设备的新资产同步操作流程及其意义。
(2) 能够利用 PMS2.0 系统完成新增设备的转资流程。

任务描述

该任务主要是设备运维人员根据设备资产清册、打包规则,在 PMS2.0 系统中将设备信息同步至 ERP 系统,并对设备台账与现场实物进行核查。下面进行 220kV 竞秀变电站、110kV 莲池变电站一次设备、110kV 竞莲一线、110kV 竞莲二线、变电站辅助设备等资产级设备的信息资产同步操作。

任务准备

一、知识准备

实物资产包括属于固定资产范畴的发、输、变(配)电设备,包括电网一次设备、厂站自动化系统、变电站内调度自动化系统、继电保护及安全自动装置、变电站内电力通信设备、自动控制设备、电网（厂）辅助及附属设施、试验及监（检）测装备、专用工器具、生产服务车辆等。电网实物资产管理是指通过规范使用、技术监督、维护检修、技术改造、退役处置、分析评价、管理考核等措施，保持实物资产安全完整、配置合理、效能最优。

实物资产包括资产新增、维护、退出（再利用、转备品备件、报废）、退役（报废）以及设备核查。

二、工具准备

Win7 版本电脑（32/64）、Google 浏览器（32/64）、PMS2.0 客户端、PMS2.0 培训环境。

三、资料准备

220kV 竞秀变电站、110kV 莲池变电站一次设备、110kV 竞莲一线、110kV 竞莲二线设备资产移交清册。

四、人员准备

变电运维班成员，具备 PMS2.0 系统实物资产新增、退役报废管理权限。

五、场地准备

具有电网省属公司内网环境的机房（有可登录 PMS2.0 系统内网的电脑）。

任务实施

一、任务流程图

设备转资管理流程图如图 3-1 所示。

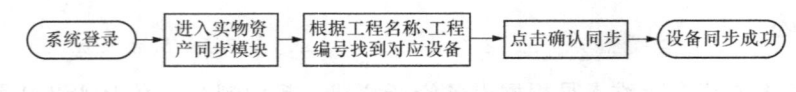

系统登录 → 进入实物资产同步模块 → 根据工程名称、工程编号找到对应设备 → 点击确认同步 → 设备同步成功

图 3-1　设备转资管理流程图

二、操作步骤

（1）登录 PMS2.0 系统，打开"系统导航"—"电网资源中心"—"实物资产管理"—"设备资产同步管理"—"设备资产同步"菜单。设备资产同步界面访问路径界面如图 3-2 所示。

（2）操作步骤。设备运维单位可根据实物资产移交资料，在 PMS2.0 系统中创建设备台账，创建设备台账界面如图 3-3 所示。

情境三　电网设备实物资产管理

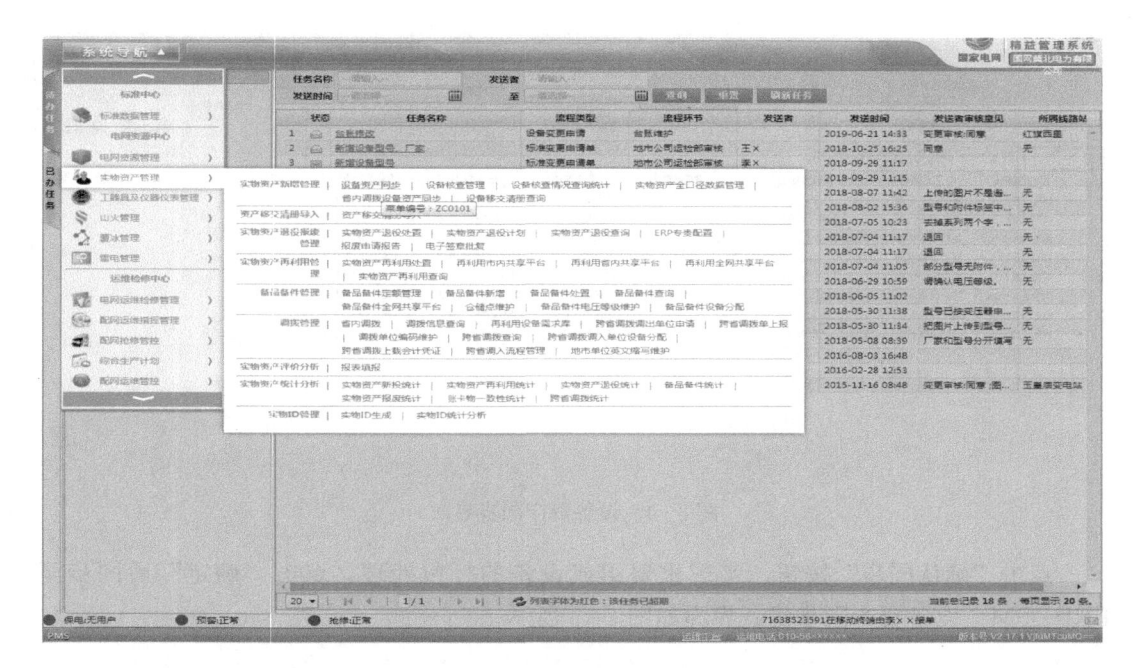

图 3-2　设备资产同步界面访问路径界面

图 3-3　创建设备台账界面

PMS2.0系统设备台账创建完成后，通过设备资产同步菜单，将设备台账同步至ERP-PM（企业资源管理系统设备管理模块），生成PM设备台账。设备资产同步界面如图3-4所示。

PMS 系统认知实训

图 3-4 设备资产同步界面

点击"确认同步"按钮，实现重要组成设备的打包处理，点击"确定"后同步至 ERP-PM。设备资产同步确认界面如图 3-5 所示。

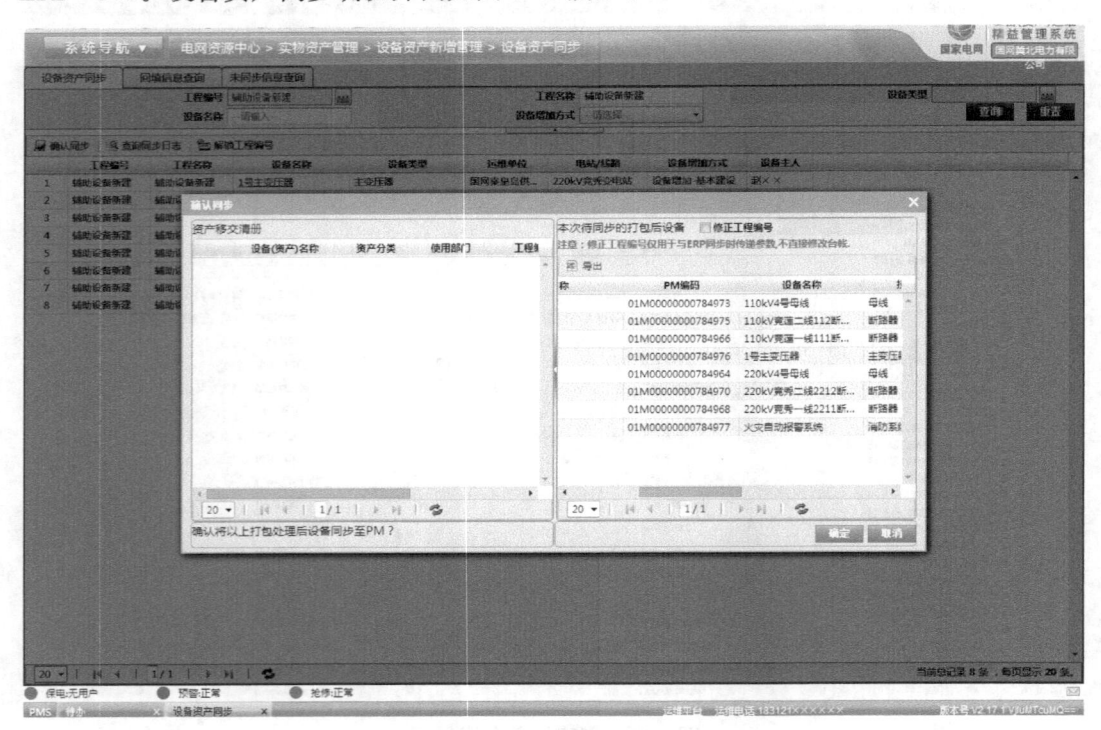

图 3-5 设备资产同步确认界面

在设备资产同步菜单，可查看设备信息；点击设备名称链接，在设备基本信息页签可查看设备价值信息。设备价值信息查看界面如图 3-6 所示。

当设备同步结束后，可在同步日志中查看同步情况。同步日志查询界面如图 3-7 所示。

情境三 电网设备实物资产管理

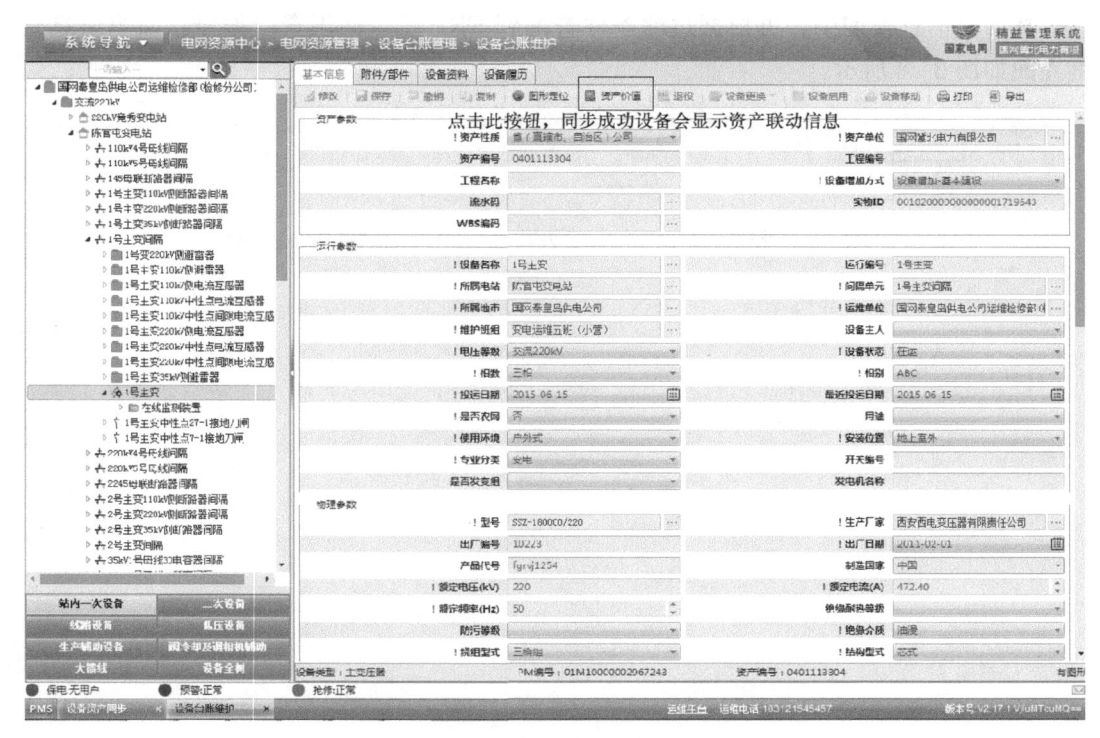

图 3-6 设备价值信息查看界面

图 3-7 同步日志查询界面

97

在回填信息查询中，可根据过滤条件查询到 ERP 是否回填资产编号。回填信息查询界面如图 3-8 所示。

图 3-8　回填信息查询界面

在未同步信息查询中，可根据过滤条件查询到未同步到 ERP 的数据。未同步信息查询界面如图 3-9 所示。

图 3-9　未同步信息查询界面

任务评价

设备转资管理任务评价表见表3-1。

表3-1 设备转资管理任务评价表

姓名		学号				
序号	评分项目	评分内容及要求	评分标准	扣分	得分	备注
1	准备工作 (5分)	(1) 电脑的应用环境为内网，可登录Google浏览器。 (2) 资料准备齐全，包括教材、笔、笔记本等	(1) 没有进行电脑操作环境检查，扣3分。 (2) 资料准备不齐全，扣2分			
2	实物资产同步 (30分)	(1) 正常登录PMS2.0系统。 (2) 实物资产同步模块	(1) 未能登录PMS2.0系统，扣10分。 (2) 未能找到PMS2.0系统实物资产同步模块，扣20分			
3	实物资产同步操作 (40分)	实物资产同步操作	(1) 未能完成实物资产同步操作，扣20分。 (2) 未找到实物资产同步工程，扣10分。 (3) 同步后，未查看同步操作日志，扣10分			
4	回填信息查询 (20分)	回填信息查询	(1) 未能回填信息查询操作，扣10分。 (2) 未查到需核查设备，扣10分			
5	综合素质 (5分)	(1) 着装整齐，精神饱满。 (2) 独立完成相关工作。 (3) 课堂纪律良好，不大声喧哗				
6	总分 (100分)					

操作开始时间： 时 分 　　　　　　　　　　　　　　　用时： 分
操作结束时间： 时 分
指导教师

任务扩展

依据上述操作步骤，根据工程编号信息，完成220kV竞秀变电站、110kV莲池变电站一次设备、110kV 竞莲一线、110kV 竞莲二线、变电站辅助设备资产同步工作。在设备资产同步模块中的配电设备运维账号内，对配电设备进行资产同步，操作步骤、同步日志查看与输变电相同。

任务二　设 备 退 役 管 理

任务目标

（1）掌握设备退役的意义及操作流程。

（2）能够利用 PMS2.0 系统完成设备台账退役的操作流程。

任务描述

该任务主要是指生产运行中的实物资产由于自身性能、技术、经济性等原因离开安装位置或在安装位置与系统隔离时，需运维人员在 PMS2.0 系统中完成此设备台账、图形的退役操作。下面对各类设备的退役操作进行简单介绍，具体操作见情境一、二中输电线路、变电站退役操作。

任务准备

一、知识准备

电网实物资产退役是指生产运行中的实物资产由于自身性能、技术、经济性等原因离开原运行功能位置或在运行功能位置与系统隔离的处置方式。电网实物资产退役管理是资产全寿命周期管理的重要环节，实物资产管理部门应全面规范电网资产退役管理，加强退役资产评估论证，推进退役资产再利用工作，做好废旧物资处置。

二、工具准备

Win7 版本电脑（32/64）、Google 浏览器（32/64）、PMS2.0 客户端、PMS2.0 培训环境。

三、人员准备

变电运维班成员，人员权限与情境三任务一一致。

四、场地准备

具有电网省属公司内网环境的机房（有可登录 PMS2.0 系统内网的电脑）。

任务实施

一、任务流程图

设备退役管理流程图如图 3-10 所示。

二、操作步骤

(1) 登录 PMS2.0 系统，打开"系统导航"—"电网资源中心"—"电网资源管理"—"设备台账管理"—"设备变更申请"菜单。

(2) 可退役的设备可分为有图形有铭牌、有图形无铭牌、无图形有铭牌、无图形无铭牌 4 种情况。

1) 有图形有铭牌设备新建设备变更申请—设备退役流程：删除图形，台账退役，结束任务，删除铭牌。如站内—母线。

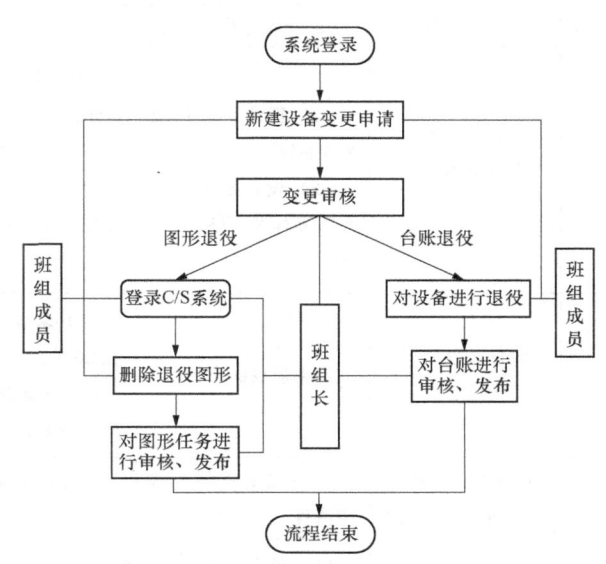

图 3-10 设备退役管理流程图

2) 有图形无铭牌设备新建设备变更申请—设备退役流程：删除图形，台账退役，结束任务。如杆塔类设备。

3) 无图形有铭牌设备新建设备变更申请—设备退役流程：台账退役，结束任务后，删除铭牌。如站内—开关柜。

4) 无图形无铭牌设备新建设备变更申请—设备退役流程：台账退役，结束任务。如消防系统。

具体操作过程详见变电站退役、输电线路退役操作。

任务评价

设备退役管理任务评价表见表 3-2。

表 3-2　　　　　　　　设备退役管理任务评价表

姓名		学号				
序号	评分项目	评分内容及要求	评分标准	扣分	得分	备注
1	准备工作 (5分)	(1) 电脑的应用环境为内网，可登录 Google 浏览器。 (2) 资料准备齐全，包括教材、笔、笔记本等	(1) 没有进行电脑操作环境检查，扣 3 分。 (2) 资料准备不齐全，扣 2 分			

续表

姓名		学号				
序号	评分项目	评分内容及要求	评分标准	扣分	得分	备注
2	设备变更申请单的新建（20分）	(1) 正常登录 PMS 2.0 系统。 (2) 设备变更申请单的新建及审核	(1) 未能登录 PMS2.0 系统，扣 5 分。 (2) 未能找到 PMS2.0 系统中铭牌创建模块，扣 5 分。 (3) 申请单申请类型选择错误，扣 10 分			
3	设备退役操作（50分）	设备退役操作	(1) 未能完成设备台账退役操作，扣 20 分。 (2) 未删除设备关联图形，每项扣 2 分，最多 30 分			
4	设备变更审核、结束流程（20分）	设备变更审核、结束流程	未能完成申请单审核及结束流程，扣 20 分			
5	综合素质（5分）	(1) 着装整齐，精神饱满。 (2) 独立完成相关工作。 (3) 课堂纪律良好，不大声喧哗				
6	总分（100分）					
操作开始时间： 时 分				用时： 分		
操作结束时间： 时 分						
指导教师						

📖 任务扩展

利用所学知识，对 220kV 竞秀变电站内 220kV 4 号母线、5 号母线进行退役操作。同时结合情境一任务五，情境二任务三中的内容，对输电线路、配电站房、配电线路进行退役操作。

任务三 退役设备的处置

📖 任务目标

（1）掌握退役设备的处置方法。
（2）能够利用 PMS2.0 系统完成退役设备处置的流程。

📋 任务描述

该任务主要是根据退役设备的鉴定结果，对退役设备进行再利用或报废处理，需运维人员在 PMS2.0 系统中完成此退役设备处置操作。下面将 220kV 竞秀变电站 220kV 4 号母线进行设备退役处置。

📋 任务准备

一、知识准备

退役设备的处置是实物资产使用保管部门根据技术鉴定结果，在 PMS2.0 系统中完成设备处置操作，及时进行设备台账信息变更，并通过系统集成同步更新资产状态信息。实物资产管理部门负责组织开展设备技术鉴定，确定其留作再利用或报废的处置意见。

二、工具准备

Win7 版本电脑（32/64）、Google 浏览器（32/64）、PMS2.0 客户端、PMS2.0 培训环境。

三、人员准备

变电运维班成员，人员权限与情境三任务一一致。

四、场地准备

具有电网省属公司内网环境的机房（有可登录 PMS2.0 系统内网的电脑）。

📋 任务实施

一、任务流程图

退役设备处置流程图如图 3-11 所示。

二、操作步骤

（1）登录 PMS2.0 系统，打开"系统导航"—"电网资源中心"—"实物资产管理"—"实物资产退役报废管理"—"实物资产退役处置"菜单。

（2）操作步骤。按照功能菜单路径进入实物资产退役处置页面，实物资产退役处置界面访问路径如图 3-12 所示。

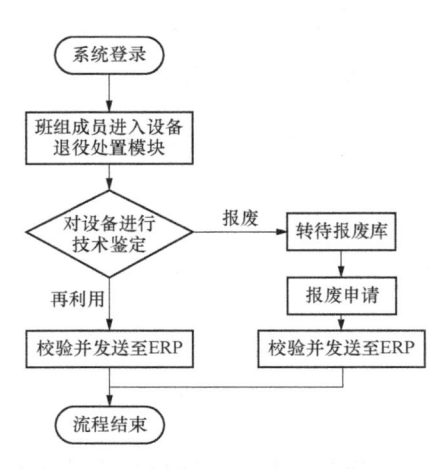

图 3-11 退役设备处置流程图

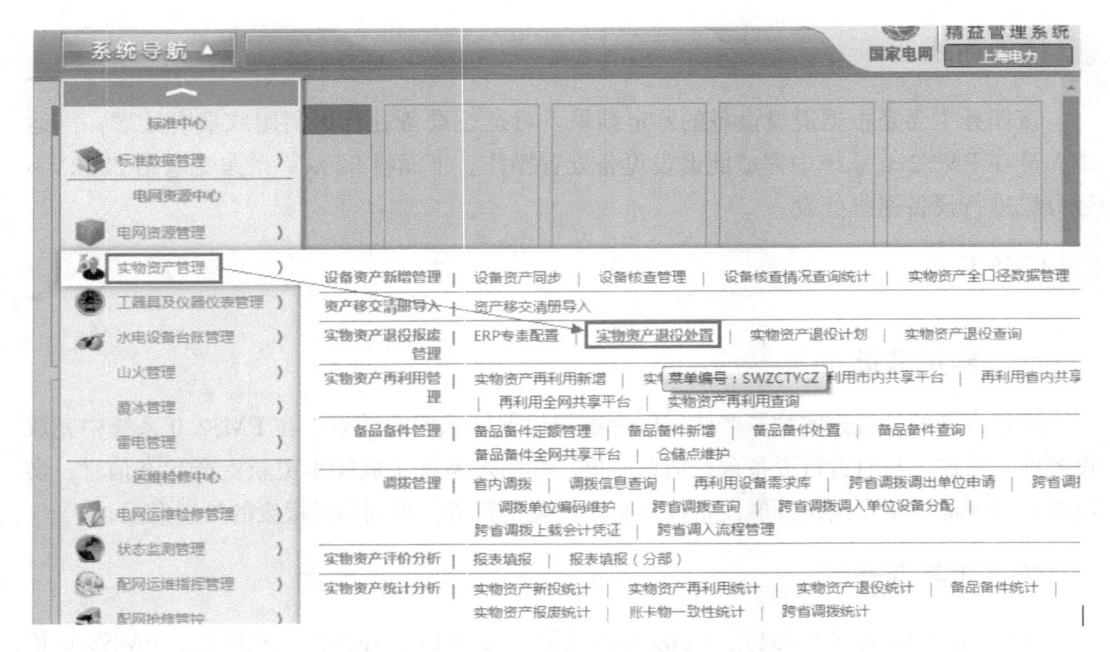

图 3-12 实物资产退役处置界面访问路径

实物资产退役处置包含两个页签,包括"未处置"和"待报废"页签。

1)"未处置"页签。根据退役日期,对超期未处置设备信息进行提醒,超过 30 天未处置为黄色字体预警,超过 60 天未处置为红色字体告警。未处置实物资产信息界面如图 3-13 所示。

图 3-13 未处置实物资产信息界面

发起技术鉴定,选择技术鉴定结果"再利用"或"报废",填写技术鉴定信息,上传技术鉴定报告。处置设备的处置状态更新并关联至 ERP 中的再利用、待报废、报废审批中。勾选一条或多条未处置的退役设备记录，点击"技术鉴定"，在弹出的技术鉴定申请单窗体中设置技术鉴定结论，"再利用"或"报废"，上传鉴定的附件资料，可在技术鉴定申请单中添加移出待处置的设备，申请技术鉴定界面如图 3-14 所示。

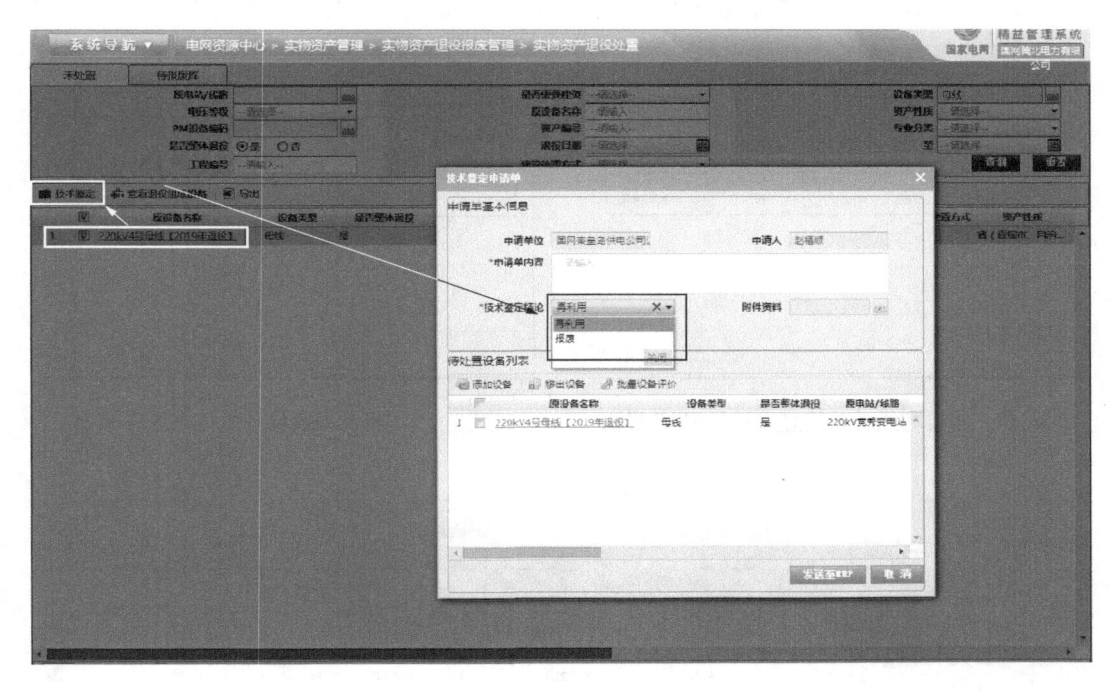

图 3-14　申请技术鉴定界面

若设置结论为"再利用"，需填写申请单内容，设置待处置设备列表中的设备信息，进行设备评价，点击"发送至 ERP"，将再利用处置信息同步至 ERP，将再利用设备信息发送至 ERP 界面如图 3-15 所示。

若设置结论为"报废"，需填写申请单内容，上传附件资料，设定报废申请单类型，设置待处置设备列表中的设备信息，填写报废原因，点击"发送至 ERP"，将报废处置申请信息同步至 ERP；点击"进待报废库"，该申请单中的退役设备信息在待报废库页签中显示。将使报废设备进待报废库界面如图 3-16 所示。

点击"校验并发送至 ERP"，如果报废申请单中有部分设备校验不通过，则 ERP 系统告知 PMS2.0 系统报废错误信息，在 PMS2.0 系统发送报废界面展示报废原因，PMS2.0 系统将 ERP 返回的报废设备错误信息记录在数据库中并提示给用户。在提示界面显示"忽略错误继续发送 ERP 报废"按钮，点击此按钮，则将第一批 ERP 校验通过设备发送至 ERP 系统，完成设备的报废。如点击关闭提示框，则放弃本次报废，数据库中设备信息还原。

主设备下部分组成设备退役，退役信息显示主设备信息，点击"查看退役组成设备"按钮，可查看退役组成设备信息，点击原设备名称列链接，可以查看该设备的详细信息。退役组成设备列表界面如图 3-17 所示。

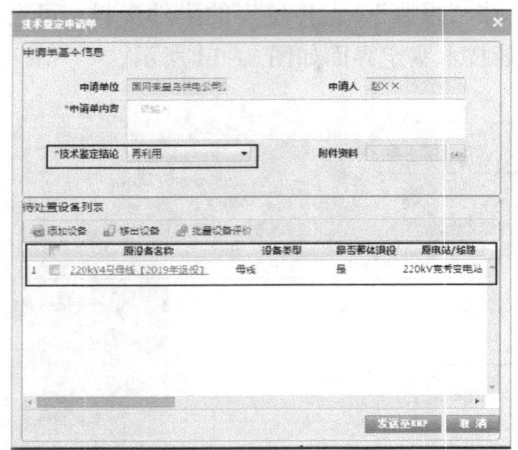

图 3-15　将再利用设备信息发送至 ERP 界面 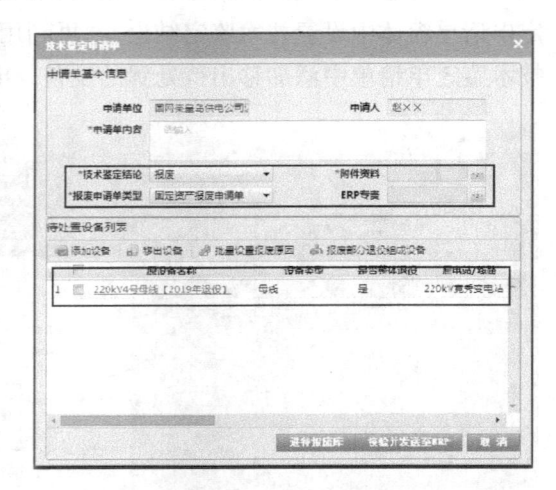　　图 3-16　将使报废设备进待报废库界面

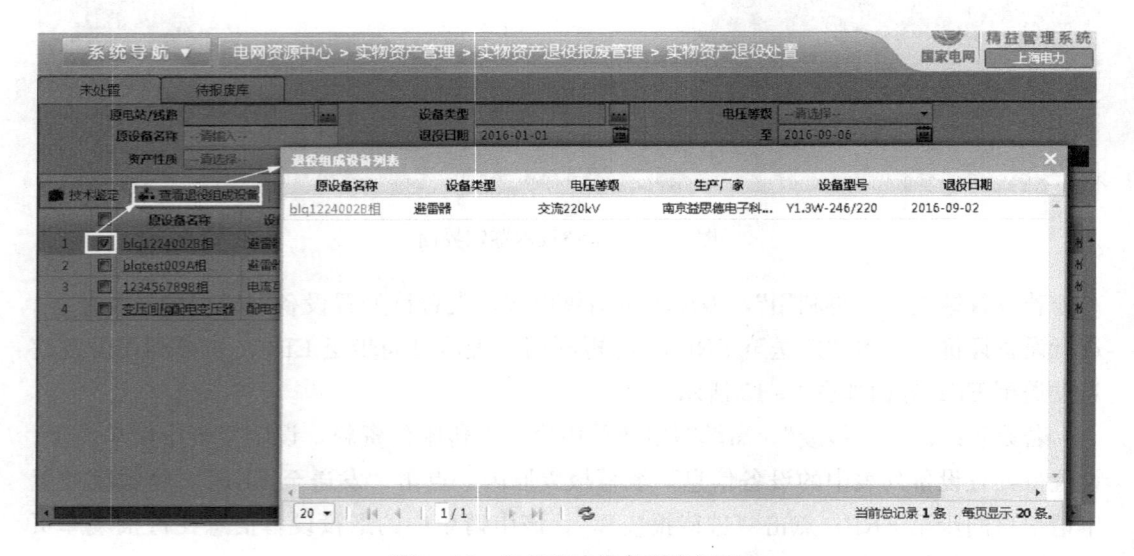

图 3-17　退役组成设备列表界面

　　点击"导出"功能按钮将查询的结果导出到表格当中，导出查询结果界面如图 3-18 所示。

　　点击"导出全部"，将数据展示区的全部数据导出到 Excel 中；点击"导出当前"，将数据展示区中的当前页数据导出到 Excel 中；导出文件内容与展示区数据一致。

　　2）待报废库页签。发起报废申请，填写报废申请单信息，发送至 ERP。勾选一条或多条记录，点击"报废申请"，弹出报废申请单窗口，技术鉴定结论默认为"报废"，

图 3-18 导出查询结果界面

设置申请单内容，上传报废资料，选择报废申请单类型，设置待报废设备记录，填写报废原因，点击"校验并发送至 ERP"。如果报废申请单中有部分设备不通过，则 ERP 系统告知 PMS2.0 系统报废错误信息，在 PMS2.0 系统发送报废界面展示报废原因，PMS2.0 系统将 ERP 返回的报废设备错误信息记录在数据库中，并提示给用户，在提示界面显示"忽略错误继续发送 ERP 报废"按钮，点击此按钮，则将第一批 ERP 校验通过设备发送至 ERP 系统，完成设备的报废。如点击关闭提示框，则放弃本次报废，数据库中设备信息还原。

主设备下部分组成设备退役，退役信息显示主设备信息，通过点击"查看退役组成设备"按钮，查询退役组成设备信息。退役组成设备信息界面如图 3-19 所示。

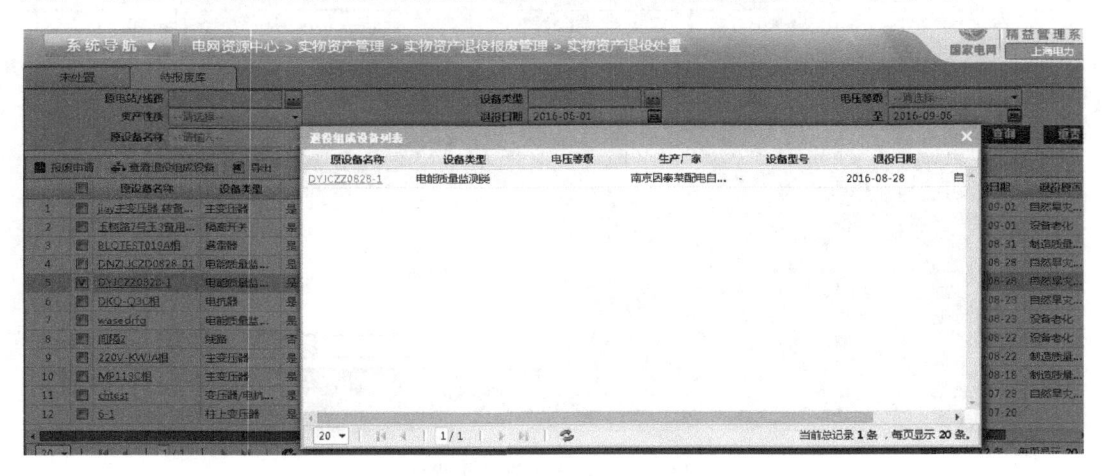

图 3-19 退役组成设备信息界面

回退，将待报废库页签中的数据回退至未处置状态。勾选一条待回退记录，点击"回退"，系统弹出确认信息窗体，提示是否对选定设备进行待报废回退处置。点击"确定"，系统提示"操作成功"，则所选设备回退至未处置状态，在未处置页签中可查询到该数据；点击"取消"，取消回退操作，记录仍保持待报废状态。设备待报废回退处置确认界面如图 3-20 所示。

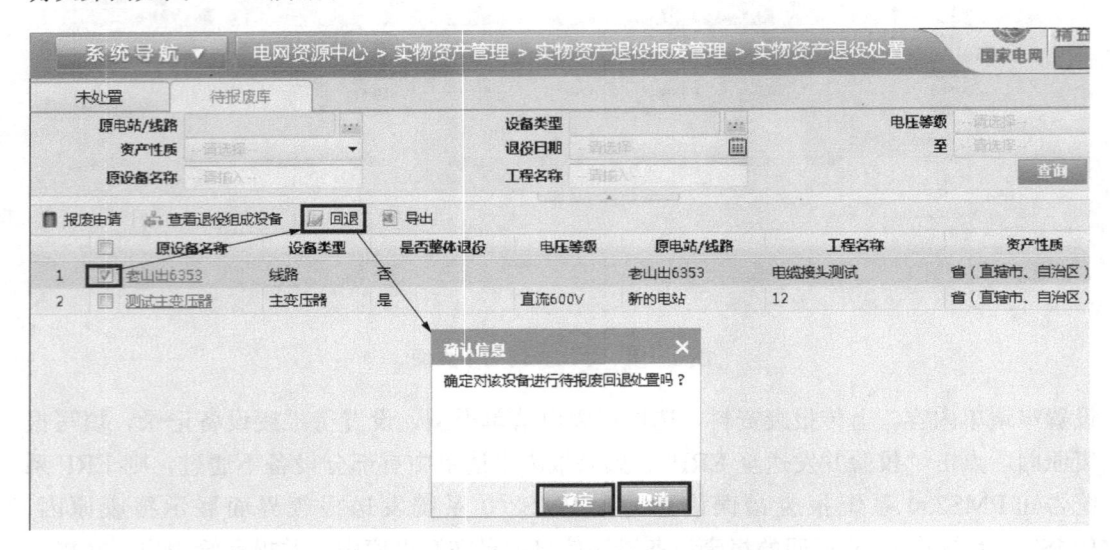

图 3-20　设备待报废回退处置确认界面

点击原设备名称列链接，可以查看该设备的详细信息。点击"导出"功能按钮将查询的结果导出到表格当中。导出查询结果界面如图 3-21 所示。

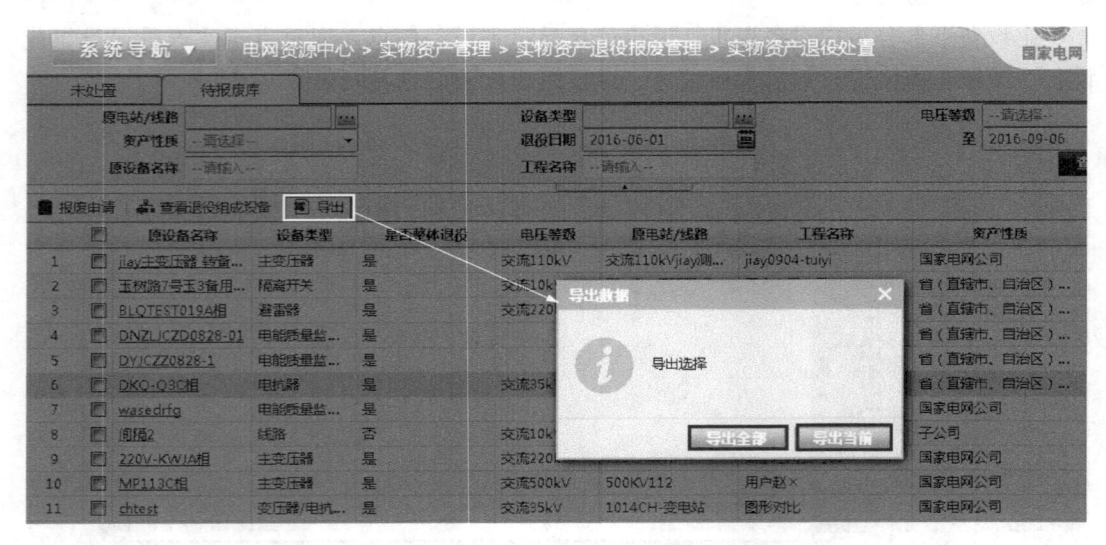

图 3-21　导出查询结果界面

点击"导出全部"，将数据展示区的全部数据导出到 Excel 中；点击"导出当前"，将数据展示区中的当前页数据导出到 Excel 中；导出文件内容与展示区数据一致。

任务评价

退役设备的处置任务评价表见表 3-3。

表3-3　　　　　　　　　　　退役设备的处置任务评价表

姓名		学号				
序号	评分项目	评分内容及要求	评分标准	扣分	得分	备注
1	准备工作 (5分)	(1) 电脑的应用环境为内网,可登录Google浏览器。 (2) 资料准备齐全,包括教材、笔、笔记本等	(1) 没有进行电脑操作环境检查,扣3分。 (2) 资料准备不齐全,扣2分			
2	实物资产退役处置 (20分)	(1) 正常登录PMS 2.0系统。 (2) 实物资产退役处置	(1) 未能登录PMS2.0系统,扣10分。 (2) 未能找到PMS2.0系统中实物资产退役处置模块,扣10分			
3	设备退役处置流程 (30分)	设备退役处置流程—报废	(1) 未能完成设备退役处置流程—报废,扣20分。 (2) 在报废过程中,填写信息错误,每项扣1分,最多扣10分			
4	设备退役处置流程 (40分)	设备退役处置流程—再利用	(1) 未能完成设备退役处置流程—再利用,扣20分。 (2) 在报废过程中,填写信息错误,每项扣1分,最多扣20分			
5	综合素质 (5分)	(1) 着装整齐,精神饱满。 (2) 独立完成相关工作。 (3) 课堂纪律良好,不大声喧哗				
6	总分 (100分)					

操作开始时间：　　　时　　　分　　　　　　　　　　　　　　　用时：　　　分
操作结束时间：　　　时　　　分

指导教师

任务扩展

依据上述操作步骤,将220kV竞秀变电站内220kV 4号母线设备技术诊断结论设置为"报废",发送ERP完成设备报废操作。将220kV竞秀变电站内5号母线技术诊断结论设置为"再利用",发送ERP并发起设备变更申请流程,将设备进行再利用维护。配电设备退役处置与输变电设备退役操作过程相同,可在系统中尝试对配电设备进行退役处置操作。

情境四

电网设备日常巡视管理

【情境描述】

该情境包含三项任务，分别是设备巡视周期维护、巡视计划制订、巡视记录的录入。核心知识点为巡视周期、巡视计划、巡视记录的关系及操作流程。关键技能项为利用 PMS2.0 系统登记设备巡视工作中产生的记录。

【情境目标】

通过该情境学习，应该达到的知识目标为熟悉 PMS2.0 系统中电网设备巡视的操作方法，掌握巡视记录管理的流程。应该达到的能力目标为能够根据设备状态巡检要求在 PMS2.0 系统中创建所辖设备的巡视周期、巡视计划及巡视结束后巡视结果的及时登记。应该达到的态度目标为牢固树立日常工作中的责任意识，严格按照现场标准化作业进行变电站、线路的巡视工作。

任务一 设备巡视周期维护

任务目标

（1）掌握巡视周期的意义和创建方法。
（2）能够利用 PMS2.0 系统创建线路、变电站的巡视周期。

任务描述

该任务主要是变电站、线路运维人员根据设备巡视周期管理规定和设备实际状态制定巡视周期，在 PMS2.0 系统中完成巡视周期录入工作。下面在 PMS2.0 系统中，创建 220kV 竞秀变电站、110kV 莲池变电站、110kV 竞莲一线、110kV 竞莲二线巡视周期。

任务准备

一、知识准备

站内设备的巡视周期是依据变电站的类型及巡视类型确定的，巡视类型分别为例行巡视、全面巡视、专业巡视、熄灯巡视和特殊巡视，变电站种类分为一类、二类、三类、四类。例行巡视规定一类变电站每 2 天不少于 1 次，二类变电站每 3 天不少于 1 次，三类变电站每周不少于 1 次，四类变电站每 2 周不少于 1 次。全面巡视规定一类变电站每周不少于 1 次，二类变电站每 15 天不少于 1 次，三类变电站每月不少于 1 次，四类变电站每 2 月不少于 1 次。熄灯巡视规定每月不少于 1 次。专业巡视规定一类变电站每月不少于 1 次，二类变电站每季不少于 1 次，三类变电站每半年不少于 1 次，四类变电站每年不少于 1 次。特殊巡视根据设备运行环境、方式变化等因素决定。

二、工具准备

Win7 版本电脑（32/64）、Google 浏览器（32/64）、PMS2.0 客户端、PMS2.0 培训环境。

三、人员准备

输电运维班班员、变电运维班成员，具备 PMS2.0 系统巡视管理权限。

四、场地准备

具有电网省属公司内网环境的机房（有可登录 PMS2.0 系统内网的电脑）。

任务实施

一、任务流程图

设备巡视周期维护流程图见图 4-1。

图 4-1　设备巡视周期维护流程图

二、操作步骤

（1）登录 PMS2.0 系统，功能菜单路径如下：

输电：打开"系统导航"—"运维检修中心"—"电网运维检修管理"—"巡视管理"—"巡视周期维护（新）"菜单。线路巡视周期维护界面如图 4-2 所示。

图 4-2　线路巡视周期维护界面

变电：打开"系统导航"—"运维检修中心"—"电网运维检修管理"—"运行值班基础维护"—"例行工作配置"菜单。变电站例行工作配置界面如图4-3所示。

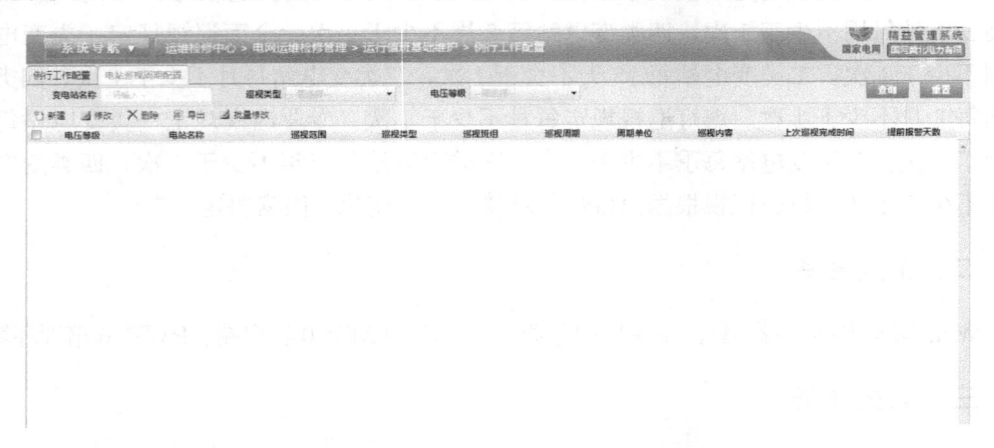

图4-3 变电站例行工作配置界面

变电设备根据巡视类型不同，登记巡视周期的位置不同，但操作流程一致。

（2）操作步骤。

1）输电线路巡视周期维护。进入巡视周期维护（新）模块，选择线路巡视周期选项卡，单击"新建"按钮。新建线路巡视周期界面如图4-4所示。

图4-4 新建线路巡视周期界面

跳转到"巡视周期设置"页面后，点击"添加设备"按钮，弹出添加设备窗口，选择设备后单击"确定"。添加线路设备界面如图4-5所示。

返回至"巡视周期设置"页面，维护好周期信息，点击"确定"按钮，设置巡视周期界面如图4-6所示。

点击"确定"后巡视周期新建完成，竞莲一线巡视周期界面如图4-7所示。

使用同种方法新建110kV竞莲二线巡视周期，输电线路巡视周期维护界面如图4-8所示。

2）变电站巡视周期维护。进入例行工作配置模块，选择电站巡视周期配置选项卡，点击"新建"按钮，跳转到"巡视周期设置"页面后，点击"添加设备"按钮，弹出"站内巡视范围选择"页面，选择设备后单击"确定"。添加变电站设备界面如图4-9所示。

图 4-5 添加线路设备界面

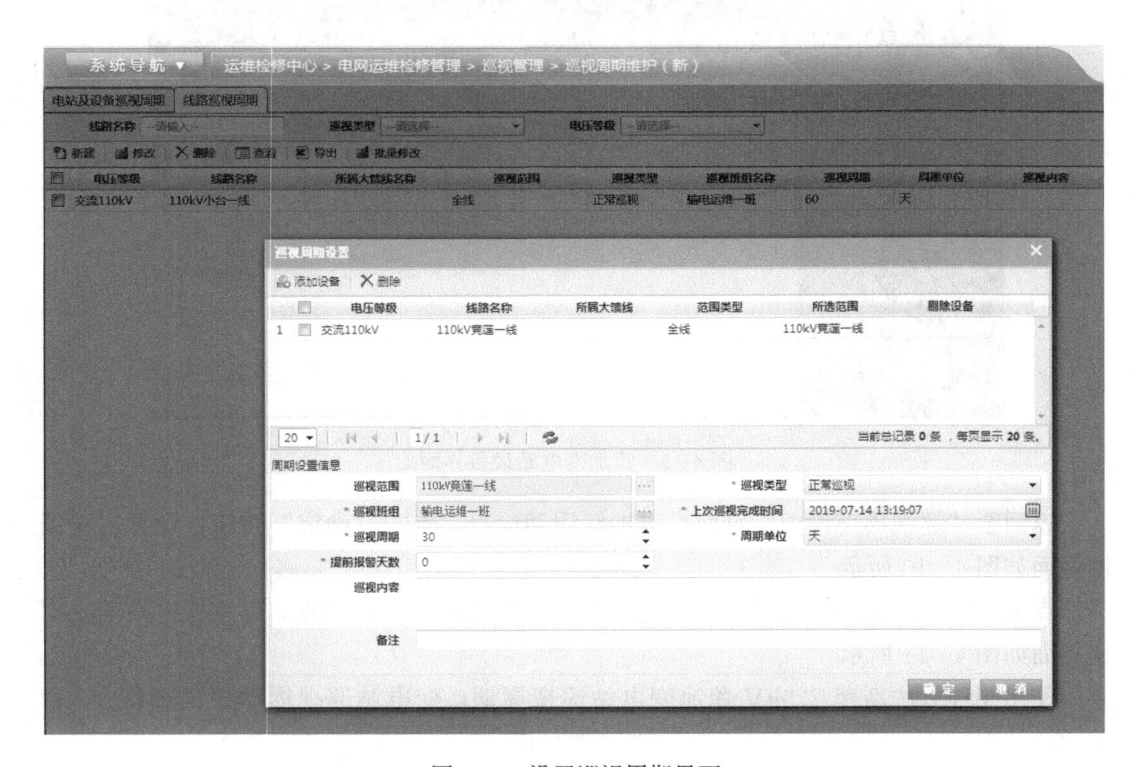

图 4-6 设置巡视周期界面

113

图 4-7 竞莲一线巡视周期界面

图 4-8 输电线路巡视周期维护界面

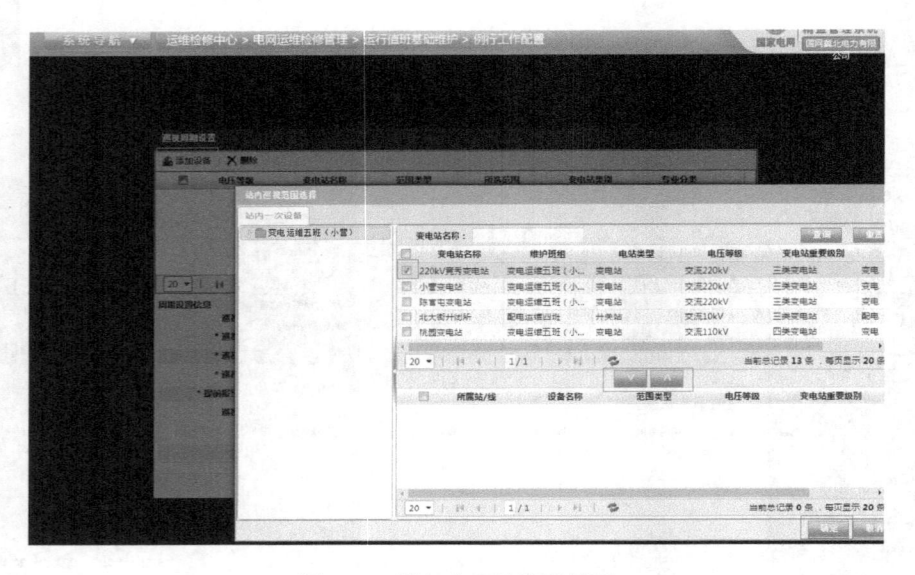

图 4-9 添加变电站设备界面

返回至"巡视周期设置"页面，维护好周期信息，点击"确定"按钮，设置巡视周期界面如图 4-10 所示。

点击"确定"后，220kV 竞秀变电站巡视周期新建完成，220kV 竞莲变电站巡视周期界面如图 4-11 所示。

使用同种方法新建 220kV 莲池变电站巡视周期，变电站巡视周期界面如图 4-12 所示。

维护好的周期可以通过修改、删除功能再次进行维护。导出功能将周期以表单的形

情境四　电网设备日常巡视管理

图 4-10　设置巡视周期界面

图 4-11　220kV 竞莲变电站巡视周期界面

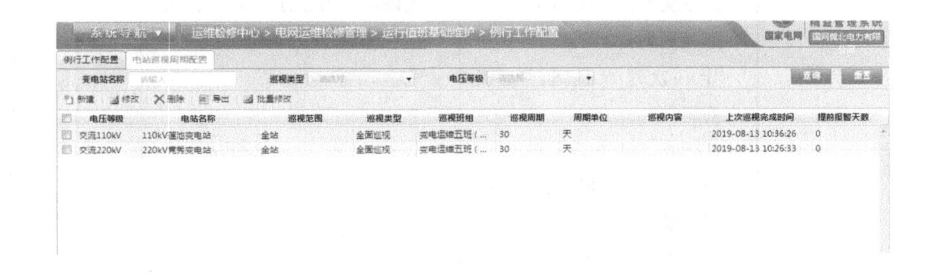

图 4-12　变电站巡视周期界面

式下载到本地计算机。此外，对多个巡视周期可以进行批量修改，但是对多个周期的形式内容要求维护记录周期单位必须一致，维护的记录周期不能处在执行中。

任务评价

设备巡视周期维护任务评价表见表 4-1。

表 4-1　　　　　　　　　　设备巡视周期维护任务评价表

姓名		学号				
序号	评分项目	评分内容及要求	评分标准	扣分	得分	备注
1	准备工作（5分）	（1）电脑的应用环境为内网，可登录 Google 浏览器。 （2）资料准备齐全，包括教材、笔、笔记本等	（1）没有进行电脑操作环境检查，每项扣3分。 （2）资料准备不齐全，扣2分			
2	巡视周期维护模块（30分）	（1）正常登录 PMS2.0 系统。 （2）巡视周期操作模块	（1）未能登录 PMS2.0 系统，扣10分。 （2）未能找到 PMS2.0 系统中巡视周期模块，扣10分。 （3）未能找到 PMS2.0 系统中例行工作配置模块，扣10分			
3	变电巡视周期维护（30分）	（1）创建 220kV 竞秀变电站巡视周期。 巡视类型：全面巡视。 巡视周期：30天。 上一次巡视时间：30天之前。 （2）创建 110kV 莲池变电站巡视周期。 巡视类型：全面巡视。 巡视周期：30天。 上一次巡视时间：30天之前	（1）未能完成 220kV 竞秀变电站巡视周期维护，扣10分。 （2）未能完成 110kV 莲池变电站巡视周期维护，扣10分。 （3）其他巡视周期维护信息不正确，每项2分，最多10分			
4	输电巡视周期维护（30分）	（1）创建 110kV 竞莲一线巡视周期。 巡视类型：正常巡视。 巡视周期：30天。 上一次巡视时间：30天之前。 （2）创建 110kV 竞莲二线巡视周期。 巡视类型：正常巡视。 巡视周期：30天。 上一次巡视时间：30天之前	（1）未能完成 110kV 竞莲一线巡视周期维护，扣10分。 （2）未能完成 110kV 竞莲二线巡视周期维护，扣10分。 （3）其他巡视周期维护信息不正确，每项2分，最多10分			

续表

姓名		学号				
序号	评分项目	评分内容及要求	评分标准	扣分	得分	备注
5	综合素质 (5分)	(1) 着装整齐，精神饱满。 (2) 独立完成相关工作。 (3) 课堂纪律良好、不大声喧哗				
6	总分 (100分)					

操作开始时间：　　时　　分
操作结束时间：　　时　　分　　　　　　　　　　　用时：　　分

指导教师

📰 任务扩展

依据上述操作步骤，新建 220kV 竞秀变电站、110kV 莲池变电站、110kV 竞莲一线、110kV 竞莲二线巡视周期。新建过程中，注意仔细填写巡视周期、巡视类型、周期单位、上次巡视周期天数。配电设备巡视周期维护模块位置："系统导航"—"运维检修中心"—"电网运维检修管理"—"巡视管理"—"巡视周期维护（新）"，配电站房及站内设备巡视周期在电站及设备巡视周期维护页签中进行维护，线路设备在线路巡视周期页签中进行维护，操作过程与输变电巡视周期创建过程类似，可参照输变电设备巡视周期新建过程，维护配电设备巡视周期。

任务二　设备巡视计划制订

📰 任务目标

(1) 掌握巡视计划的创建方法及巡视计划与巡视周期的联系。
(2) 能够利用 PMS2.0 系统创建线路、变电站的巡视计划。

📰 任务描述

该任务主要是运行班组根据情境四任务一创建的设备巡视周期和上次巡视日期，在 PMS2.0 系统中创建巡视计划并发布。下面在 PMS2.0 系统中，进行 110kV 竞莲一线、110kV 竞莲二线、220kV 竞秀变电站、110kV 莲池变电站巡视计划的创建并发布工作。

任务准备

一、知识准备

站内设备的巡视检查，分为例行巡视、全面巡视、专业巡视、熄灯巡视和特殊巡视。例行巡视是指对站内设备及设施外观、异常声响、设备渗漏、监控系统、二次装置及辅助设施异常告警、消防安防系统完好性、变电站运行环境、缺陷和隐患跟踪检查等方面的常规性巡查，具体巡视项目按照现场运行通用规程和专用规程执行。全面巡视是指在例行巡视项目基础上，对站内设备开启箱门检查，记录设备运行数据，检查设备污秽情况，检查防火、防小动物、防误闭锁等有无漏洞，检查接地引下线是否完好，检查变电站设备厂房等方面的详细巡查。熄灯巡视指夜间熄灯开展的巡视，重点检查设备有无电晕、放电，接头有无过热现象。专业巡视指为深入掌握设备状态，由运维、检修、设备状态评价人员联合开展对设备的集中巡查和检测。特殊巡视指因设备运行环境、方式变化而开展的巡视。

二、工具准备

Win7 版本电脑（32/64）、Google 浏览器（32/64）、PMS2.0 客户端、PMS2.0 培训环境。

三、人员准备

输电运维班班员、变电运维班成员。人员权限与情境四任务一一致。

四、场地准备

具有电网省属公司内网环境的机房（有可登录 PMS2.0 系统内网的电脑）。

任务实施

一、任务流程图

设备巡视计划制订流程图见图 1-13。

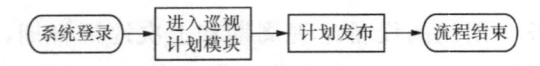

系统登录 → 进入巡视计划模块 → 计划发布 → 流程结束

图 4-13 设备巡视计划制订流程图

二、操作步骤

（1）变电巡视周期由例行工作模块进行配置后，直接生成巡视计划，且巡视计划状态为"已发布"，因此变电巡视计划不需要进行新建。

输电巡视计划：登录 PMS2.0 系统，打开"系统导航"—"运维检修中心"—"电网运维检修管理"—"巡视管理"—"巡视计划编制（新）"菜单。巡视计划编制界面访问路径界面如图4-14所示。

图4-14 巡视计划编制界面访问路径界面

巡视周期建立后，根据巡视周期编制巡视计划，然后根据巡视计划执行巡视任务。

编制巡视计划的任务来源有两个方面：由周期生成和新建。两条及以上相同电站和相同巡视班组的计划任务可以合并为一条，生成后的默认日期为较早的任务日期，但是可以修改。任务栏有"是否合并计划"状态这一项，可以清楚了解该任务是否为合并的任务。同时提供查看合并计划之前的多条分解计划。编制完成后的计划需要发布才能够执行。由例行工作配置中周期生成的巡视计划，状态直接为发布，无需进行合并等操作。

（2）操作步骤。由周期自动生成的巡视计划在巡视计划编制界面展示，状态为"编制"，且在备注中存在"自动生成的计划"字样。由周期自动生成的巡视计划界面如图4-15所示。

编制完成后的计划需要发布，发布后，执行人员才能获取该计划任务。勾选任务，单击"计划发布"，发布任务。110kV竞莲一线计划发布界面如图4-16所示。

单击"确定"后，任务的计划状态由"编制"转为"已发布"。110kV竞莲一线计划状态更改界面如图4-17所示。

同样操作将110kV竞莲二线巡视计划发布。110kV竞莲一线、110kV竞莲二线巡视计划状态均转变为"已发布"，输电线路计划状态更改界面如图4-18所示。

可实现"新建""修改""查看""删除""导出""合并""发布"功能。

编制状态下，相同运维单位和巡视班组的两条以上任务可以合并为一条，任务合并后"是否合并计划"状态显示为"是"。但电站巡视计划或线路巡视计划在合并时，合并巡视计划的条数不能超过10条。选择待合并的任务，合并任务界面如图4-19所示。

计划巡视时间默认为系统当前时间且计划巡视时间不能小于系统当前时间，可以根据情况调整，若编辑的计划巡视时间大于合并前计划的巡视到期时间且不小于系统当前时间，进行确定时，页面会弹出是否确认合并选择框，点击"确定"，合并成功，合并任务系统提示界面如图 4-20 所示。

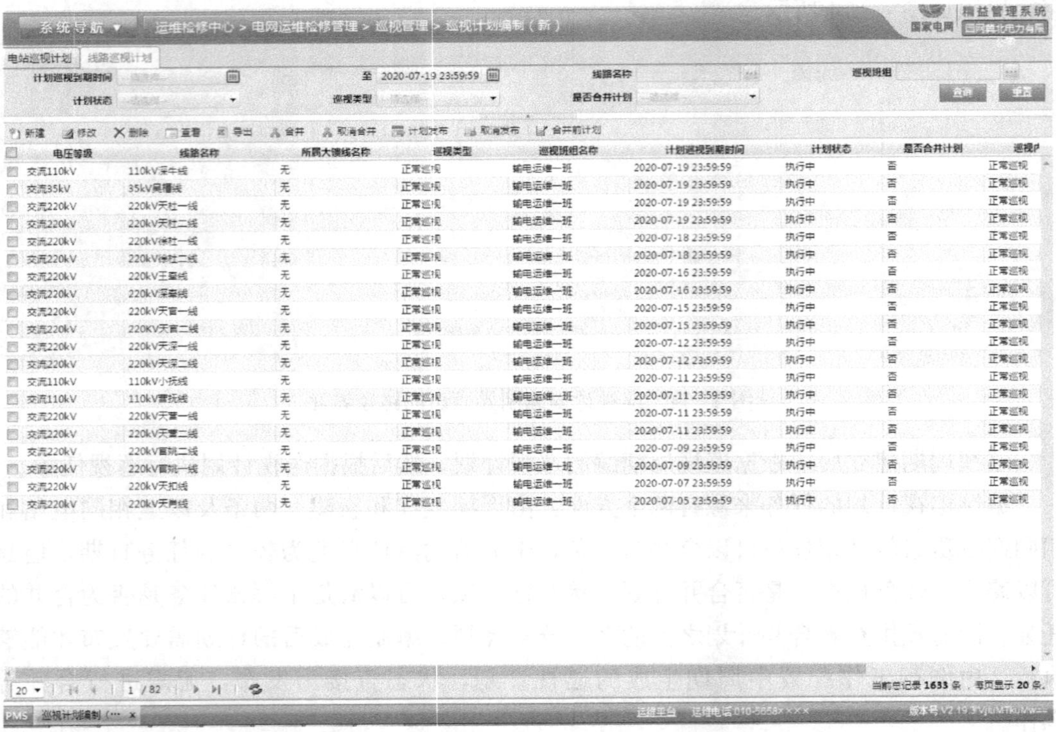

图 4-15 由周期自动生成的巡视计划界面

图 4-16 110kV 竞莲一线计划发布界面

图4-17　110kV竞莲一线计划状态更改界面

图4-18　输电线路计划状态更改界面

图4-19　合并任务界面

PMS 系统认知实训

图 4-20 合并任务系统提示界面

合并后显示,"是否合并计划"状态变为"是"。"是否合并计划"状态更改界面如图 4-21 所示。

如想查看合并后的计划任务在合并前的情况时,可以单击"合并前计划",弹出合并前计划对话框,查看合并前任务情况。合并后的任务计划还可以取消,恢复合并前的任务。勾选任务单击"取消合并",恢复原任务。合并前计划情况界面如图 4-22 所示。

图 4-21 "是否合并计划"状态更改界面

图 4-22 合并前计划情况界面

任务评价

设备巡视计划制订任务评价表见表 4-2。

表 4-2　　　　设备巡视计划制订任务评价表

姓名		学号				
序号	评分项目	评分内容及要求	评分标准	扣分	得分	备注
1	准备工作 (5分)	(1) 电脑的应用环境为内网,可登录 Google 浏览器。 (2) 资料准备齐全,包括教材、笔、笔记本等	(1) 没有进行电脑操作环境检查,扣3分。 (2) 资料准备不齐全,扣2分			

续表

姓名		学号				
序号	评分项目	评分内容及要求	评分标准	扣分	得分	备注
2	巡视计划编制模块 （20分）	（1）正常登录PMS2.0系统。 （2）巡视计划编制模块	（1）未能登录PMS2.0系统，扣10分。 （2）未能找到PMS2.0系统中巡视计划编制模块，扣10分。			
3	巡视计划合并拆分操作 （20分）	（1）将110kV竞莲一线与110kV竞莲二线巡视计划合并。 （2）取消将110kV竞莲一线、110kV竞莲二线合并的计划	（1）未完成110kV竞莲一线与110kV竞莲二线巡视计划合并，扣10分。 （2）未完成取消将110kV竞莲一线、110kV竞莲二线合并的计划，扣10分。			
4	巡视计划编制 （50分）	（1）查看110kV竞莲一线巡视计划，确认巡视类型为"正常巡视"，来源为巡视周期，并将计划进行发布。 （2）查看110kV竞莲二线巡视计划，确认巡视类型为"正常巡视"，来源为巡视周期，并将计划进行发布	（1）未完成110kV竞莲一线巡视计划发布，扣15分。 （2）未完成110kV竞莲二线巡视计划发布，扣15分。 （3）未对巡视计划进行查看，直接发布，扣10分。 （4）巡视计划与要求不符，扣10分。			
5	综合素质 （5分）	（1）着装整齐，精神饱满。 （2）独立完成相关工作。 （3）课堂纪律良好，不大声喧哗				
6	总分 （100分）					

操作开始时间：　　　时　　　分　　　　　　　　　　　用时：　　　分
操作结束时间：　　　时　　　分

指导教师

任务扩展

依据上述操作步骤，在系统中维护220kV竞秀变电站、110kV莲池变电站、110kV竞莲一线、110kV竞莲二线巡视计划，并对巡视计划进行修改、删除、合并操作。配电设备模块："系统导航"—"运维检修中心"—"电网运维检修管理"—"巡视管理"—

"巡视计划编制（新）"，配电巡视计划与输电巡视计划操作相同。电站巡视计划在电站巡视计划页签内进行发布、修改、删除、合并等操作，线路巡视计划在线路巡视计划页签内进行发布、修改、删除、合并等操作。配电运维班班员可根据输电巡视计划操作过程，在系统中进行配电巡视计划创建。

任务三　进行设备巡视并记录巡视结果

任务目标

（1）掌握巡视记录的含义。
（2）能够利用PMS2.0系统登记巡视结果和巡视时发现的问题。

任务描述

该任务主要是运维人员准备巡视前在PMS2.0系统中编制巡视标准化作业文本，然后根据标准化作业文本进行设备巡视，巡视结束后登记巡视结果，并更新上次巡视日期。登记巡视记录时，可直接对巡视过程发现的缺陷、隐患进行登记，登记的相关信息可流转至缺陷、隐患处理模块。下面对220kV竞秀变电站、110kV莲池变电站、110kV竞莲一线、110kV竞莲二线进行编制巡视作业文本操作，并进行巡视记录登记。

任务准备

一、知识准备

设备巡视的目的是掌握设备的运行情况，及时发现设备、附属设施等出现的缺陷或隐患，并为设备检修、维护及状态评价（评估）等提供依据。运行人员根据运行规程，按照巡视计划对所辖设备开展巡视工作，监视设备运行状态，及时发现设备存在的缺陷和隐患，巡视结束后将巡视结果及时进行登记，方便各级管理人员了解设备运行情况。

二、工具准备

Win7版本电脑（32/64）、Google浏览器（32/64）、PMS2.0客户端、PMS2.0培训环境。

三、资料准备

变电站、输电线路作业文本，见附录E作业文本。

四、人员准备

输电运维班班员、变电运维班成员。人员权限与情境四任务一一致。

五、场地准备

具有电网省属公司内网环境的机房（有可登录 PMS2.0 系统内网的电脑）。

任务实施

一、任务流程图

登记巡视记录流程图见图 4-23。

二、操作步骤

（1）输电巡视计划登记：登录 PMS2.0 系统，打开"系统导航"—"运维检修中心"—"电网运维检修管理"—"巡视管理"—"巡视记录登记（新）"菜单。输电巡视记录登记界面访问路径如图 4-24 所示。

变电巡视计划登记：登录 PMS2.0 系统，打开"系统导航"—"运维检修中心"—"电网运维检修管理"—"运行日志"—"运行值班日志"菜单。变电巡视记录登记截面访问路径界面如图 4-25 所示。

巡视记录登记分为计划任务巡视记录登记和其他类型巡视记录登记。计划任务巡视记录登记是依据电站、线路巡视计划任务，在页面的上半部分显示计划任务，下半部分为登记巡视记录。在执行计划的巡视任务时，可以根据该计划任务的作业文本标准规范进行巡视。没有作业文本的计划任务可以采用新建的方式建立作业文本，然后启动审批流程，经批准合格后按照作业文本执行巡视计划。审核完毕后，填写作业文本执行信息，将该作业文本执行状态置为"已执行"。之后登记巡视记录，完成巡视操作。

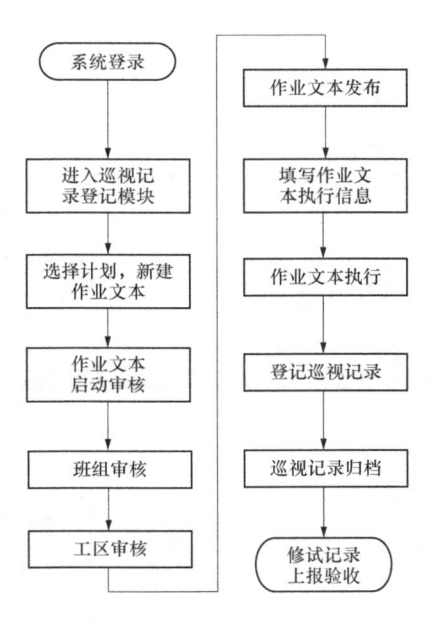

图 4-23 登记巡视记录流程图

（2）操作步骤。

1）输电巡视记录登记。选择一条巡视计划，单击"作业文本"，进入编制作业文本页面，新建一条作业文本。新建作业文本界面如图 4-26 所示。

进入到编制作业文本后点击"新建"按钮，进入到作业文本编制页面，编制作业文本界面如图 4-27 所示。

新建作业文本可以有四种选择：参照范本、参照历史作业文本、参照标准库、手工创建，也可用对作业类型进行选择。我们参照手工创建中作业指导书进行新建，可根据需要修改巡视步骤。新建完成后，作业文本详情 1 界面、作业文本详情 2 界面分别如图 4-28、图 4-29 所示。

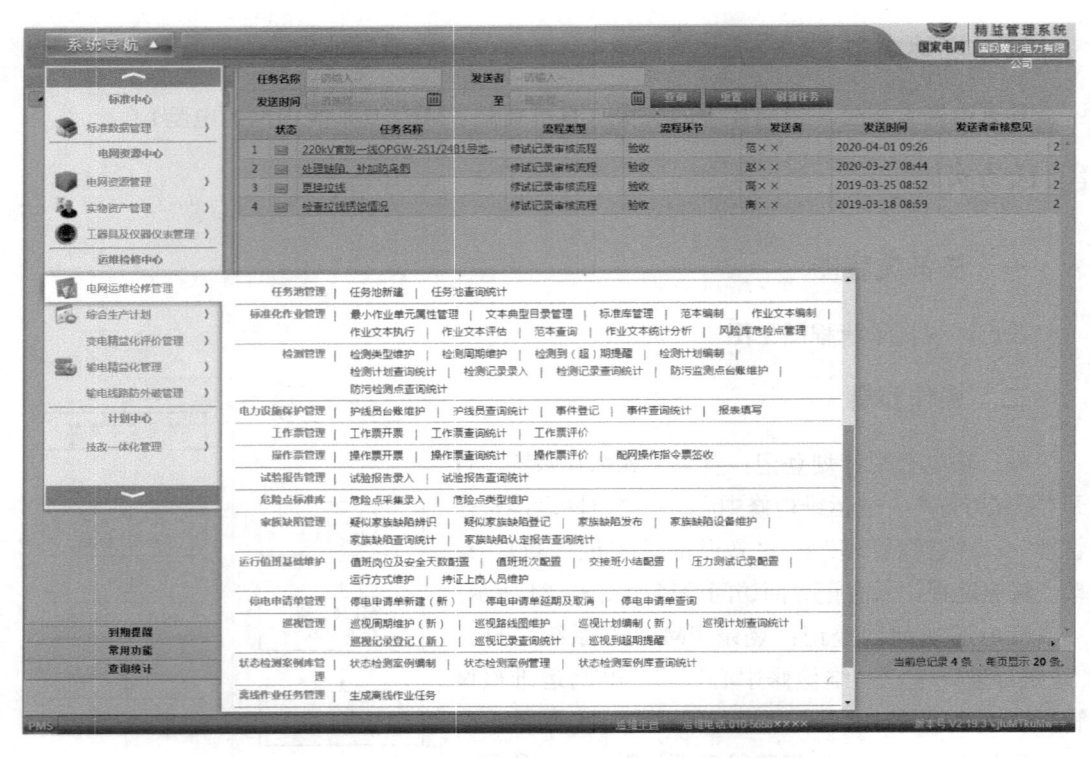

图 4-24 输电巡视记录登记界面访问路径

图 4-25 变电巡视记录登记截面访问路径界面

图 4-26 新建作业文本界面

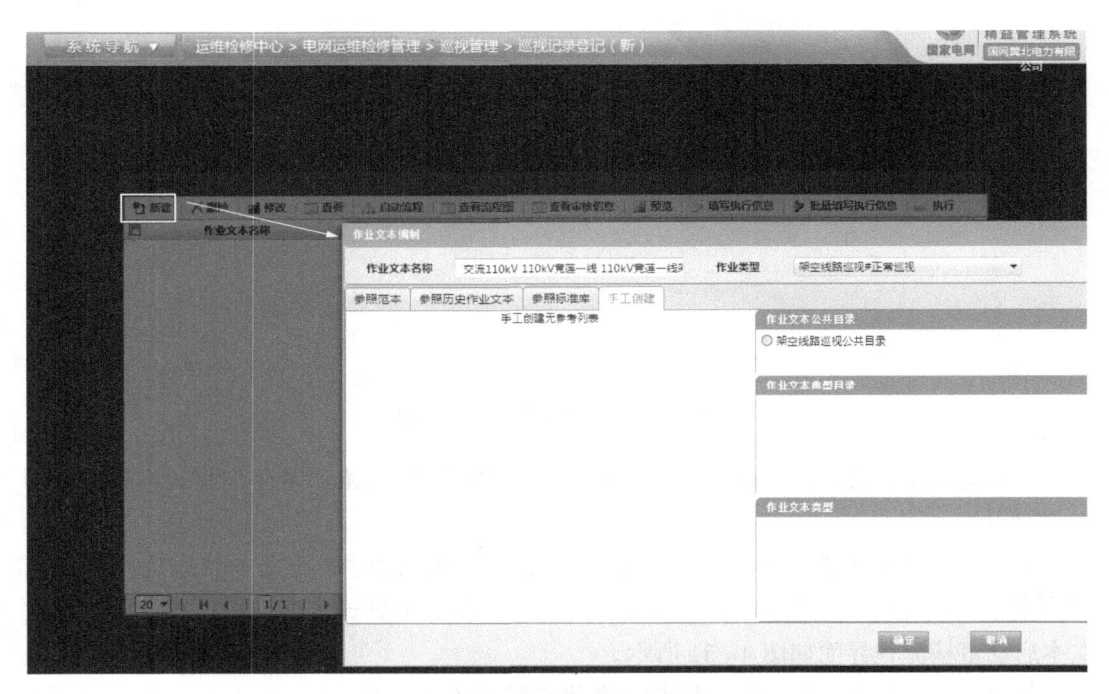

图 4-27 编制作业文本界面

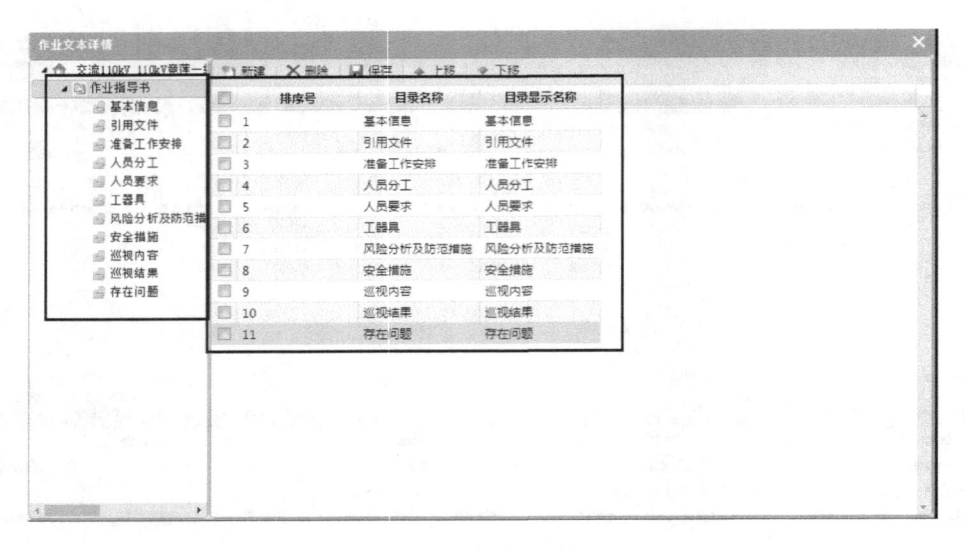

图 4-28 作业文本详情 1 界面

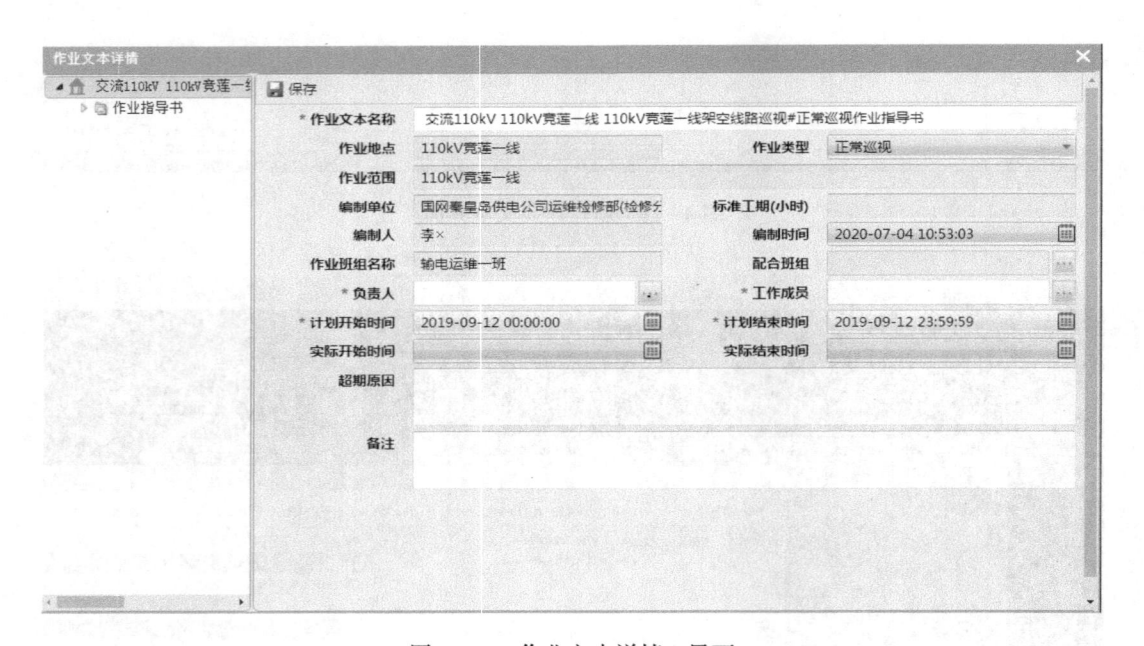

图 4-29 作业文本详情 2 界面

填写完成作业文本信息后,点击作业文本上"保存"按钮,保存作业文本界面如图 4-30 所示。

关闭作业文本详情界面,回到编制作业文本界面,此时作业文本状态为"草稿"。勾选作业文本后点击"启动流程"按钮,将任务文本发至班长或副班长进行审核。作业文本启动审核流程界面如图 4-31 所示。

作业文本发至人员账号后,作业文本状态转变为"审核中",作业文本状态界面如

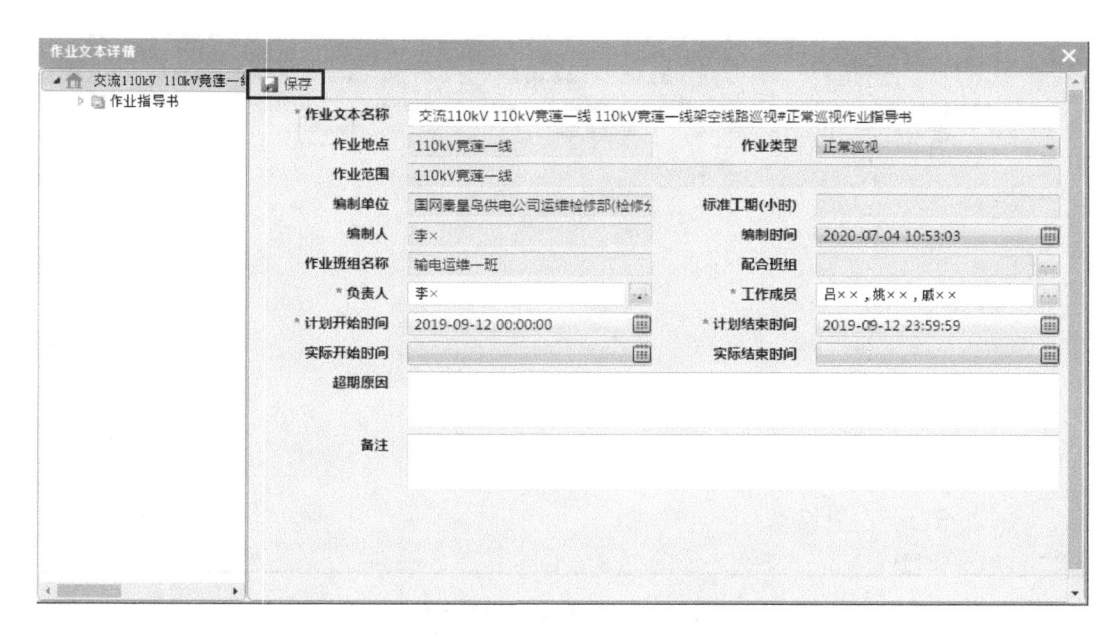

图 4-30 保存作业文本界面

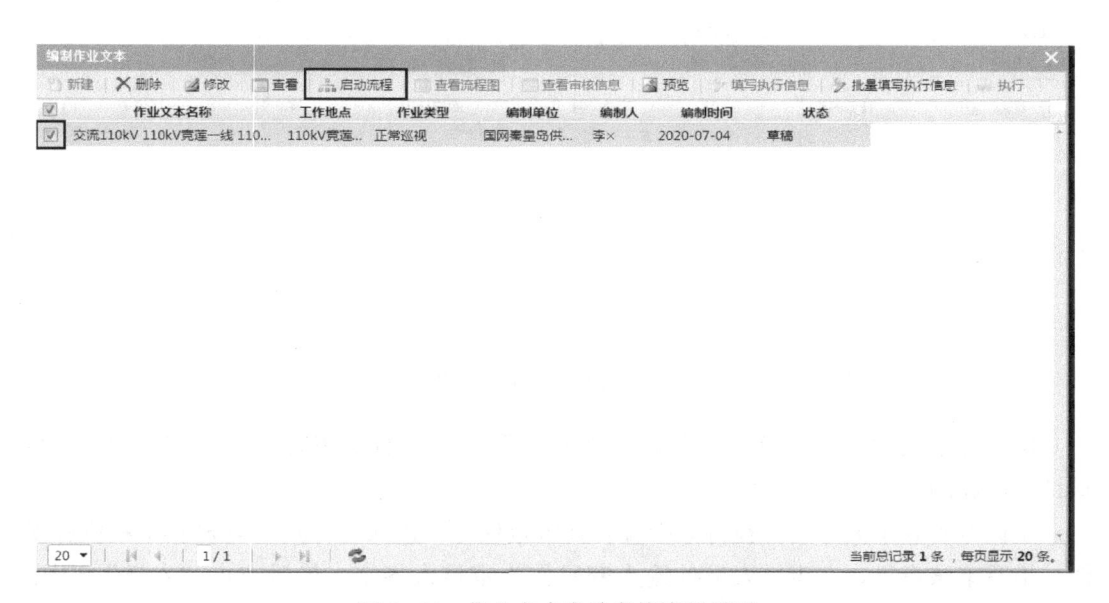

图 4-31 作业文本启动审核流程界面

图 4-32 所示。

班长登录账号后，在待办中查看到审核任务，作业文本审核任务界面如图 4-33 所示。

进入任务后，作业文本审核界面如图 4-34 所示，填写审核意见，在审核人员处输入密码作为审核人签字。

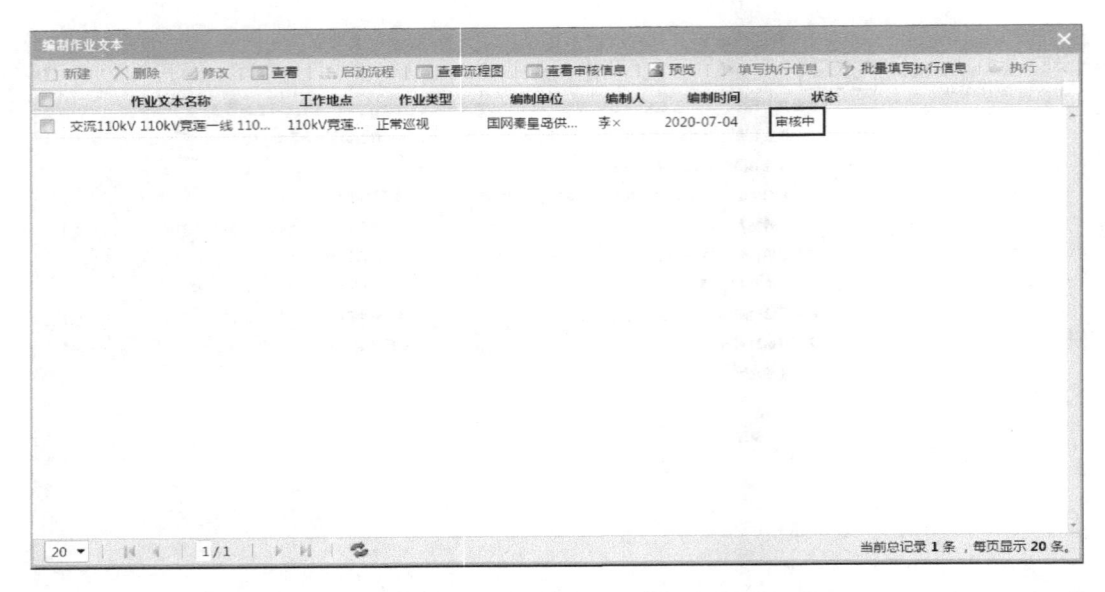

图 4-32 作业文本状态界面

图 4-33 作业文本审核任务界面

填写完审核意见和审核人签名后，点击"发送"，将任务发往工区审核，发送工区审核界面如图 4-35 所示。

工区专责登录账号后，在待办中查看到审核任务。进入任务后，与班长审核操作类似。填写审核意见，在审核人员处输入密码作为审核人签字。最后点击"发送"按钮，进行任务发布，审核流程完结。工区审核界面如图 4-36 所示。

审核流程完结后，作业文本状态处于审核完成状态。此时，可填写实际开工时间、实际结束时间及作业指导书中巡视结果等执行信息，然后点击"保存"，最后点击"执行"，作业文本状态转换为"已执行"。填写作业执行信息界面如图 4-37 所示。

执行完成后，关闭编制作业文本窗口，回到线路巡视记录登记界面。接下来，勾选巡视计划，登记巡视记录，填写巡视结果登记，登记巡视记录界面如图 4-38 所示。

图 4-34　作业文本审核界面

图 4-35　发送工区审核界面

PMS 系统认知实训

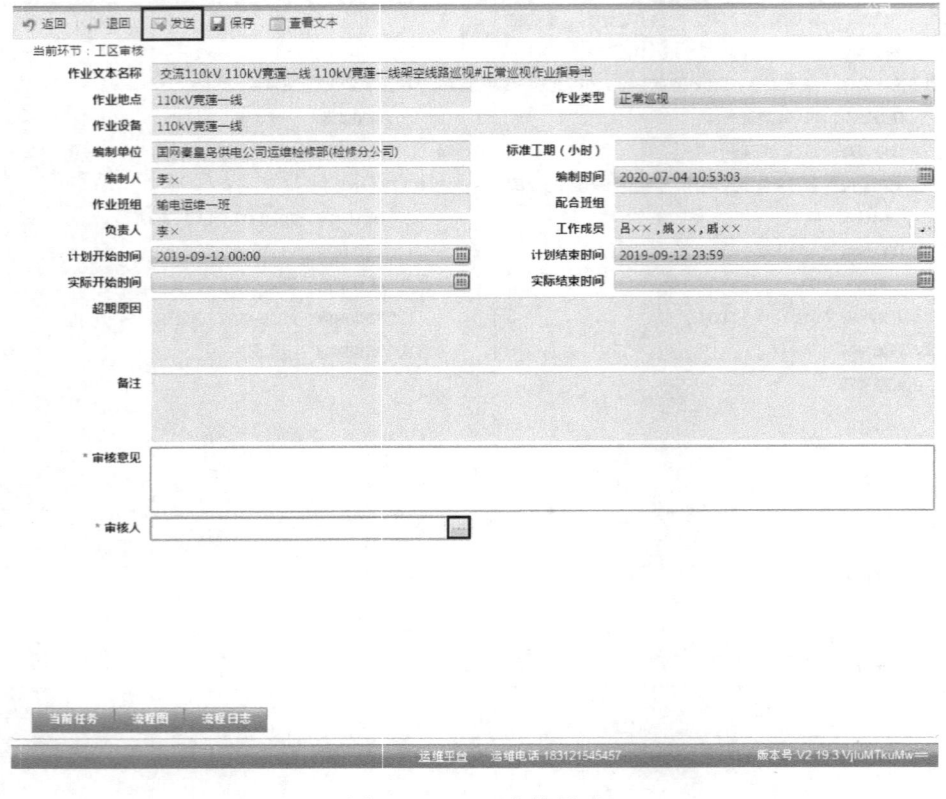

图 4-36 工区审核界面

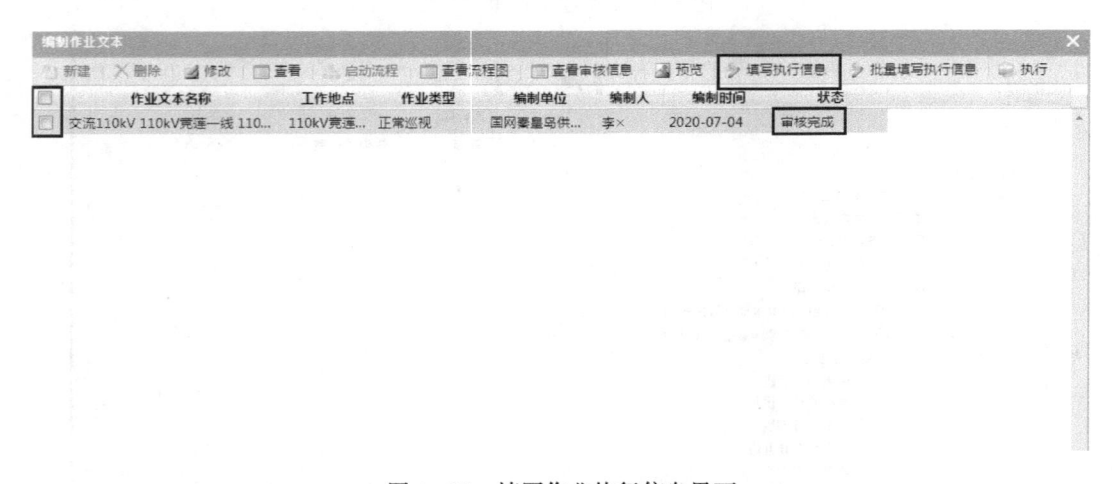

图 4-37 填写作业执行信息界面

巡视记录登记完成后确认无误，最后勾选巡视记录，点击"归档"按钮，巡视记录登记操作完成。归档巡视记录界面如图 4-39 所示。

同样将 110kV 竞莲二线进行巡视记录操作，输电巡视结果界面如图 4-40 所示。

图 4-38 登记巡视记录界面

图 4-39 归档巡视记录界面

图 4-40 输电巡视结果界面

2) 变电巡视记录登记。变电巡视记录登记操作在运行值班日志模块中的巡视记录菜单中，在巡视记录菜单中的设备巡视检查记录内进行操作，变电巡视菜单界面如图 4-41 所示。

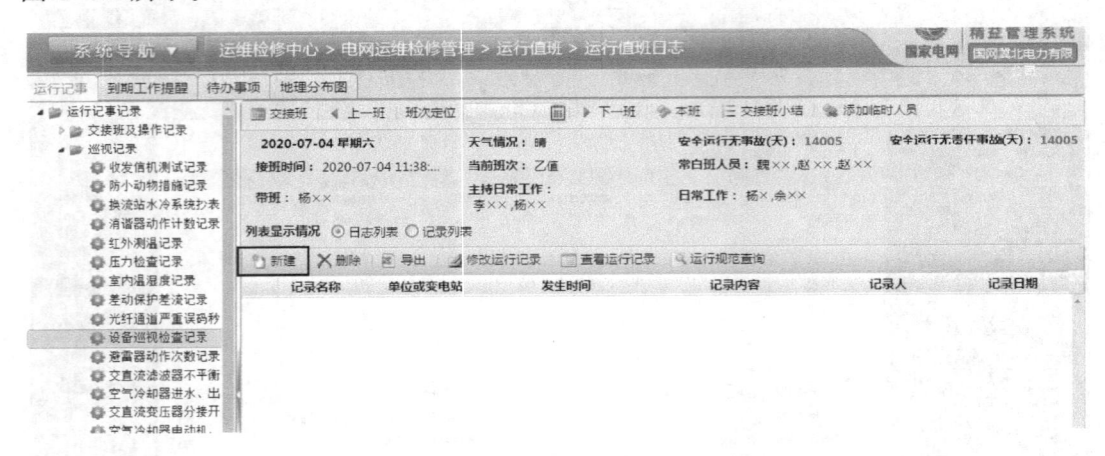

图 4-41 变电巡视菜单界面

点击"新建"按钮，进入电站巡视记录登记操作页面，变电站巡视记录登记界面如图 4-42 示。

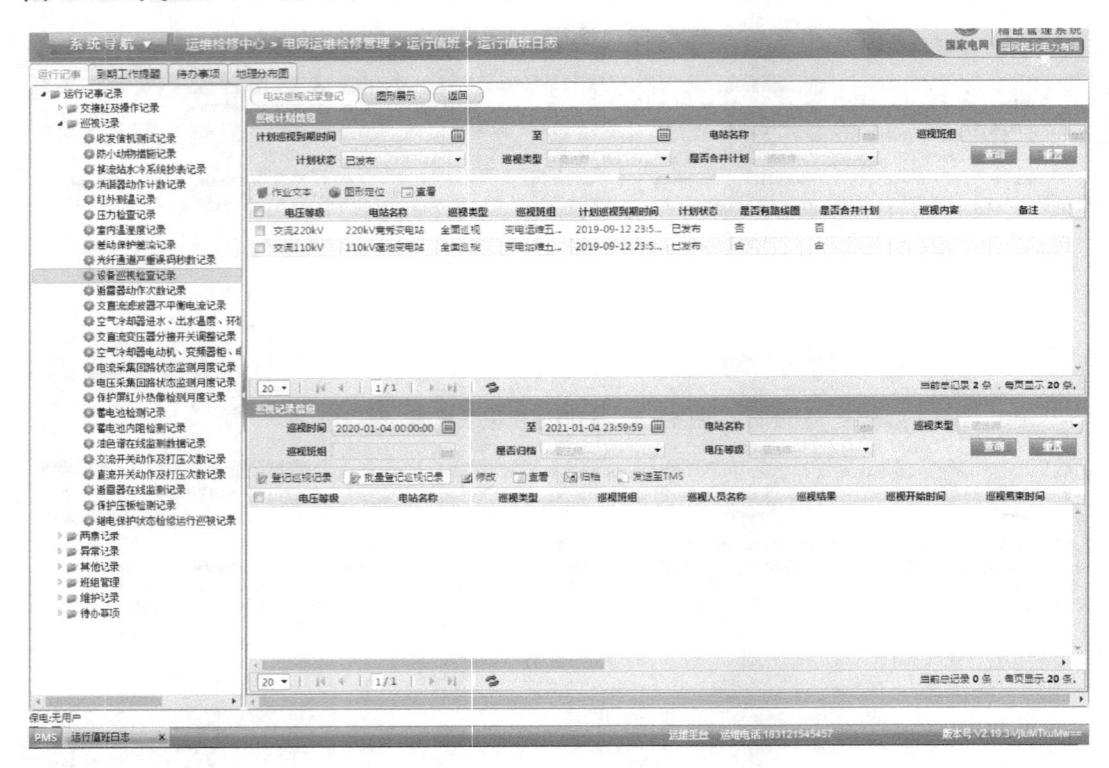

图 4-42 变电站巡视记录登记界面

接下来，操作与输电巡视记录操作类似，勾选巡视计划，点击"作业问题"，进入到编制作业文本页面。然后在界面内点击"新建"，进行新建作业文本。作业文本类型选择"作业指导书"，点击"确认"，作业文本新建界面如图 4-43 所示。

进行作业文本新建后，维护负责人、工作成员及作业指导书的相应内容，点击"保存"，作业文本信息维护界面如图 4-44 所示。

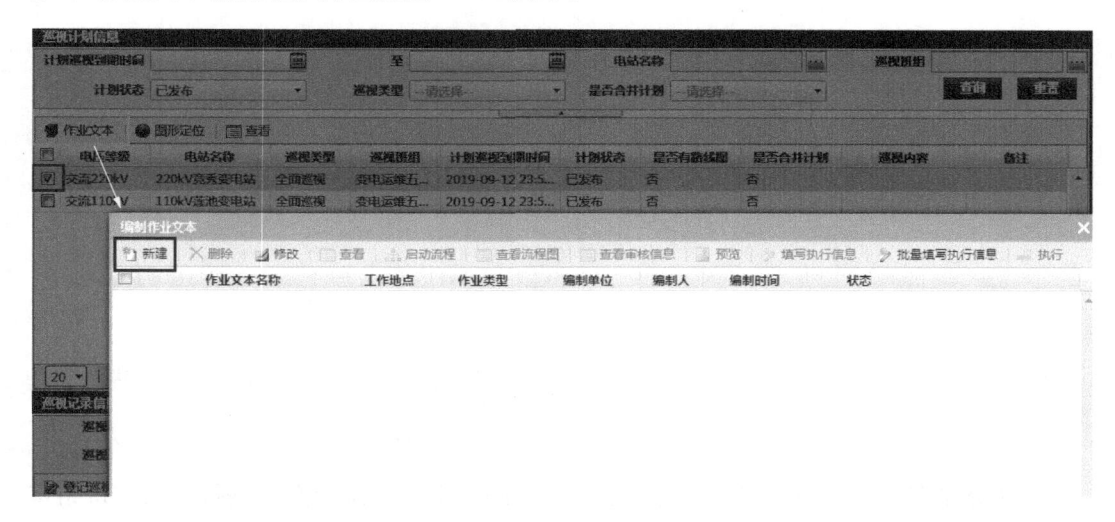

图 4-43 作业文本新建界面

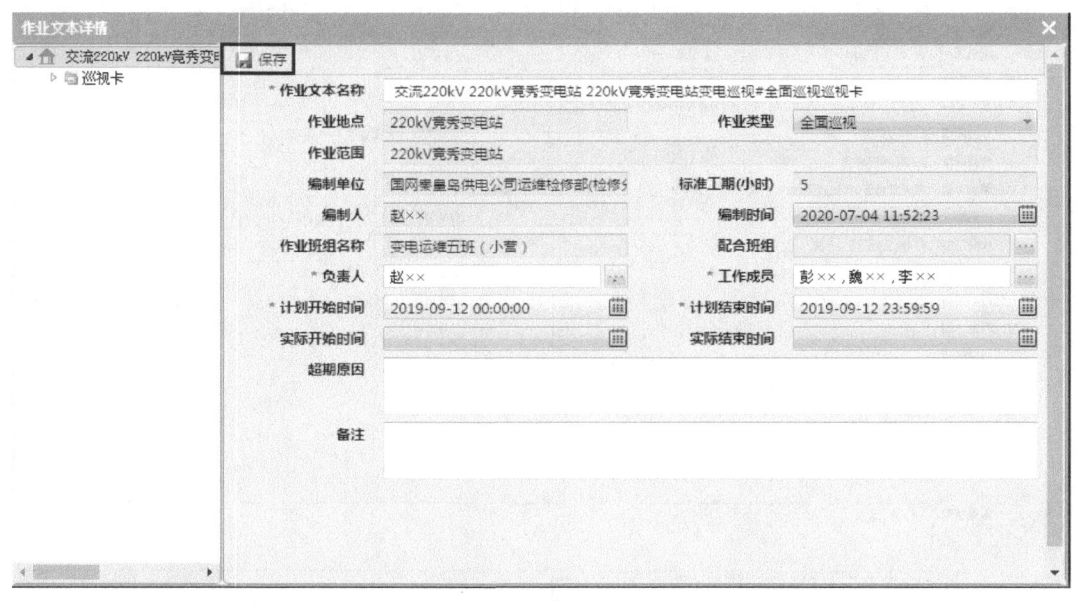

图 4-44 作业文本信息维护界面

信息维护完成且保存后，关闭"作业文本详情"界面，进入"编制作业文本"界面。在界面内勾选作业文本，点击"启动流程"，将作业文本发往班长，开始进行作业文本审核操作。作业文本启动流程界面如图4-45所示。

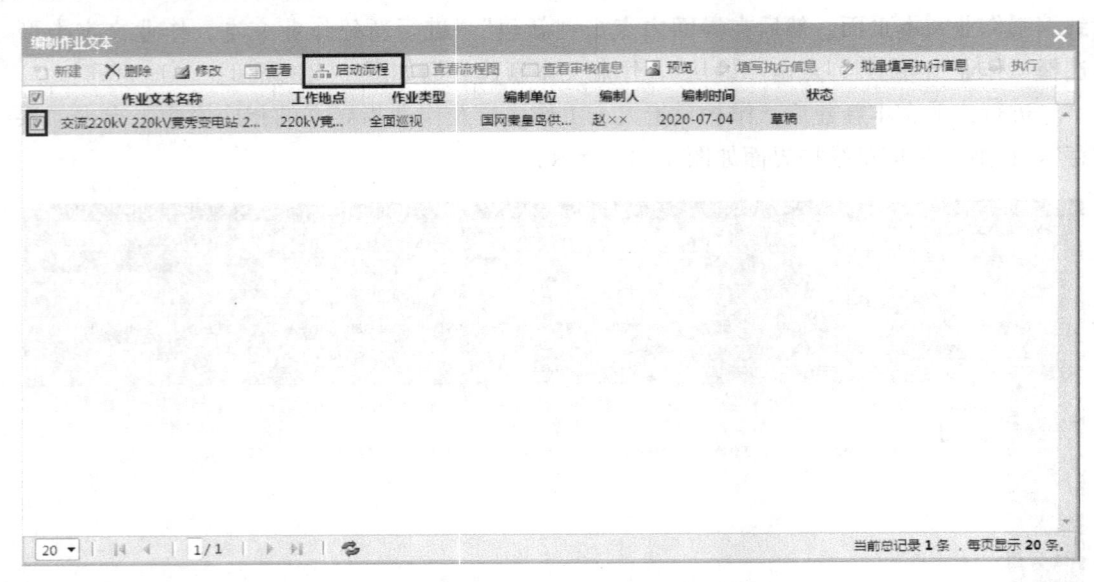

图4-45 作业文本启动流程界面

班长登录账号后将填写审核意见、审核人密码签字,对作业文本进行审核,班组审核界面如图4-46所示。审核完成后,点击"发送",发往工区专责,进行工区审核。

图4-46 班组审核界面

情境四　电网设备日常巡视管理

发往工区审核后，再次进行填写审核意见、审核人员签名后，点击"发送"按钮，将作业文本审核流程进行发布，工区审核及发布界面如图4-47所示。

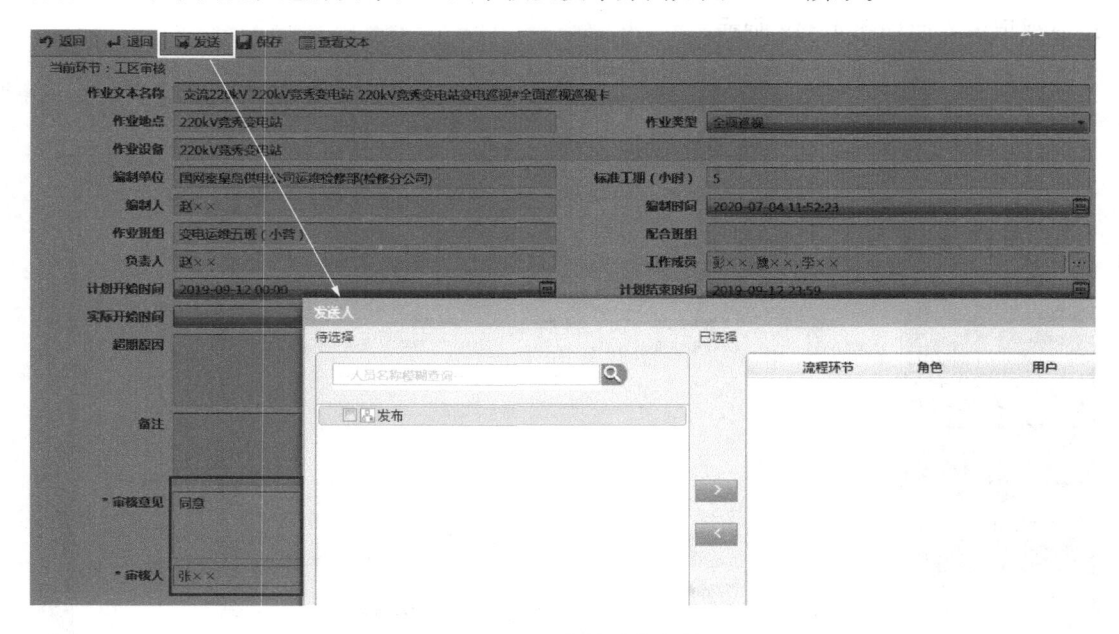

图4-47　工区审核及发布界面

接下来，在变电巡视记录登记界面，勾选计划，点击作业文本后，回至编制作业文本窗口。此时作业文本为"审核完成"。勾选作业文本后，点击"填写执行信息"，填写完成实际开工时间、实际结束时间及作业指导书中巡视结果等执行信息。之后点击"保存"，保存执行信息。然后点击"执行"，将作业文本进行执行。执行信息填写界面如图4-48所示。

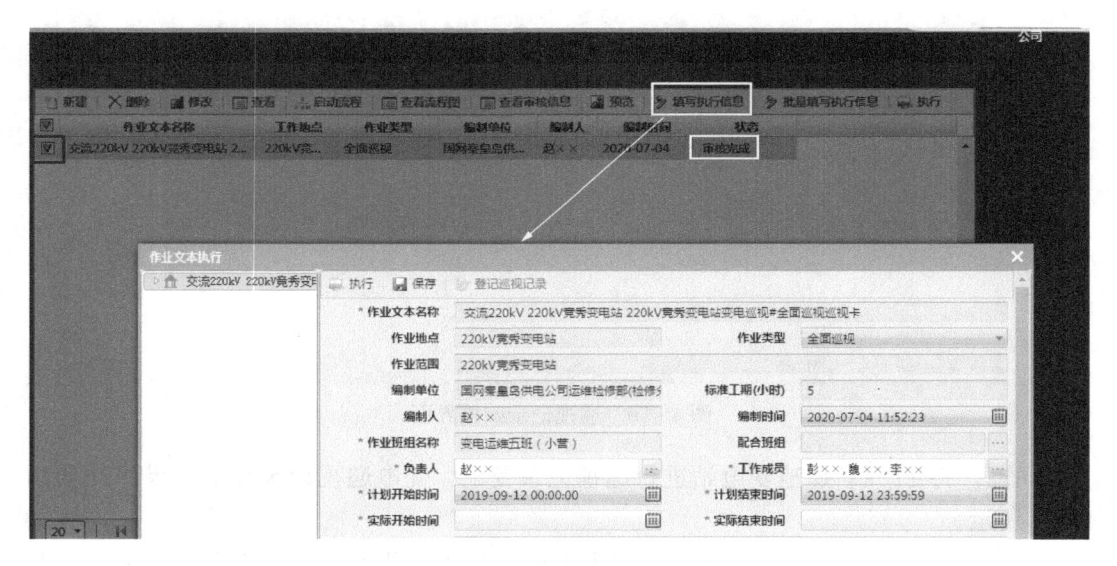

图4-48　执行信息填写界面

137

作业文本执行后，进行巡视记录登记操作。回至电站巡视记录登记界面，勾选巡视计划，然后点击"登记巡视记录"，进入登记巡视记录页面，维护巡视结果等信息。登记巡视记录界面如图 4-49 所示。

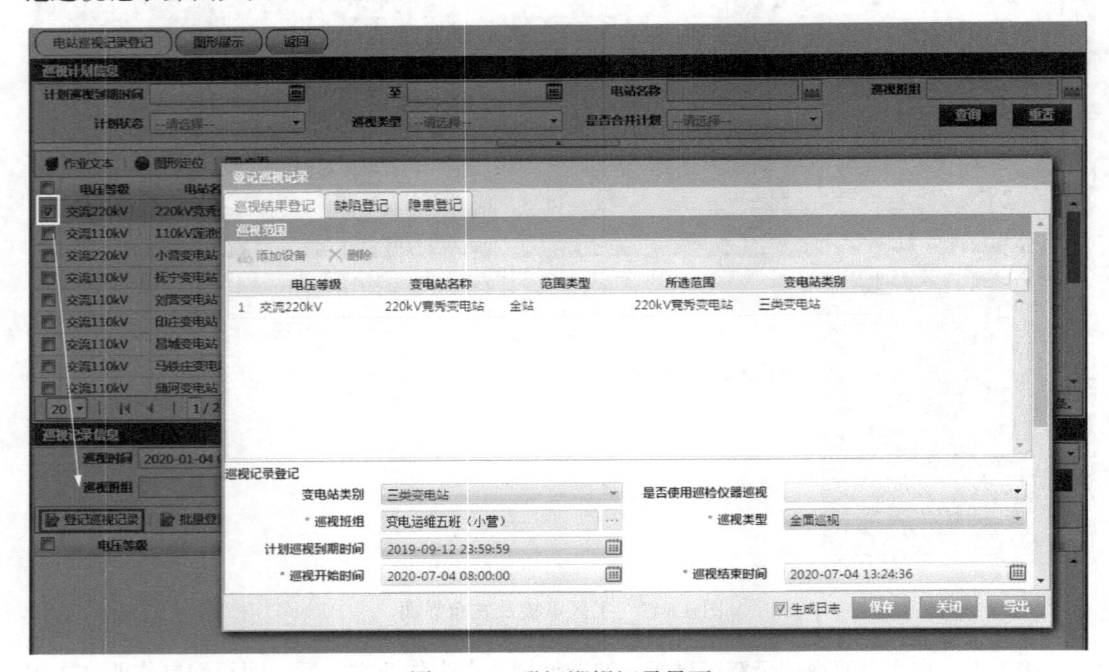

图 4-49　登记巡视记录界面

最后，确认巡视记录无问题，勾选巡视记录，点击"归档"按钮，将巡视记录归档。巡视操作完成。巡视记录归档界面如图 4-50 所示。

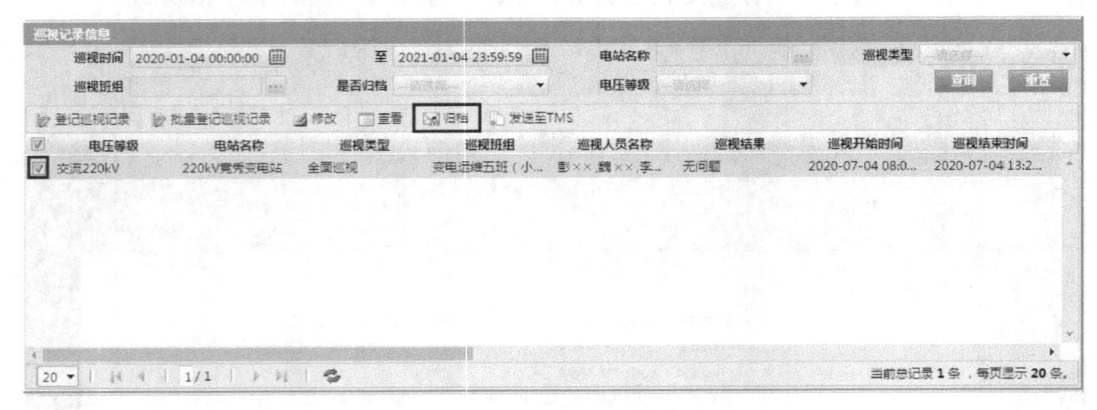

图 4-50　巡视记录归档界面

同理，将 110kV 莲池变电站进行巡视记录登记，变电巡视记录登记结果界面如图 4-51 所示。

3）其他操作。登记巡视记录分为三项类型：巡视结果登记、缺陷登记、隐患登记。

情境四　电网设备日常巡视管理

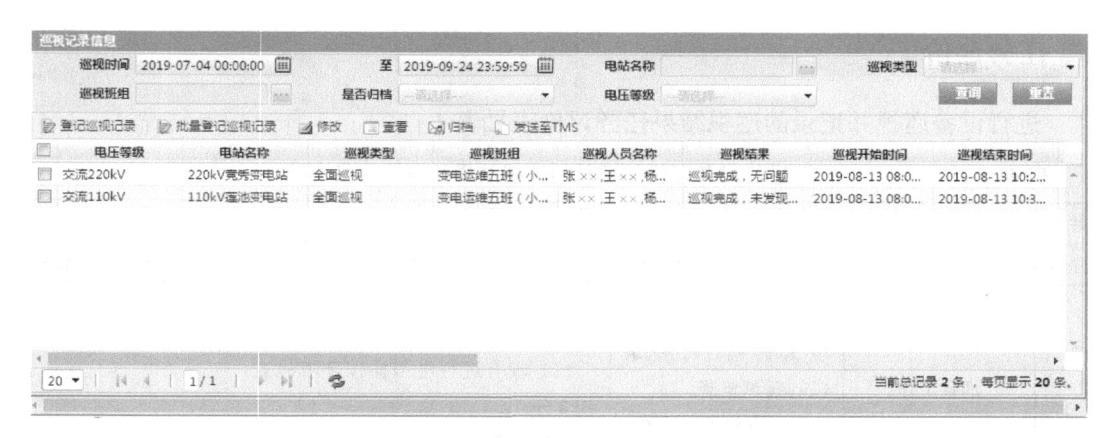

图 4-51　变电巡视记录登记结果界面

首先需登记巡视结果。缺陷登记和隐患登记在设备（资产）运维精益管理系统中有独立的业务处理模块。在此处如登记缺陷或者隐患将直接调动相关业务模块，填写的数据也与相应的缺陷管理、隐患管理模块共享。信息登记后，单击"关闭"按钮。在巡视记录信息中单击"查询"，显示刚刚登记的信息。

此外还可以临时登记巡视记录信息。不选择巡视计划直接单击巡视记录信息区内的"临时记录登记"按钮，通过"添加设备"按钮，维护巡视范围，登记巡视记录，最后"保存"。登记临时巡视记录界面如图 4-52 所示。

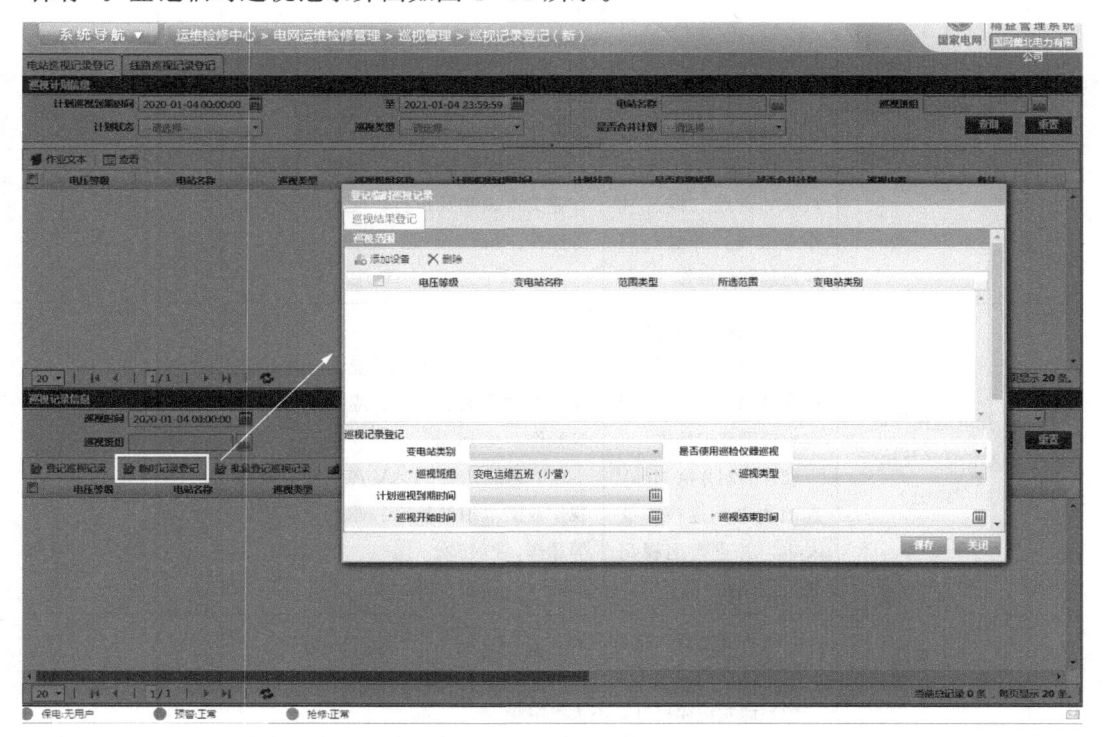

图 4-52　登记临时巡视记录界面

139

PMS 系统认知实训

任务评价

进行设备巡视并记录的巡视结果任务评价表见表 4-3。

表 4-3　　　　进行设备巡视并记录的巡视结果任务评价表

姓名		学号				
序号	评分项目	评分内容及要求	评分标准	扣分	得分	备注
1	准备工作 （5分）	（1）电脑的应用环境为内网，可登录 Google 浏览器。 （2）资料准备齐全，包括教材、笔、笔记本等	（1）没有进行电脑操作环境检查，扣3分。 （2）资料准备不齐全，扣2分			
2	巡视记录登记 （30分）	（1）正常登录 PMS 2.0 系统。 （2）正确操作巡视记录登记模块	（1）未能登录 PMS2.0 系统，扣10分。 （2）未能找到 PMS2.0 系统中巡视记录登记（新）模块，扣10分。 （3）未能找到 PMS2.0 系统运行日志巡视记录登记模块，扣10分			
3	输电巡视作业文本编制及执行 （30分）	（1）编制及执行 110kV 竞莲一线巡视作业文本，并进行巡视记录登记操作。 （2）编制及执行 110kV 竞莲二线巡视作业文本，并进行巡视记录登记操作	（1）未能完成 110kV 竞莲一线巡视作业文本编制及执行、巡视记录登记等操作，扣15分。 （2）未能完成 110kV 竞莲二线巡视作业文本编制及执行、巡视记录登记等操作，扣15分			
4	变电巡视作业文本编制及执行 （30分）	（1）编制并执行 220kV 竞秀变电站巡视作业文本，并进行巡视记录登记操作。 （2）编制并执 110kV 莲池变电站巡视作业文本，并进行巡视记录登记操作	（1）未能完成 220kV 竞秀变电站巡视作业文本编制执行、巡视记录登记等操作，扣15分。 （2）未能完成 110kV 莲池变电站巡视作业文本编制执行、巡视记录登记等操作，扣15分			
5	综合素质 （5分）	（1）着装整齐，精神饱满。 （2）独立完成相关工作。 （3）课堂纪律良好，不大声喧哗				

续表

姓名			学号				
序号	评分项目	评分内容及要求		评分标准	扣分	得分	备注
6	总分 （100分）						

操作开始时间： 时 分		
操作结束时间： 时 分	用时：	分
指导教师		

任务扩展

依据上述操作步骤，完成220kV竞秀变电站、110kV莲池变电站、110kV竞莲一线、110kV竞莲二线巡视记录登记操作，并尝试进行缺陷登记、隐患登记等操作。配电设备模块："系统导航"—"运维检修中心"—"电网运维检修管理"—"巡视管理"—"巡视记录登记（新）"，配电电站巡视在巡视记录登记（新）中电站巡视记录登记页签中维护，线路巡视在巡视记录登记（新）中线路巡视记录登记页签中维护。操作与输变电巡视记录登记操作相同，配电运维班班员可根据输变电巡视记录登记操作过程，在系统中进行配电巡视操作。

情境五

工作票管理

【情境描述】

该情境包含五个任务，分别为PMS2.0系统中第一种工作票、第二种工作票、带电作业票的执行步骤及流程，以及工作票的管理及评价。核心知识点包括工作票类型、工作票格式。关键技能包括PMS2.0系统工作票的开票流程及管理。

【情境目标】

通过该情境学习，应该达到的知识目标为掌握工作票的类型及填写格式。应该达到的能力目标为掌握PMS2.0系统工作票填写要求及开票、签发、许可、执行、归档工作流程，能够在PMS2.0系统中开展工作票查询、统计、评价等管理工作。应该达到的态度目标为牢固树立现场工作必须办理工作票、无票不开展现场工作的安全意识。

任务一 第一种工作票开票、签发、许可、执行、归档

任务目标

（1）了解电力系统工作票的类型及适用范围。
（2）了解电力系统"三种人"的工作职责及安全职责。
（3）掌握变电站（发电厂）第一种工作票、电力线路第一种工作票、电力电缆第一种工作票、配电第一种工作票的填写规范及开票流程。
（4）熟悉工作票与工作任务单的关联情况。

任务描述

该任务主要是检修班组工作负责人、工作票签发人、工作票许可人根据停电检修计划、工作任务单的工作内容，在PMS2.0系统中完成220kV竞秀变电站1号主变压器停电检修第一种工作票的开票、签发、许可、执行、归档工作，在开票环节关联220kV竞秀变电站1号主变压器110kV套管A相漏油消缺的工作任务单。工作任务单和检修工作票分别见附录F、附录G。

任务准备

一、知识准备

（1）工作票概念：是在电力生产现场、设备、系统上进行检修作业的书面命令，也是明确安全职责，向作业人员进行安全交底，实施保证作业人员安全措施的书面依据。工作票主要内容由作业人员、工作任务、安全措施、计划工作时间、工作许可、工作票延期、工作票终结及工作票签发人、工作许可人、工作负责人签字栏等构成，工作票分为变电站（发电厂）工作票、电力线路工作票、配电线路工作票三种。

（2）变电站（发电厂）工作票的种类：

1）变电站（发电厂）第一种工作票。

2）变电站（发电厂）第二种工作票。

3）电力电缆第一种工作票。

4）电力电缆第二种工作票。

5）变电站（发电厂）带电作业票。

6）变电站（发电厂）事故紧急抢修单。

（3）填用变电站（发电厂）第一种工作票的工作：高压设备上工作，需要全部停电或部分停电者；二次系统和照明等回路上的工作，需要将高压设备停电或做安全措施者；高压电力电缆需停电的工作；换流变压器、直流场设备及阀厅设备需要将高压直流系统或直流滤波器停用者；直流保护装置、通道和控制系统的工作，需要将高压直流系统停用者；换流阀冷却系统、阀厅空调系统、火灾报警系统及图像监视系统等工作，需要将高压直流系统停用者。

（4）工作票的有效期及延期：第一、二种工作票和带电作业工作票的有效时间，以批准的检修期为限；第一、二种工作票需办理延期手续，应在工期尚未结束前由工作负责人向运维负责人提出申请，经调控人员批准，由运维负责人通知工作许可人给予办理；第一、二种工作票只能延期一次。带电作业工作票不准延期。

二、工具准备

Win7 版本电脑（32/64）、Google 浏览器（32/64）、PMS2.0 客户端、PMS2.0 培训环境。

三、资料准备

准备工作班组信息、工作任务信息、计划时间信息、安全措施、签发人、许可人、负责人等票面需填写的信息材料，该单位制定的两票安全规定。

变电站（发电厂）第一种工作票格式如下：

变电站（发电厂）第一种工作票格式

单位＿＿＿＿＿＿＿＿　　　　编号＿＿＿＿＿＿＿＿

1. 工作负责人（监护人）＿＿＿＿＿＿＿＿　　　　班组＿＿＿＿＿＿＿＿
2. 工作班人员（不包括工作负责人）＿＿＿＿＿＿＿＿＿＿＿＿＿＿＿＿＿＿　共＿＿人
3. 工作的变、配电站名称及设备双重名称
＿＿
4. 工作任务

工作地点及设备双重名称	工作内容

5. 计划工作时间

自＿＿＿年＿＿＿月＿＿＿日＿＿＿时＿＿＿分
至＿＿＿年＿＿＿月＿＿＿日＿＿＿时＿＿＿分

6. 安全措施（必要时可附页绘图说明）

应拉开的断路器、隔离开关	已执行*
应装接地线、应合接地开关 （注明确实地点、名称及接地线编号*）	已执行
应设遮拦、应挂标示牌及防止二次回路误碰等措施	已执行

* 表示已执行栏目及接地线编号由工作许可人填写。

工作地点保留带电部分或注意事项 （由工作票签发人填写）	补充工作地点保留带电部分和安全措施 （由工作许可人填写）

施工单位工作票签发人签名_____　　　　签发日期 ___年___月___日___时___分
运维单位工作票签发人签名_____　　　　签发日期 ___年___月___日___时___分

7. 收到工作票时间 ___年___月___日___时___分
运行值班人员签名_____　　　　工作负责人签名_____

8. 确认本工作票1~7项
工作负责人签名_____　　　　工作许可人签名_____
许可开始工作时间___年___月___日___时___分

9. 确认工作负责人布置的任务和安全措施
工作班组人员签名_____

10. 工作负责人变动情况
原工作负责人_____离去，变更_____为工作负责人。
工作票签发人_____　　___年___月___日___时___分

11. 工作人员变动（变动人员姓名、变动日期及时间）

增添人员	时间	工作负责人	离去人员	时间	工作负责人
	日 时 分			日 时 分	
	日 时 分			日 时 分	
	日 时 分			日 时 分	

12. 工作票延期
有效期延长到_____年___月___日___时___分
工作负责人签名_____　　___年___月___日___时___分
工作许可人签名_____　　___年___月___日___时___分

13. 每日开工和收工时间（使用一天的工作票不必填写）

收工时间				工作负责人	工作许可人	开工时间				工作许可人	工作负责人
月	日	时	分			月	日	时	分		
月	日	时	分			月	日	时	分		
月	日	时	分			月	日	时	分		

14. 工作终结
全部工作于___年___月___日___时___分结束，设备及安全措施已恢复至开工前状态，工作班人员已全部撤离，材料工具已全部清理完毕，工作已终结。
工作负责人签名_____　　　　工作许可人签名_____

15. 工作票终结
临时遮拦、标示牌已拆除，常设遮拦已恢复。未拆除或未拉开的接地线编号_____等共_____组、接地开关（小车）共___副（台）、绝缘隔板编号等共_____块，已汇报值班调控人员。
工作许可人签名_____　　　　___年___月___日___时___分

16. 备注
（1）指定专责监护人_____负责监护_____
_____（地点及具体工作）。

(2) 其他注意事项：_____
_____
____。

四、人员准备

工作票签发人：熟悉人员技术水平、熟悉设备情况、熟悉电力安全工作规程，并具有相关工作经验的生产领导人、技术人员或经该单位批准的人员。负责确认工作必要性和安全性，工作票所填安全措施是否正确完备，确认所派工作负责人和工作班人员是否适当和充足。

工作负责人（监护人）：具有相关工作经验，熟悉设备情况和电力安全工作规程，熟悉工作班成员的工作能力，以及经工区（车间）批准的人员。正确安全的组织工作；负责检查工作票所列安全措施是否正确完备，是否符合现场实际条件，必要时予以补充；工作前对工作班成员进行工作任务、安全措施、技术措施交底和危险点告知，并确认每个工作班成员都已签名；严格执行工作票所列安全措施；督促、监护工作班成员遵守《国家电网公司电力安全工作规程》（简称《安规》），正确使用劳动防护用品、安全工器具和执行现场安全措施；关注工作班成员身体状况和精神状态是否出现异常迹象，人员变动是否合适。

工作许可人：经工区批准的有一定工作经验的运维人员或检修操作人员（进行该工作任务操作及做安全措施的人员）；用户变、配电站的工作许可人应是持有效证书的高压电气工作人员。负责审查工作票所列安全措施是否正确、完备，是否符合现场条件；工作现场布置的安全措施是否完善，必要时予以补充；负责检查检修设备有无突然来电的危险；对工作票所列内容即使发生很小的疑问，也应向工作票签发人询问清楚，必要时应要求进行详细补充。

专责监护人：具有相关公司经验，熟悉设备情况及《安规》的人员。明确被监护人员和监护范围；工作前对被监护人员交待监护范围内的安全措施，告知危险点和安全注意事项；监督被监护人员遵守《安规》和执行现场安全措施，及时纠正被监护人员的不安全行为。

五、场地准备

具有电网省属公司内网环境的机房（有可登录 PMS2.0 系统内网的电脑）。

任务实施

一、任务流程图

第一种工作票开票、签发、许可、执行、归档流程图如图 5-1 所示。

情境五　工作票管理

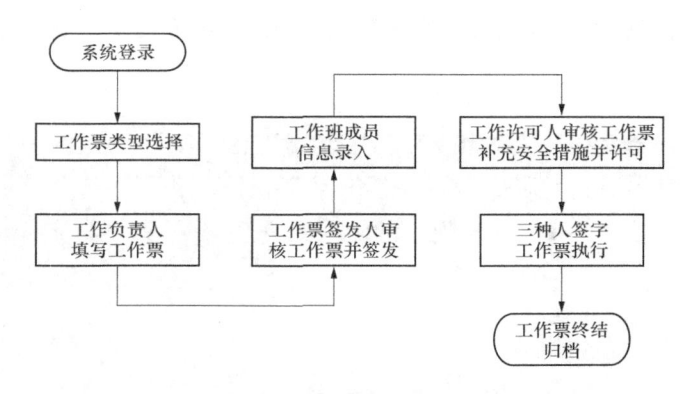

图 5-1　第一种工作票开票、签发、许可、执行、归档流程图

二、操作步骤

（1）工作票开票。登录 PMS2.0 系统，打开"系统导航"—"运维检修中心"—"电网运维检修管理"—"工作票管理"—"工作票开票"菜单，工作票开票界面如图 5-2 所示。

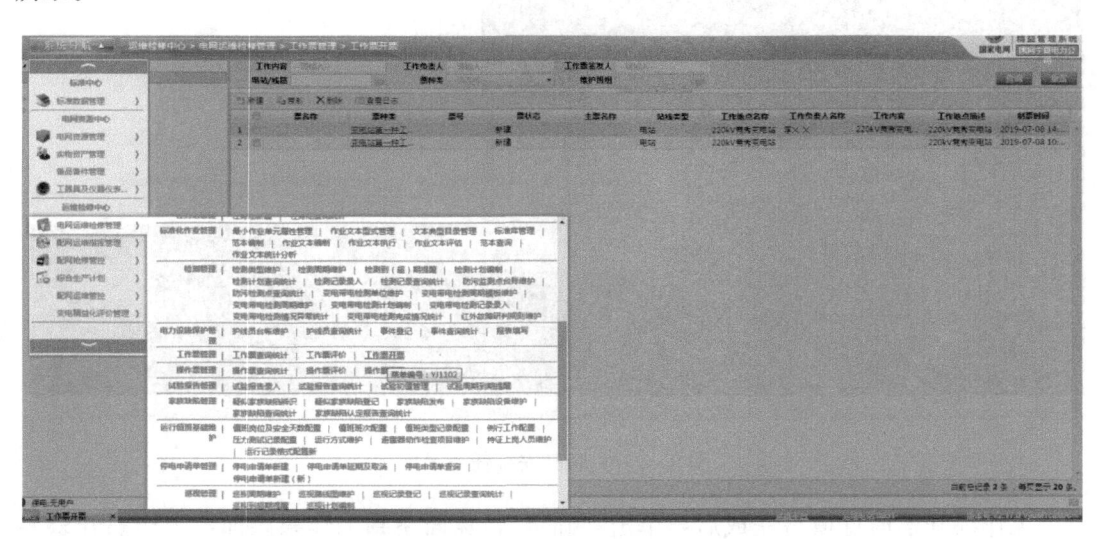

图 5-2　工作票开票界面

打开工作票开票菜单，在左侧导航树选择"个人文件夹"—"草稿箱"，单击"新建"按钮，弹出新建票对话框，新建票菜单界面如图 5-3 所示。

选择票种类为变电站第一种工作票，"是否委外票"选择"否"，"电站/线路"选择"220kV 竞秀变电站"，"工作任务单"关联已安排的"220kV 竞秀变电站 1 号主变压器 110kV 套管 A 相漏油消缺"任务，关联已安排任务界面如图 5-4 所示。

注意：若本次开票是设备所属单位工作负责人执行，则"是否委外票"选择"否"。

147

PMS系统认知实训

若开票人员是设备所属单位委托给其他有资质单位的工作负责人,则"是否委外票"选择"是"。

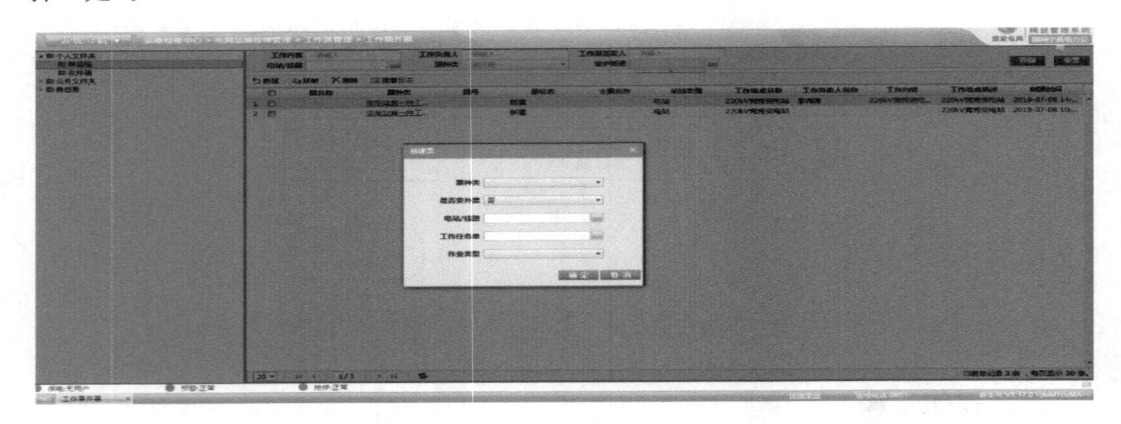

图5-3 新建票菜单界面

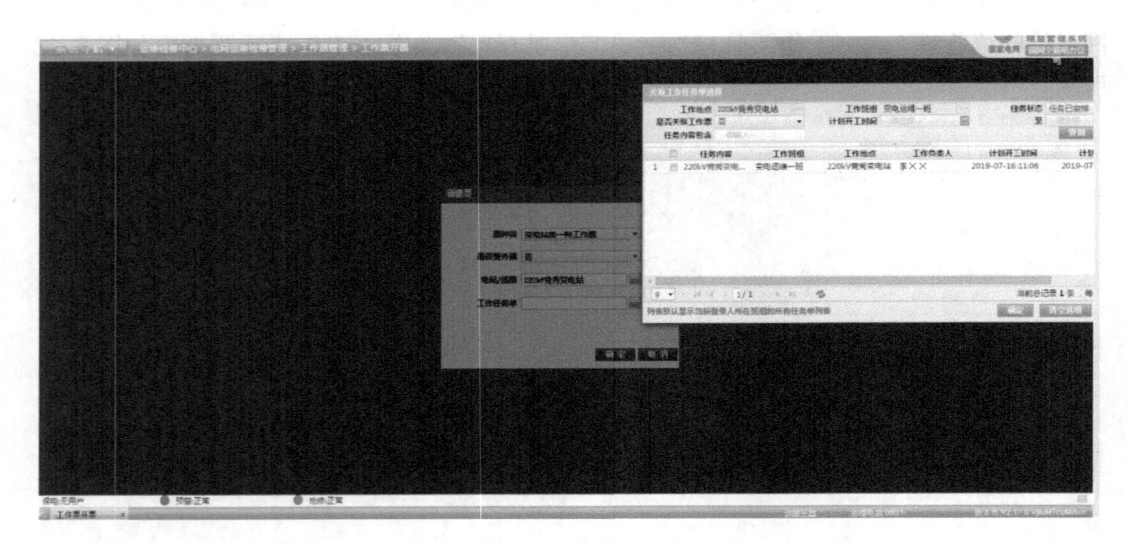

图5-4 关联已安排任务界面

工作票开票信息填写完成后,单击"确定",页面跳到工作票票面,工作票开票界面如图5-5所示。

(2) 执行工作票。

1) 签发工作票。工作票票面信息填写完成后,单击"保存",系统弹出"确定保存该票"对话框,点击保存并发送至工作票签发人。工作票保存界面如图5-6所示。

签发人登录PMS2.0系统,在待办任务中查看需处理的工作票信息,签发工作票入口界面如图5-7所示。

签发人双击任务名称进入工作票界面,在签发人签名处签名。在工作票中实行双签发机制,即施工单位和运维单位共同签发。签发人签发工作票界面如图 5-8 所示。

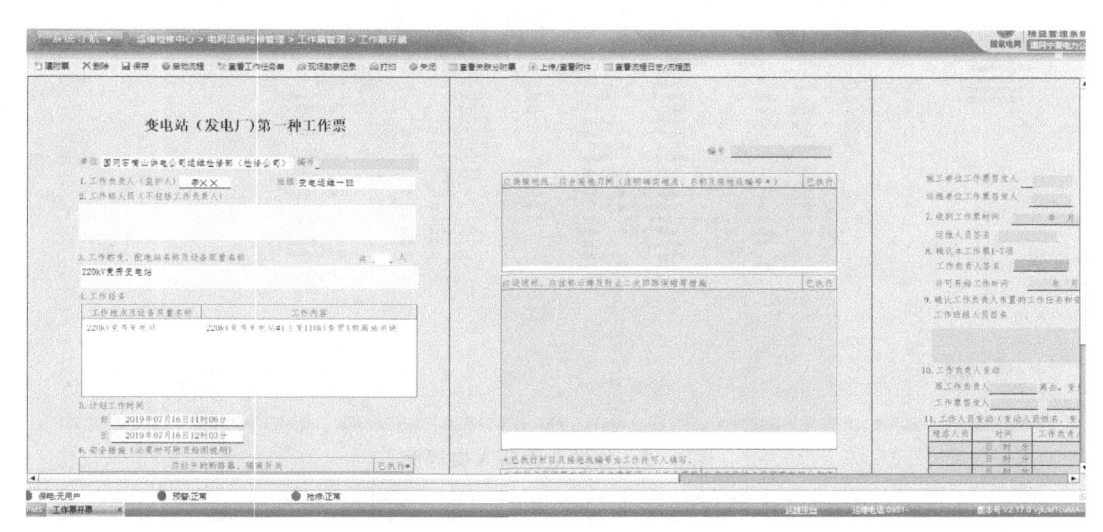

图 5-5 工作票开票界面

图 5-6 工作票保存界面

票面填写完整准确后,点击"保存并发送"按钮,发送至班组人员接票,工作票待接票界面如图 5-9 所示。

2) 许可工作票。班组人员接票后,填写运维人员信息及负责人信息,单击"保存并发送"后发送至工作许可人许可工作。工作票发送许可环节界面如图 5-10 所示。

工作许可人补充安全措施,并审核工作计划开始时间、结束时间,许可工作开工时间后,进行许可人签名,工作票发送许可环节界面如图 5-11 所示。

图 5-7　签发工作票入口界面

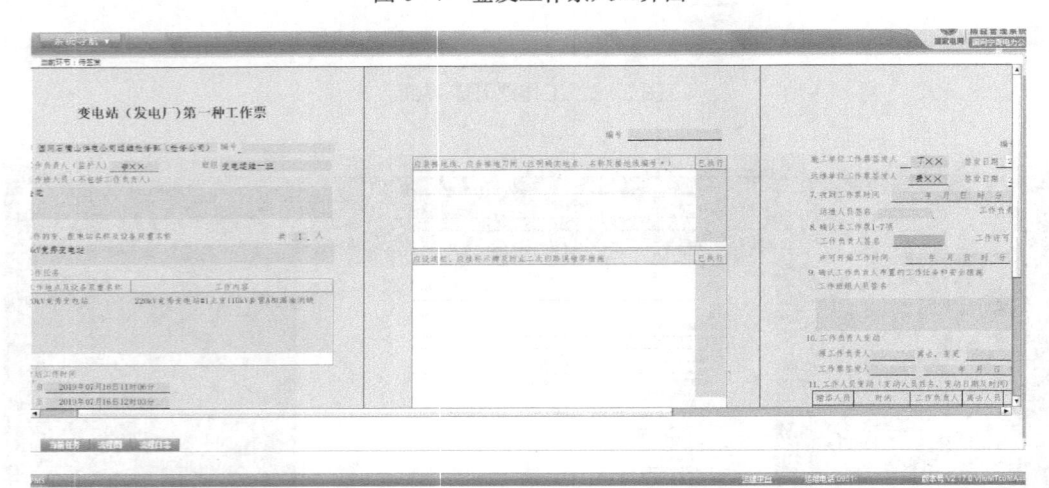

图 5-8　签发人签发工作票界面

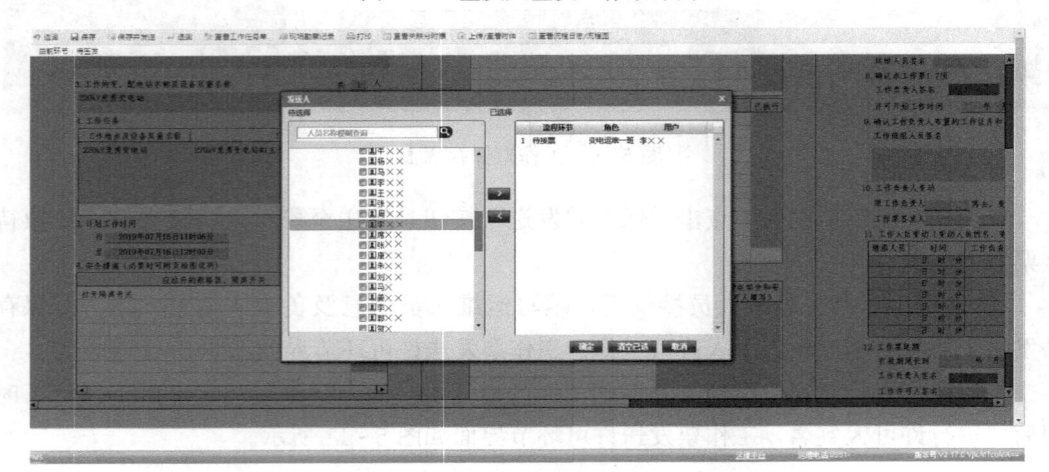

图 5-9　工作票待接票界面

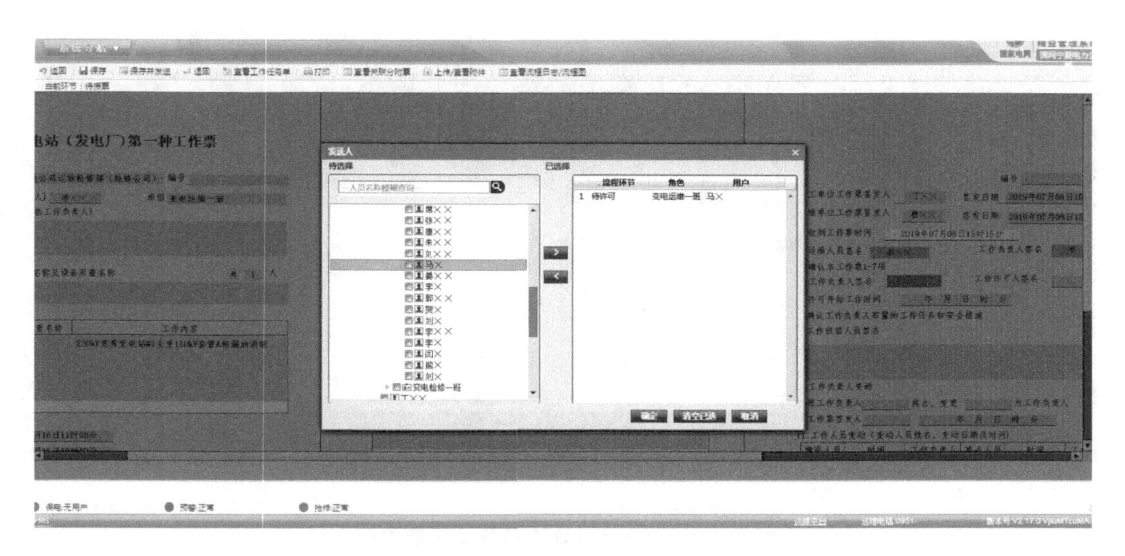

图 5-10 工作票发送许可环节界面

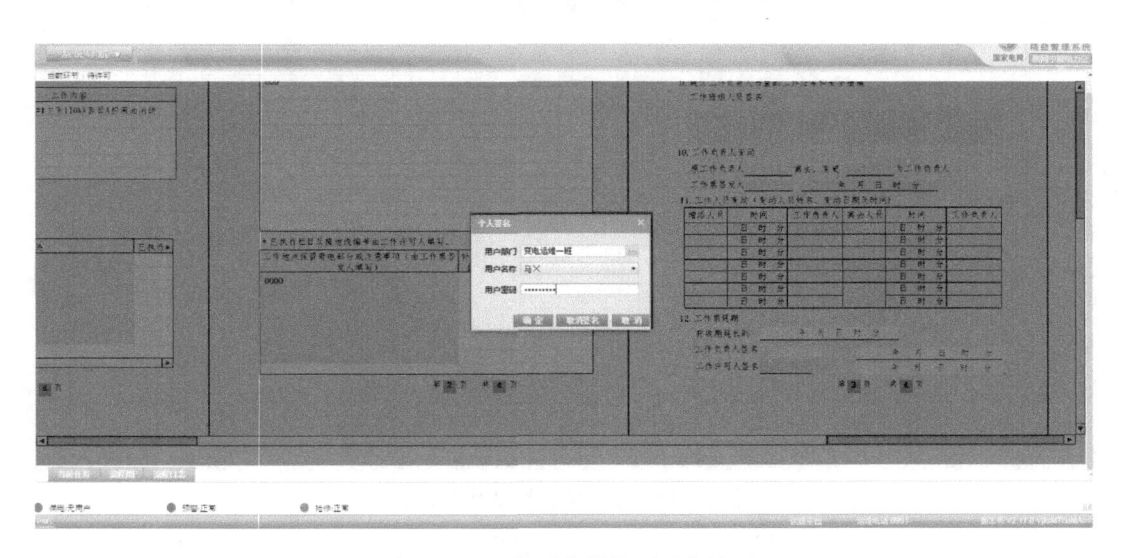

图 5-11 工作票发送许可环节界面

3）终结工作票。许可完成后，发送至工作票待终结环节。工作票发送至待终结环节界面如图 5-12 所示。

在工作票待终结环节，工作班组成员需确认工作负责人布置的工作任务和安全措施是否到位、合理，并签字；工作负责人、许可人在工作票终结待签区签名。工作票待终结环节界面如图 5-13 所示。

信息填写完成后，点击"保存并发送"按钮，发送后为终结状态，工作票终结界面如图 5-14 所示。

151

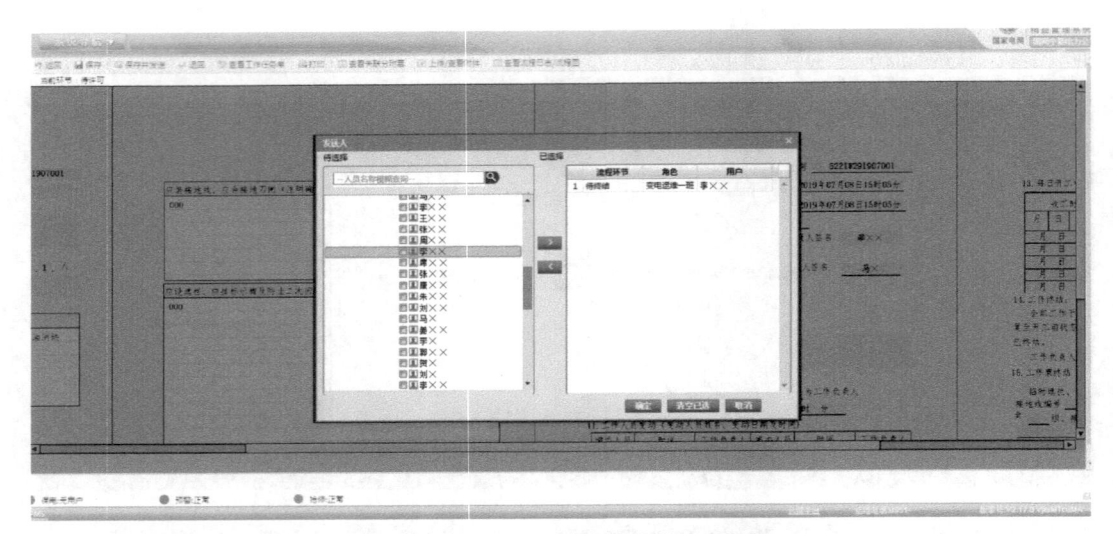

图 5-12　工作票发送至待终结环节界面

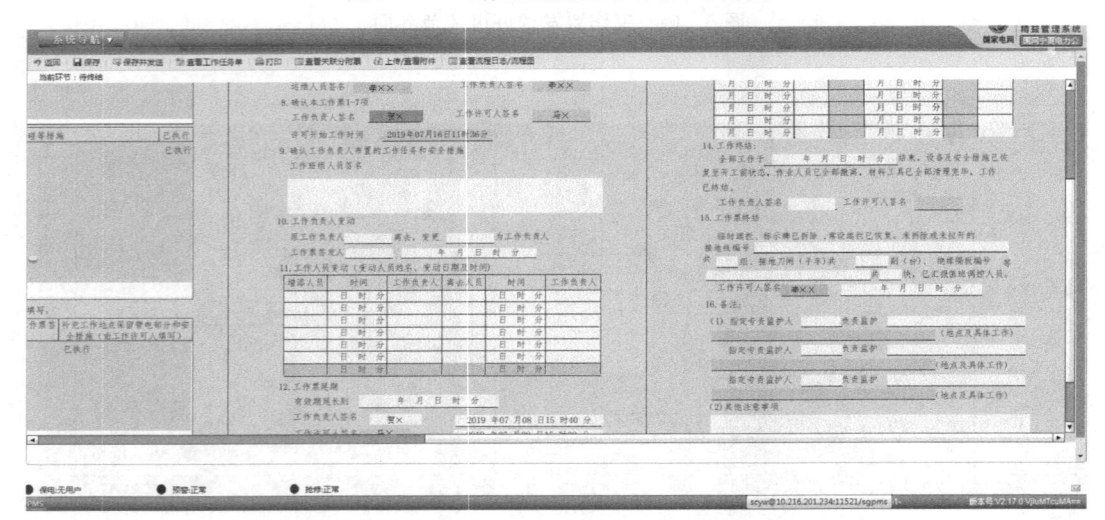

图 5-13　工作票待终结环节界面

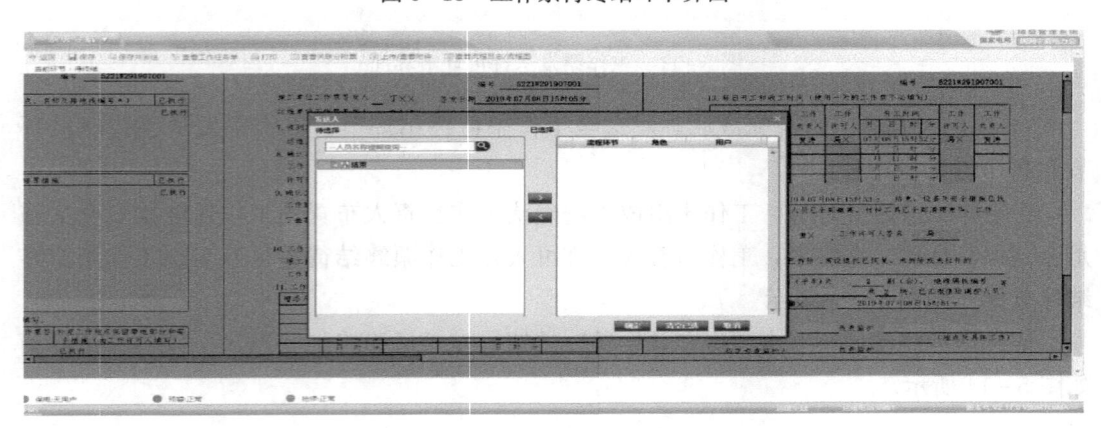

图 5-14　工作票终结界面

任务评价

第一种工作票开票、签发、许可、执行、归档任务评价表见表 5-1。

表 5-1　　　第一种工作票开票、签发、许可、执行、归档任务评价表

姓名		学号				
序号	评分项目	评分内容及要求	评分标准	扣分	得分	备注
1	预备工作 （5分）	（1）正确安装 PMS 2.0 系统。 （2）正确登录 PMS 2.0 系统。 （3）正确打开工作票开票菜单	（1）未按电脑操作系统安装对应版本的谷歌浏览器，扣2分。 （2）安装完成后，PMS2.0 系统无法打开，扣2分。 （3）未打开工作票开票菜单，扣1分			
2	工作票新建 （20分）	（1）开票时关联正确工作任务单。 （2）票面工作任务填写规范	（1）未关联正确工作任务单或未关联工作任务单，扣10分。 （2）票面工作任务填写不规范，扣10分			
3	工作票签发 （20分）	（1）正确填写安全措施。 （2）实行双签发机制签发工作票	（1）未按照《安规》填写安全措施，每错一处扣1分，最多扣15分。 （2）未按照双签发机制签发工作票，扣5分			
4	工作票接票 （6分）	正确填写接票时间、运维人员签名及负责人签名	未正确填写接票时间、运维人员签名及负责人签名，每错一处扣2分，共扣6分			
5	工作票许可 （25分）	（1）核查票面工作任务填写情况，对存在错误部分进行修正。 （2）对安全措施部分存在的问题进行补充。 （3）许可完成后，生成票号。 （4）许可工作时间填写正确	（1）未检查出票面工作任务填写不规范部分，每错一处扣1分，最多扣5分。 （2）未补充安全措施存在问题部分，每错一处扣1分，最多扣5分。 （3）对存在严重错误信息未发现且未回退，扣5分。 （4）许可完成后，票号未生成，扣5分。 （5）许可时间填写不符合范围，扣5分			

续表

姓名		学号				
序号	评分项目	评分内容及要求	评分标准	扣分	得分	备注
6	工作票终结 （19分）	（1）填写正确的工作负责人。 （2）工作开始时间、完成时间、终结时间填写正确。 （3）正确终结工作票	（1）负责人与前一环节填写不一致，扣5分。 （2）工作开始时间、完成时间、终结时间填写错误，每错一处扣3分，共扣9分。 （3）未正确终结工作票，扣5分			
7	综合素质 （5分）	（1）着装整齐，精神饱满。 （2）独立完成相关任务。 （3）能够完成指导教师的现场提问。 （4）熟悉工作票安全规定				
8	总分 （100分）					

操作开始时间：　　时　　分　　　　　　　　　　　　　用时：　　分
操作结束时间：　　时　　分

指导教师

任务扩展

依据上述操作，在PMS2.0系统完成10kV总督署Ⅱ线电力电缆第一种工作票的开票、签发、许可、终结流程。检修工作票见附录G。

步骤如下：

（1）工作负责人或者工作票签发人登录PMS2.0系统，进入电网运维检修管理—两票管理—工作票开票界面，创建电力电缆第一种工作票，信息填写完整后发送工作票签发人审核。

（2）工作票签发人进入PMS2.0系统待办事项中，找到需审核的电力电缆工作票，并按相关规定完成审核，发送接票人（工作负责人或者运维班组人员）进行接票。

（3）接票人进入PMS2.0系统待办事项中，找到该待接票的电力电缆工作票，按要求完成接票信息填写并发送工作许可人。

（4）工作许可人进入PMS2.0系统待办事项中，找到该待许可的电力电缆工作票进行许可。许可后在工作现场，根据工作内容开展工作，开工前工作负责人、工作许可人确认安全措施完整并签名。签名后将票发送工作负责人进行终结。

（5）工作负责人进入PMS2.0系统待办事项中，找到该待终结的电力电缆工作票进行终结，终结信息填写完整后将票流转至结束。

任务二　第二种工作票开票、签发、执行、归档

📋 任务目标

（1）了解电力系统工作票的类型及适用范围。

（2）掌握电力线路第二种工作票、变电站（发电厂）第二种工作票、电力电缆第二种工作票、配电第二种工作票的规范填写方式及开票流程。

（3）熟悉工作票与工作任务单的关联情况。

📋 任务描述

该任务主要是检修班组工作负责人、工作票签发人、工作许可人根据检修计划、工作任务单的工作内容，在 PMS2.0 系统中完成 110kV 竞莲一线第二种工作票的开票、签发、执行、归档工作，在开票环节关联 10～12 号杆塔通道内砍伐修剪超高树木的工作任务单。检修工作票见附录 G。

📋 任务准备

一、知识准备

（1）填用电力线路第二种工作票的工作有：

1）带电线路杆塔上且与带电导线最小的安全距离不小于表 5-4 规定的工作。

2）在运行中的配电设备上工作。

3）电力电缆不需要停电的工作。

4）直流线路上不需要停电的工作。

5）直流接地极线路上不需要停电的工作。

（2）电力线路第二种工作票的使用要求：对同一电压等级、同类型工作，可在数条线路上共用一张工作票；在工作期间，工作票应始终保留在工作负责人手中。

二、工具准备

Win7 版本电脑（32/64）、Google 浏览器（32/64）、PMS2.0 客户端、PMS2.0 培训环境。

三、资料准备

准备工作班组信息、工作任务信息、计划时间信息、安全措施、签发人、负责人等票面需填写信息材料及该单位制定的两票安全规定。

电力线路第二种工作票格式如下：

电力线路第二种工作票格式

单位_____　　　　　　　编号_____

1. 工作负责人（监护人）_____　　班组_____
2. 工作班人员（不包括工作负责人）_____　共___人
3. 工作任务

线路或设备名称	工作地点、范围	工作内容

4. 计划工作时间

自___年___月___日___时___分

至___年___月___日___时___分

5. 注意事项（安全措施）
_____
_____

施工单位工作票签发人签名_____　签发日期___年___月___日___时___分
运维单位工作票签发人签名_____　签发日期___年___月___日___时___分
工作负责人签名_____　签发日期___年___月___日___时___分

6. 确认工作负责人布置的工作任务和安全措施

工作班组人员签名_____

7. 工作开始时间：___年___月___日___时___分___　工作负责人签名_____
　　工作完工时间：___年___月___日___时___分___　工作负责人签名_____

8. 工作票延期

有效期延长到___年___月___日___时___分

9. 备注_____
_____

四、人员准备

工作负责人、工作票签发人、设备运维人员。

五、场地准备

具有电网省属公司内网环境的机房（有可登录PMS2.0系统内网的电脑）。

任务实施

一、任务流程图

第二种工作票开票、签发、执行、归档流程图如图5-15所示。

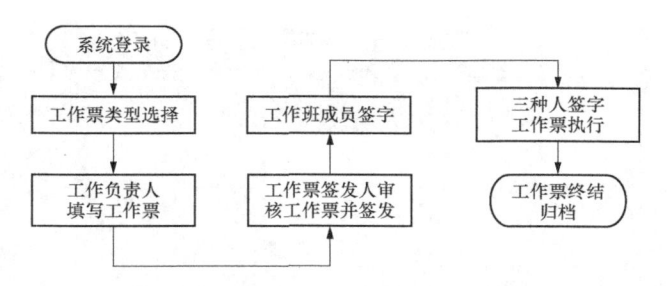

图 5-15　第二种工作票开票、签发、执行、归档流程图

二、操作步骤

(1) 工作票开票。工作负责人登录 PMS2.0 系统，打开"系统导航"—"运维检修中心"—"电网运维检修管理"—"工作票管理"—"工作票开票"菜单，工作票菜单界面如图 5-16 所示。

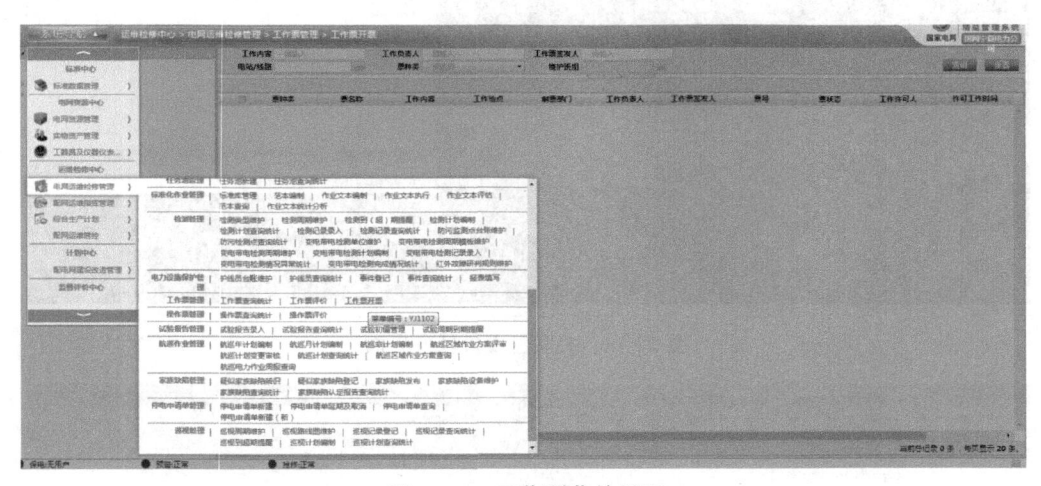

图 5-16　工作票菜单界面

打开工作票开票菜单，选择左侧导航树选择"个人文件夹"—"草稿箱"，单击"新建"按钮，弹出新建票对话框，新建票菜单界面如图 5-17 所示。

选择票种类为电力线路第二种工作票，"是否委外票"选择否，"电站/线路"选择"110kV 竞莲一线"，"工作任务单"关联已安排的"10 号-12 号杆塔通道内砍伐修剪超高树木"任务，关联已安排任务界面如图 5-18 所示。

工作票开票页面信息填完成后，单击"确定"后，页面跳到工作票票面，工作票开票界面如图 5-19 所示。

填写完成后，单击"保存"，系统弹出"确定保存该票"对话框，点击保存并发送至工作票签发人。工作票保存界面如图 5-20 所示。

(2) 执行工作票。

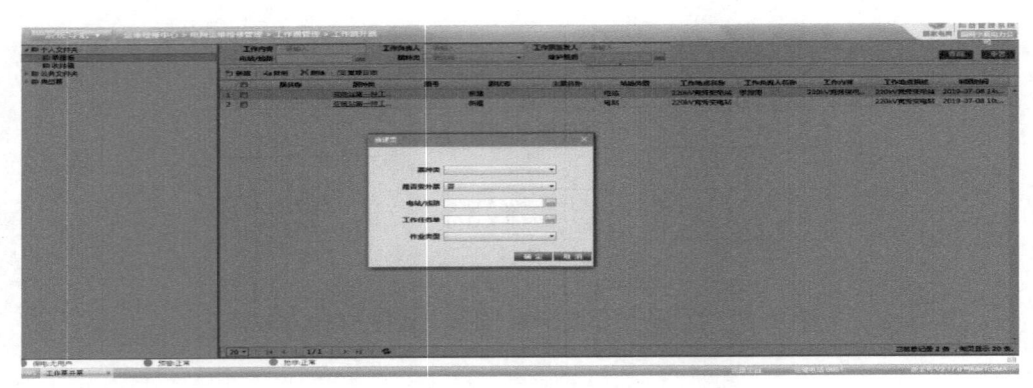

图 5-17　新建票菜单界面

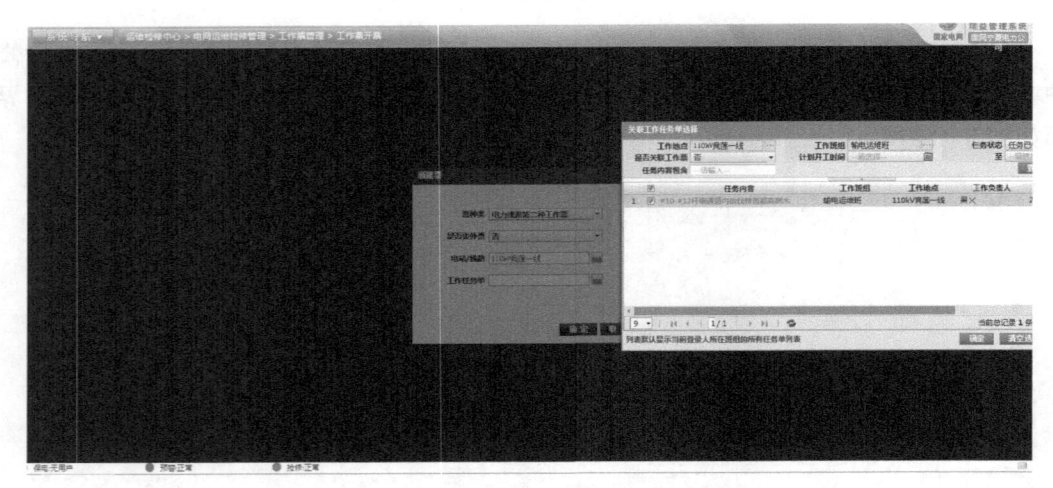

图 5-18　关联已安排任务界面

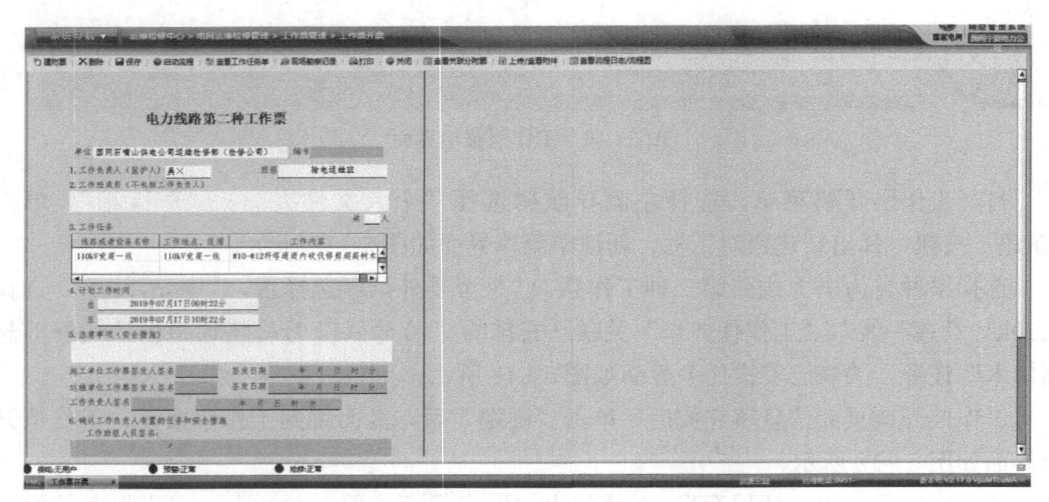

图 5-19　工作票开票界面

图 5-20　工作票保存界面

1) 签发工作票。工作票签发人登录 PMS2.0 系统，在待办任务中查看需处理的工作票信息，签发工作票入口界面如图 5-21 所示。

图 5-21　签发工作票入口界面

工作票签发人双击任务名称进入工作票界面，在签发人签名处签名。当承发包工程中的工作负责人由工程承包单位具有相应资质的人员担任时，实行工作票"双签发"，即由设备运维管理单位（运维单位）和工程承包单位具有相应资质的人员共同签发，在 PMS2.0 系统中工作票签发人也实行双签发机制，即施工单位和运维单位运检班组共同签发。签发人签发工作票界面如图 5-22 所示。

2) 许可工作票。票面填写完整准确后，点击"保存并发送"按钮，发送至班组运维人员接票，工作票待接票界面如图 5-23 所示。

班组运维人员接票后，填写运维人员信息及负责人信息，单击"保存并发送"按钮，发送至工作票待终结。工作票发送许可环节界面如图 5-24 所示。

159

图 5-22　签发人签发工作票界面

图 5-23　工作票待接票界面

图 5-24　工作票发送许可环节界面

3) 终结工作票。在工作票待终结环节，工作班组人员进行签名，工作负责人填写任务开始时间，完工时间并签名。工作票待终结环节界面如图 5-25 所示。

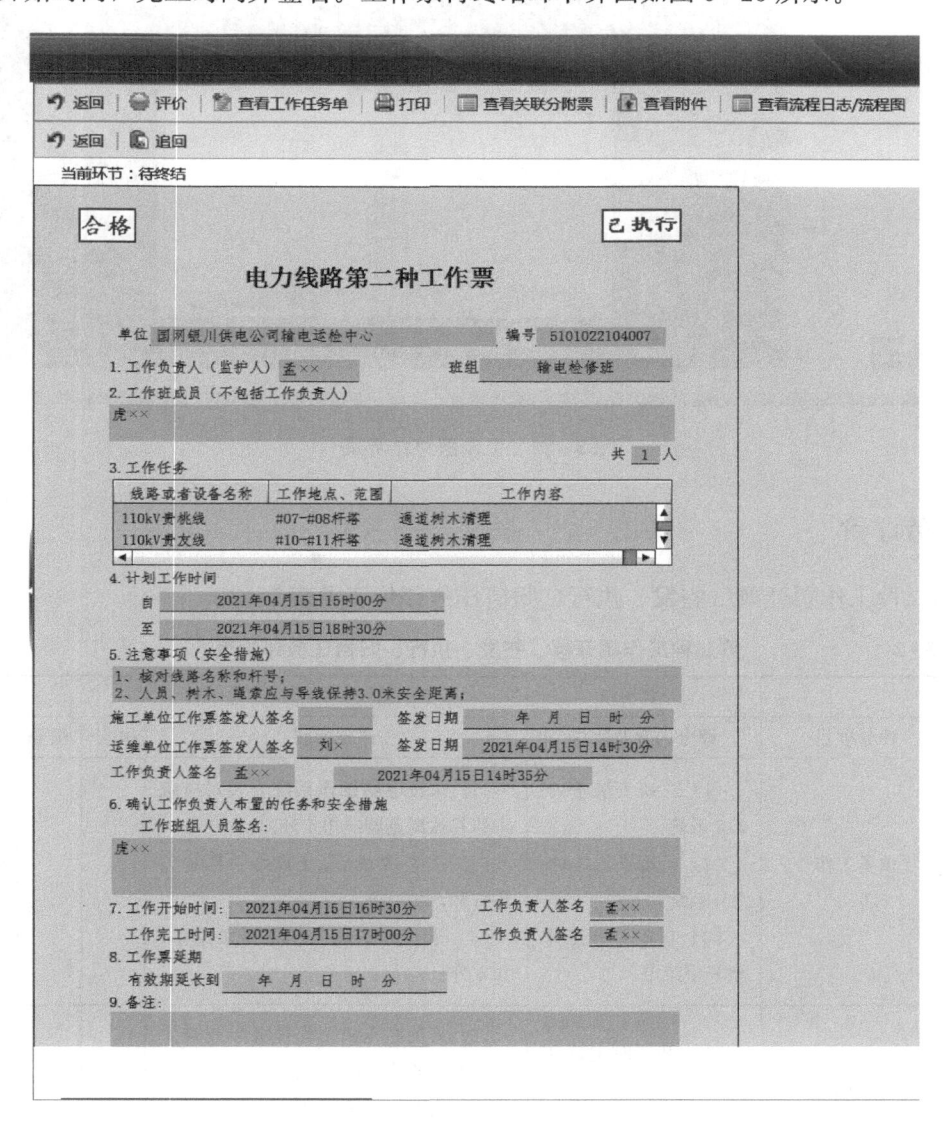

图 5-25　工作票待终结环节界面

信息填写完成后，点击"保存并发送"按钮，发送至终结状态，工作票终结界面如图 5-26 所示。

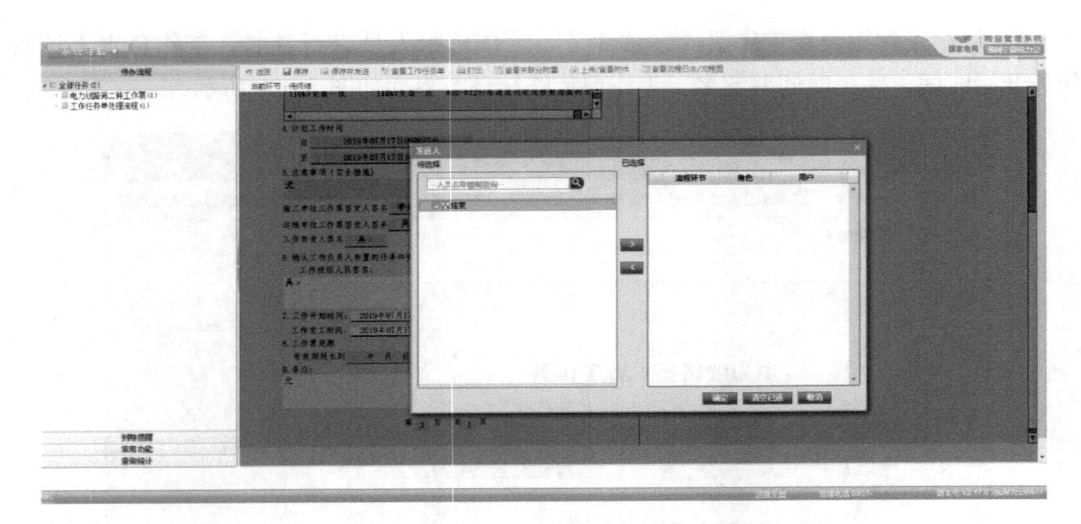

图 5-26 工作票终结界面

任务评价

第二种工作票开票、签发、执行、归档任务评价表见表 5-2。

表 5-2　　　　第二种工作票开票、签发、执行、归档任务评价表

姓名		学号				
序号	评分项目	评分内容及要求	评分标准	扣分	得分	备注
1	预备工作 （10分）	（1）正确安装 PMS 2.0 系统。 （2）正确登录 PMS 2.0 系统。 （3）正确打开工作票开票菜单	（1）未按电脑操作系统安装对应版本的谷歌浏览器，扣4分。 （2）安装完成后，PMS2.0 系统无法打开，扣2分。 （3）未打开正确工作票开票菜单，扣4分			
2	工作票新建 （20分）	（1）开票时关联正确工作任务单。 （2）工作任务填写规范	（1）未关联正确工作任务单或未关联工作任务单，扣6分。 （2）票面工作任务填写不规范，扣6分。 （3）注意事项未填写，扣8分			
3	工作票签发 （20分）	实行双签发机制签发工作票	（1）未按照双签发机制签发工作票，扣10分。 （2）签发时间与实际情况不符合，扣10分			

162

续表

姓名		学号				
序号	评分项目	评分内容及要求	评分标准	扣分	得分	备注
4	工作票接票 （15分）	（1）工作负责人签字。 （2）工作票票号生成	（1）未正确填写负责人签名及时间，每错一处扣5分，共扣10分。 （2）票号未生成，扣5分			
5	工作票终结 （25分）	（1）填写正确的工作负责人及班组工作人员。 （2）工作开始时间、完成时间填写正确。 （3）正确终结工作票	（1）负责人与前一环节填写不一致，扣6分。 （2）工作开始时间、完成时间填写错误，每错一处扣6分，共扣12分。 （3）未正确终结工作票，扣7分			
6	综合素质 （10分）	（1）着装整齐，精神饱满。 （2）独立完成相关任务。 （3）能够完成指导教师的现场提问。 （4）熟悉工作票安全规定				
7	总分 （100分）					

操作开始时间： 时 分　　　　　　　　　　　　用时： 分
操作结束时间： 时 分

指导教师

任务扩展

依据上述操作，在PMS2.0系统完成10kV总督署Ⅱ线电力电缆第二种工作票的开票、签发、许可、终结流程。检修工作票见附录G。

步骤：

（1）工作负责人或者工作票签发人登录PMS2.0系统，进入电网运维检修管理—两票管理—工作票开票界面，创建电力电缆第二种工作票，信息填写完整后发送工作票签发人审核。

（2）工作票签发人进入PMS2.0系统待办事项中，找到需审核的电力电缆工作票，并按相关规定完成审核，发送接票人（工作负责人或者运维班组人员）进行接票。

（3）接票人进入PMS2.0系统待办事项中，找到待接票的电力电缆工作票，按要求完成接票信息填写并发送工作许可人。

（4）许可人进入 PMS2.0 系统待办事项中，找到待许可的电力电缆工作票进行许可。许可后在工作现场，根据工作内容开展工作，开工前工作负责人、工作许可人确认安全措施完整并签名。签名后将票发送工作负责人（或工作票许可人）进行终结。

（5）工作负责人（或工作票许可人）进入 PMS2.0 系统待办事项中，找到待终结的电力电缆工作票进行终结，终结信息填写完整后将票流转至结束。

任务三 带电作业工作票开票、签发、许可、执行、归档

任务目标

（1）了解电力系统带电作业工作票的适用范围。

（2）掌握配电带电作业工作票、变电站（发电厂）带电作业工作票、电力线路带电作业工作票的规范填写方式及开票流程。

任务描述

该任务主要是检修班组工作负责人、工作票签发人、工作许可人根据检修计划，在 PMS2.0 系统中完成 10kV 总督署线 16 号杆接引流线带电作业工作票的开票、签发、许可、执行、归档工作。检修工作票见附录 G。

任务准备

一、知识准备

1. 业务知识

（1）高压线路、设备不停电时的安全距离见表 5-3。

表 5-3 高压线路、设备不停电时的安全距离

电压等级（kV）	安全距离（m）	电压等级（kV）	安全距离（m）
10 及以下	0.7	1000	9.5
20、35	1.0	±50	1.5
66、110	1.5	±400	7.2
220	3.0	±500	6.8
330	4.0	±660	9.0
500	5.0	±800	10.1
750	8.0		

注：表中未列电压等级按高一档电压等级确定安全距离。750kV 数据按海拔 2000m 校正，±400kV 数据按海拔 53 000m 校正，其他电压等级数据按海拔 1000m 校正。

(2) 带电作业时人身与带电体间的安全距离见表 5-4。

表 5-4　　　　　　　　带电作业时人身与带电体间的安全距离

电压等级(kV)	10	35	66	110	220	330	500	750	1000	±400	±500	±660	±800
距离(m)	0.4	0.6	0.7	1.0	1.8 (1.6)[a]	2.6	3.4 (3.2)[b]	5.2 (5.6)[c]	6.8 (6.0)[d]	3.8[e]	3.4	4.5[f]	6.8

注：表中数据是根据线路带电作业安全要求提出的。

[a] 220kV 带电作业安全距离因受设备限制达不到 1.8m 时，经单位批准并采取必要的措施后，可采用括号内 1.6m 的数值。

[b] 海拔在 500m 以下，500kV 取值为 3.2m，但不适用于 500kV 紧凑型线路。海拔在 500~1000m 时，500kV 取值为 3.4m。

[c] 直线塔边相或中相值。5.2m 为海拔在 1000m 以下值，5.6m 为海拔在 2000m 以下的值。

[d] 此为单回输电线路数据，括号中数据 6.0m 为边相值，6.8m 为中相值。表中数值不包括人体占位间隙，作业中需考虑人体占位间隙不得小于 0.5m。

[e] ±400 kV 数据是按海拔 3000m 校正的，海拔在 3500、4000、4500、5000、5300m 时最小安全距离依次为 3.90、4.10、4.30、4.40、4.50m。

[f] ±660kV 数据是按海拔 500~1000m 校正的，海拔在 1000~1500m、1500~2000m 时最小安全距离依次为 4.7、5.0m。

(3) 配电带电作业工作票填用条件：与邻近带电高压线路或设备的安全距离符合表 5-3、表 5-4 规定的要求。

2. 系统知识

掌握 PMS2.0 系统 B/S 端的安装。掌握该单位具备带电作业工作票相关签发人、负责人、许可人权限的人员信息，确保整个开票流程可正常执行。

二、工具准备

Win7 版本电脑（32/64）、Google 浏览器（32/64）、PMS2.0 客户端、PMS2.0 培训环境。

三、资料准备

准备工作班组信息、工作任务信息、计划时间信息、安全措施、签发人、负责人等票面需填写的信息材料，及该单位制定的两票安全规定。

配电带电作业工作票格式如下：

配电带电作业工作票格式

单位_____　　　　　　　　　　　　　　编号_____

1. 工作负责人（监护人）_____　　　　班组_____
2. 工作班人员（不包括工作负责人）_____　　共___人
3. 工作任务

线路名称或设备双重名称	工作地点、范围	工作内容及人员分工	专责监护人

计划工作时间：自___年___月___日___时___分至___年___月___日___时___分

4. 安全措施

4.1 调控或运维人员应采取的安全措施

线路名称或设备双重名称	是否需要停用重合闸	作业点负荷侧需要停电的线路、设备	应装设的安全遮拦（围栏）和悬挂的标示牌

4.2 其他危险点预控措施和注意事项_____

_____

工作票签发人签名_____　　___年___月___日___时___分
工作负责人签名_____　　___年___月___日___时___分

5. 确认本工作票1～5项正确完备，许可工作开始

许可的线路、设备	许可方式	工作许可人	工作负责人签名	许可工作的时间
				年　月　日　时　分
				年　月　日　时　分

6. 现场补充的安全措施

_____

_____

7. 现场交底，工作班成员确认工作负责人布置的工作任务、人员分工、安全措施和注意事项并签名_____

8. 工作终结

8.1 工作班人员已全部撤离现场，工具、材料已清理完毕，杆塔、设备上已无遗留物。

8.2 工作终结报告

终结的线路或设备	报告方式	工作许可人	工作负责人签名	终结报告时间
				年　月　日　时　分
				年　月　日　时　分

9. 备注_____

四、人员准备

工作票负责人、签发人、工作票许可人、运维人员。

带电作业人员要求：带电专业工作票签发人、工作负责人、专责监护人应由具有带电作业上岗资格且有实践经验的人员担任。专责监护人是为加强作业现场危险点管控而设立的，作用不同于工作负责人（监护人），需明确工作票中被监护人员和监护范围。专责监护人不得参加工作。

五、场地准备

具有电网省属公司内网环境的机房（有可登录 PMS2.0 系统内网的电脑）。

任务实施

一、任务流程图

带电作业工作票开票、签发、许可、执行、归档流程图如图 5-27 所示。

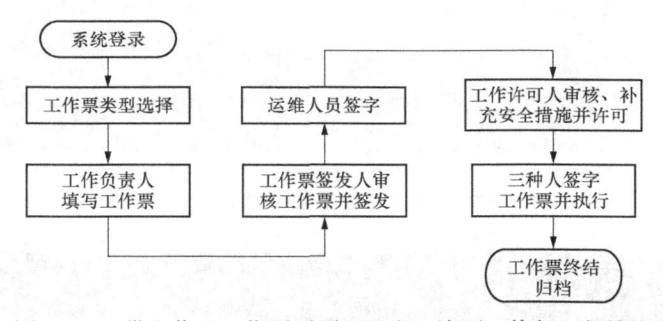

图 5-27　带电作业工作票开票、签发、许可、执行、归档流程图

二、操作步骤

（1）工作票开票。工作负责人登录 PMS2.0 系统，打开"系统导航"—"运维检修中心"—"电网运维检修管理"—"工作票管理"—"工作票开票"，工作票开票界面如图 5-28 所示。

打开工作票开票菜单，在左侧导航树选择"个人文件夹"—"草稿箱"，单击"新建"按钮，弹出新建票对话框，新建票菜单界面如图 5-29 所示。

选择票种类为带电作业工作票，"是否委外票"选择否，"电站/线路"选择"10kV 总督署线"，"工作任务单"关联已安排的"10kV 总督署线 16 号杆接引流线"任务，"作业类型"选择"线路"，关联已安排任务界面如图 5-30 所示。

167

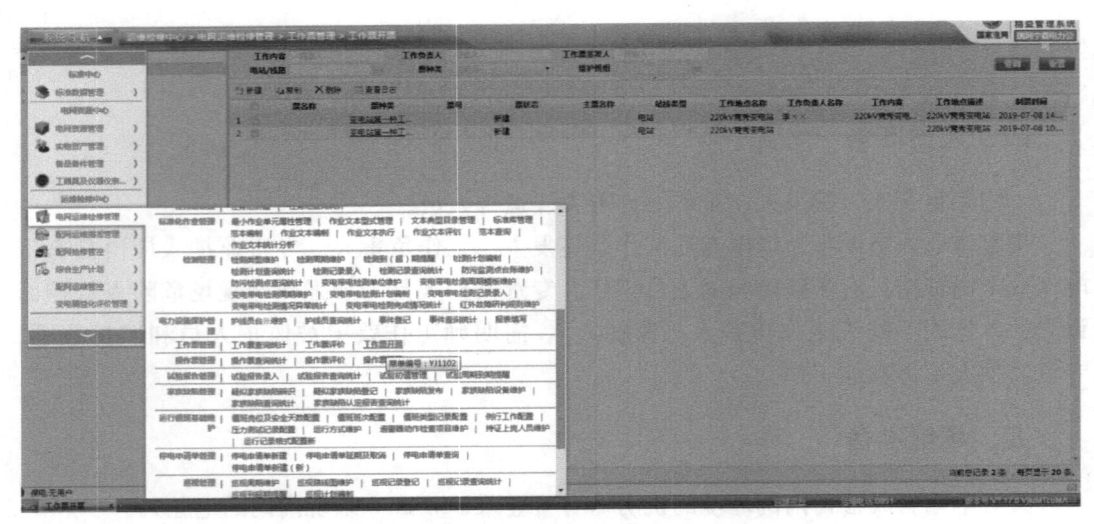

图 5-28 工作票开票界面

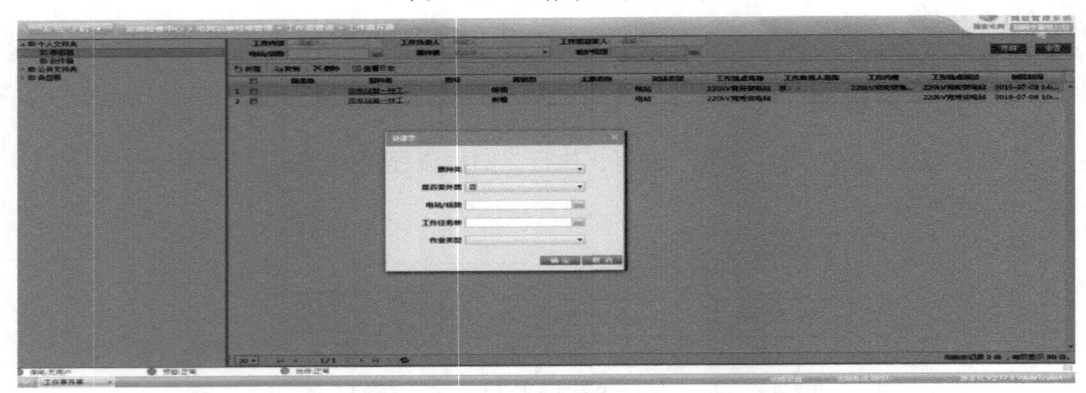

图 5-29 新建票菜单界面

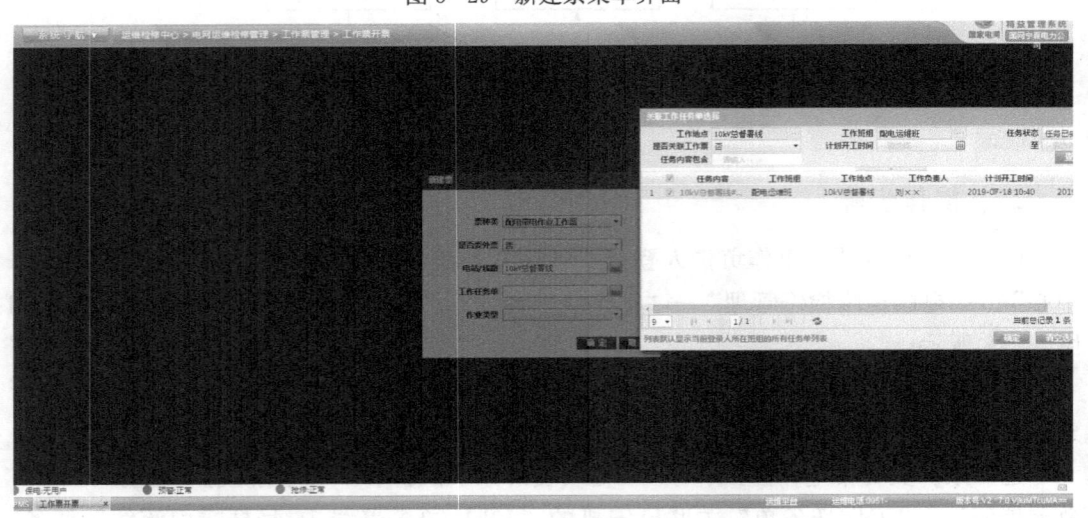

图 5-30 关联已安排任务界面

工作票开票页面信息填写完成后,单击"确定"后,页面跳到工作票票面,工作票开票页面如图5-31所示。

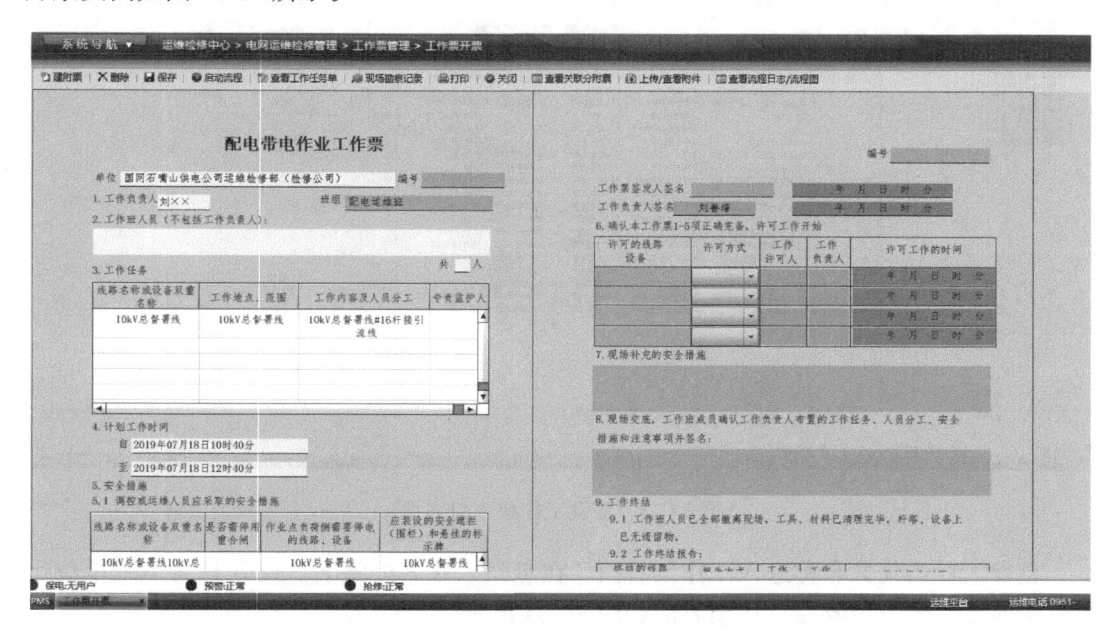

图5-31 工作票开票页面

填写完成后,单击"保存",系统弹出"确定保存该票"对话框,点击"启动流程"按钮,发送至工作票签发人。工作票保存界面如图5-32所示。

图5-32 工作票保存界面

(2)执行工作票。
1)签发工作票。签发人登录PMS2.0系统,在待办任务中查看需处理的工作票信息，签发工作票入口界面如图 5-33 所示。

图 5-33 签发工作票入口界面

签发人双击任务名称进入工作票界面，在签发人签名处签名。此处只需运维单位运检班组签发。签发人签发工作票界面如图 5-34 所示。

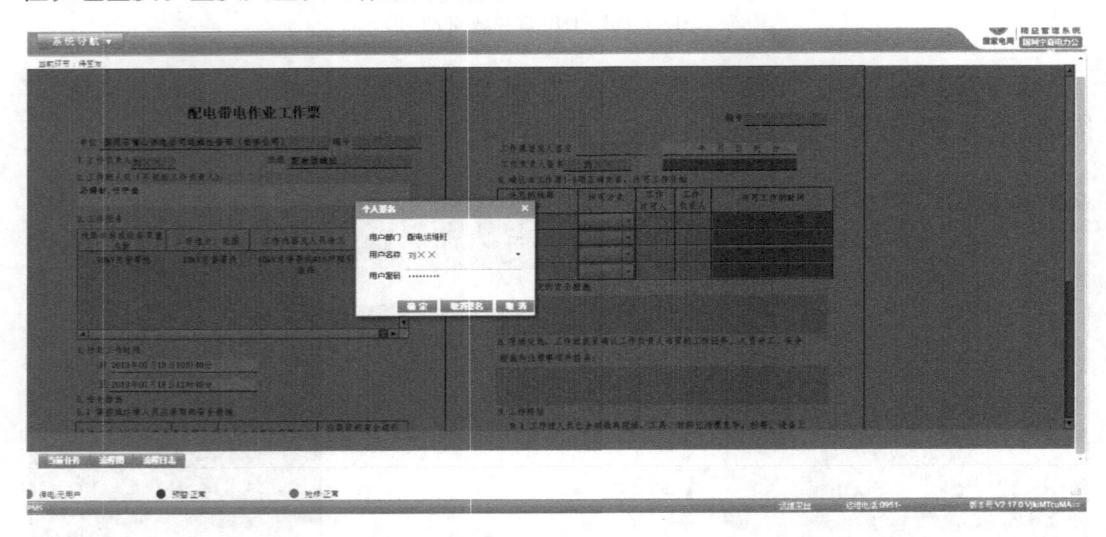

图 5-34 签发人签发工作票界面

票面填写完整准确后，点击"保存并发送"按钮，发送至运维人员接票。工作票待接票界面如图 5-35 所示。

运维人员接票后，填写运维人员及负责人信息，单击"保存并发送"按钮，发送至工作许可人许可工作。工作票发送许可环节界面如图 5-36 所示。

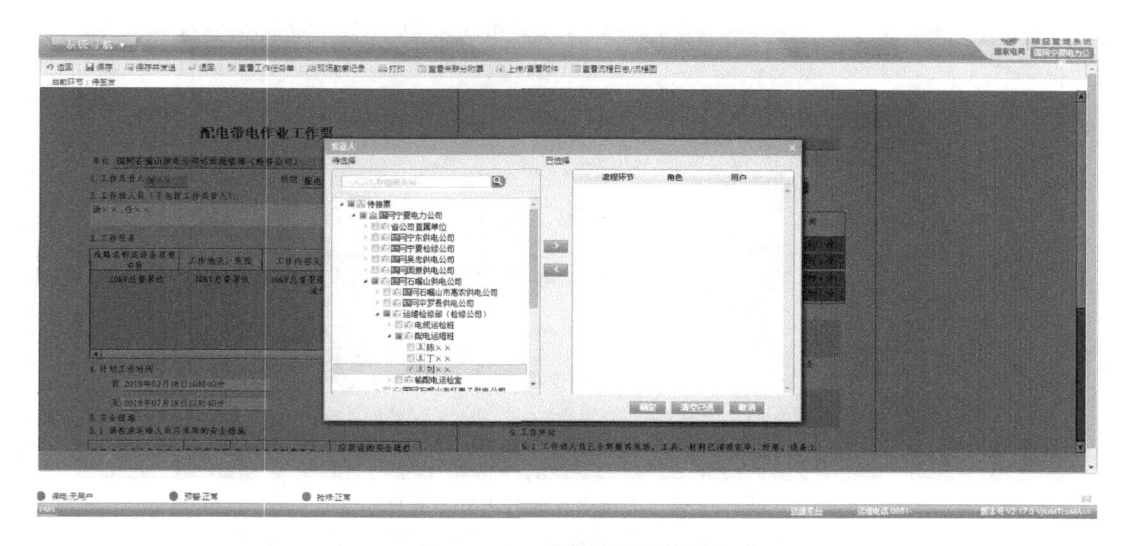

图 5-35　工作票待接票界面

图 5-36　工作票发送许可环节界面

2）许可工作票。工作许可人签名许可工作，并补充安全措施，填写许可工作时间。工作票发送许可环节界面如图 5-37 所示。

许可完成后，发送至票待终结环节。工作票发送至待终结环节界面如图 5-38 所示。

3）终结工作票。在工作票待终结环节，工作班组成员要确认工作负责人布置的工作任务和安全措施是否到位、合理，并签字；工作负责人、许可人在工作票终结待签区签名。工作票待终结环节界面如图 5-39 所示。

信息填写完成后，点击"保存并发送"按钮，发送后为终结状态。工作票终结界面如图 5-40 所示。

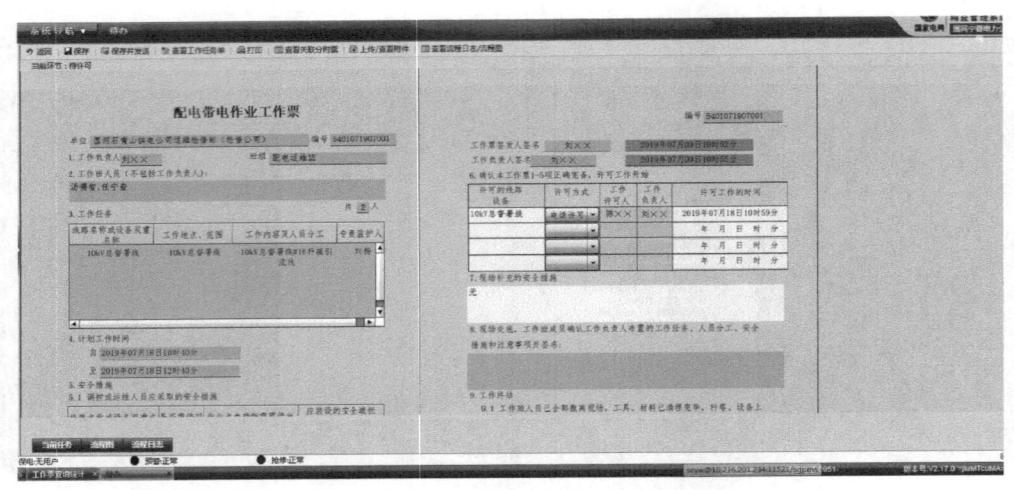

图 5-37　工作票发送许可环节界面

图 5-38　工作票发送至待终结环节界面

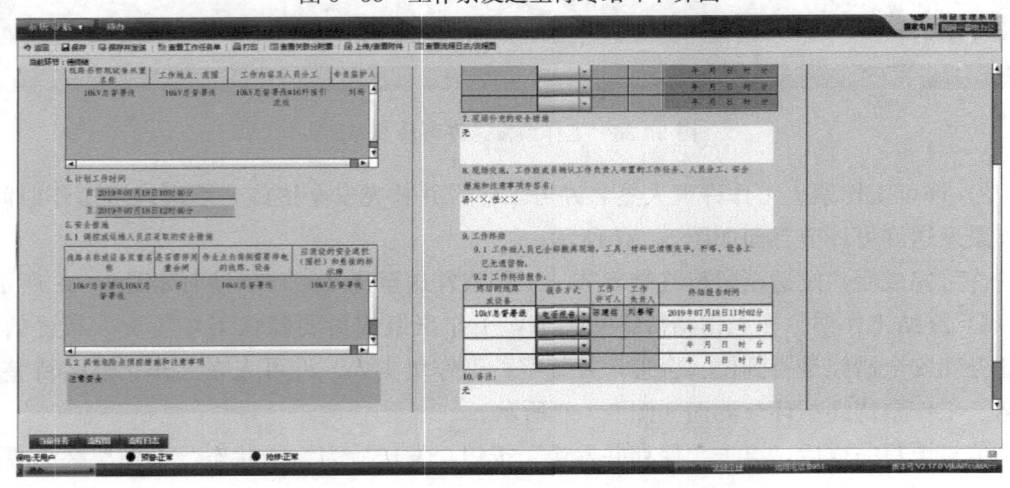

图 5-39　工作票待终结环节界面

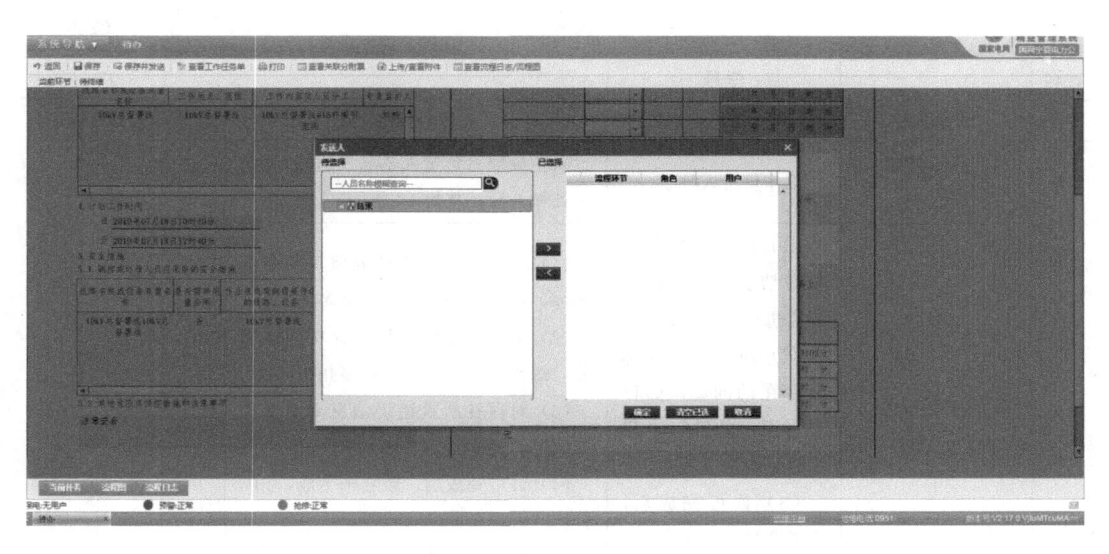

图 5-40　工作票终结界面

任务评价

带电作业工作票开票、签发、许可、执行、归档任务评价表见表 5-5。

表 5-5　带电作业工作票开票、签发、许可、执行、归档任务评价表

姓名		学号					
序号	评分项目	评分内容及要求	评分标准	扣分	得分	备注
1	预备工作 (5 分)	(1) 正确安装 PMS 2.0 系统。 (2) 正确登录 PMS 2.0 系统。 (3) 正确打开工作票开票菜单	(1) 未按电脑操作系统安装对应版本的谷歌浏览器,扣 2 分。 (2) 安装完成后,PMS2.0 系统无法打开,扣 2 分。 (3) 未打开正确开票菜单,扣 1 分			
2	工作票 新建 (25 分)	(1) 开票时关联正确工作任务单。 (2) 票面工作任务填写规范	(1) 未关联正确工作任务单或未关联工作任务单,扣 5 分。 (2) 票面工作任务填写不规范,扣 10 分。 (3) 注意事项未填写,扣 10 分			
3	工作票 签发 (10 分)	签发人签发工作票	(1) 签发人未在正确位置签发工作票,扣 5 分。 (2) 签发时间与实际情况不符合,扣 5 分			

续表

姓名		学号				
序号	评分项目	评分内容及要求	评分标准	扣分	得分	备注
4	工作票接票 (10分)	工作负责人签字	未正确填写负责人签名及时间，每错一处扣5分，共扣10分			
5	工作票许可 (30分)	(1) 核查工作任务填写情况，如存在错误需进行流程回退。 (2) 对安全措施部分存在的问题，如存在错误，需进行流程回退。 (3) 许可完成后，生成票号。 (4) 许可工作时间填写正确	(1) 未检查出工作任务填写不规范部分，每错一处扣1分，最多扣5分。 (2) 未检查出安全措施存在问题部分，每错一处扣2分，最多扣10分。 (3) 对存在严重错误信息未发现且未回退，扣5分。 (4) 许可完成后，票号未生成，扣5分。 (5) 许可时间填写不符合范围，扣5分			
6	工作票终结 (15分)	(1) 班组成员要确认工作负责人布置的工作任务和安全措施是否到位、合理，并签字。 (2) 工作负责人、许可人在工作票终结待签区签名。 (3) 填写正确的终结报告时间。 (4) 正确终结工作票	(1) 负责人与前一环节填写不一致，扣5分。 (2) 工作负责人、许可人未签字，扣5分。 (3) 未正确终结工作票，扣5分			
7	综合素质 (5分)	(1) 着装整齐，精神饱满。 (2) 独立完成相关任务。 (3) 能够完成指导教师的现场提问。 (4) 熟悉工作票安全规定				
8	总分 (100分)					

操作开始时间：　　时　　分
操作结束时间：　　时　　分　　　　　　　　　　　用时：　　分
指导教师

📺 任务扩展

依据上述操作,在 PMS2.0 系统完成 10kV 总督署线电力线路带电作业工作票的开票、签发、许可、终结流程。

步骤:

(1) 工作负责人或者工作票签发人登录 PMS2.0 系统,进入电网运维检修管理—两票管理—工作票开票界面,创建电力线路带电工作票,信息填写完整后发送工作票签发人审核。

(2) 工作票签发人进入 PMS2.0 系统待办事项中,找到需审核的电力线路带电工作票,并按相关规定完成审核,发送接票人(工作负责人或者运维班组人员)进行接票。

(3) 接票人进入 PMS2.0 系统待办事项中,找到待接票的电力线路带电工作票,按要求完成接票信息填写并发送工作许可人。

(4) 许可人进入 PMS2.0 系统待办事项中,找到待许可的电力线路带电工作票进行许可。许可后在工作现场,根据工作内容开展工作,开工前工作负责人、工作许可人确认安全措施完整并签名。签名后将票发送工作负责人(或工作票许可人)进行终结。

(5) 工作负责人(或工作票许可人)进入 PMS2.0 系统待办事项中,找到待终结的电力线路带电工作票进行终结,终结信息填写完整后将票流转至结束。

任务四 工作票的查询、统计管理

📺 任务目标

掌握工作票查询、统计功能。

📺 任务描述

该任务主要是班组人员在 PMS2.0 系统中完成 2019 年 220kV 竞秀变电站第一种工作票工作任务、执行情况、工作票状态的查询及统计工作。

📺 任务准备

一、知识准备

1. 业务知识

(1) 工作票查询菜单可按照不同维度及条件查询统计所有票类型数据及工作票执行

情况。如根据票类型、票种类、票状态、制票单位、票号、制票时间、专业类型等条件进行查询。统计工作票可按地市、工作班组、变电站、工作负责人、工作票签发人、工作开工许可人、工作终结许可人等进行统计。

（2）工作票执行存在下列情况之一的统计为不合格：

1）工作票未正确编号、严重破损、丢页或丢失。

2）工作票所列各类人员资格不符合《安规》要求，签名不规范或漏签。

3）使用总、分工作票时，工作班人员填写错误。

4）设备双重名称、工作地点、工作内容填写不规范，或与实际作业不相符。

5）计划工作时间、工作内容与调度停电计划批复不相符。

6）工作票计划、签发、送达、许可、延期、工作终结、工作票终结等时间填写逻辑错误。

7）安全措施、工作地点保留带电部分，注意事项填写明显缺失，一次、二次设备双重名称与实际不相符。例如：已装接地线无编号、接地位置不明确；未按规定装设遮拦和悬挂标示牌；未指明工作地点保留带电部分，使用特种车辆未交代安全注意事项，临近带电部分未填写双重名称等。

8）应执行而未执行"双签发"的工作票。

9）工作班组人员签名与工作票所列工作班人员不一致且未办理增添、离去手续，或是与实际参与作业人员不一致。

10）工作负责人变动、作业人员变动、工作票延期、每日开工和收工等执行不符合规定。

11）一个工作负责人同时执行两张及以上工作票，同一名工作班成员同一时间出现在执行中的两张及以上工作票上。

（3）"工作终结""工作票终结"栏目内容填写与现场实际不相符或错误。

1）"备注"栏目填写不规范，应指定专责监护人时未指定，指定专责监护人未明确监护地点和具体工作，"其他事项"填写不符合本规定要求。

2）工作票填写字迹潦草模糊，一张工作票错、漏两处及以上。

3）"已执行、未执行、作废"等印章使用不正确。

4）已执行票、未执行票、作废票未归档统计。

2. 系统知识

需确保使用账号具备工作票查询统计功能菜单的权限。

二、工具准备

Win7 版本电脑（32/64）、Google 浏览器（32/64）、PMS2.0 客户端、PMS2.0 培训环境。

三、资料准备

准备具备工作票查询统计功能菜单权限的人员账号及该单位制定的两票安全规定。

四、人员准备

具有 PMS2.0 系统工作票查询权限的人员。

五、场地准备

办公室或培训室（可登录 PMS2.0 系统内网的电脑）。

任务实施

一、任务流程图

工作票的查询、统计管理流程图如图 5-41 所示。

系统登录 → 选择统计或查询的票类型 → 选择制票时间 → 查看票状态 → 查询统计

图 5-41　工作票的查询、统计管理流程图

二、操作步骤

（1）选择工作票查询条件。登录 PMS2.0 系统，打开"系统导航"—"运维检修中心"—"电网运维检修管理"—"工作票管理"—"工作票查询统计"，工作票查询统计菜单界面如图 5-42 所示。

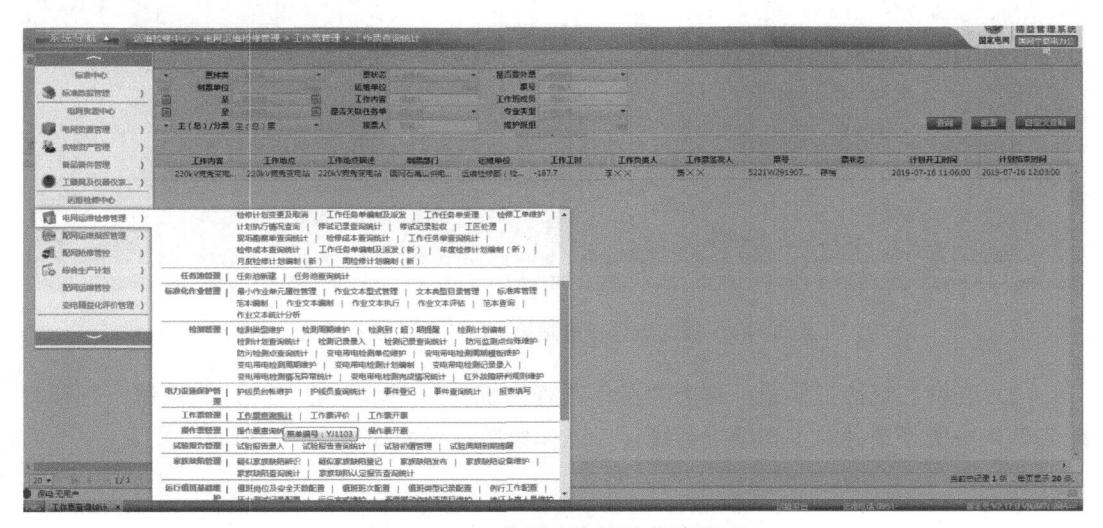

图 5-42　工作票查询统计菜单界面

选择票类型为"变电第一种工作票",根据"制票时间"筛选220kV竞秀变电站第一种工作票,查询竞秀变电站第一种工作票界面如图5-43所示。

图5-43 查询竞秀变电站第一种工作票界面

单击打开票面,单击"查看流程日志/流程图"按钮,查看票当前执行情况及状态,查询竞秀变电站第一种工作票状态界面如图5-44所示。

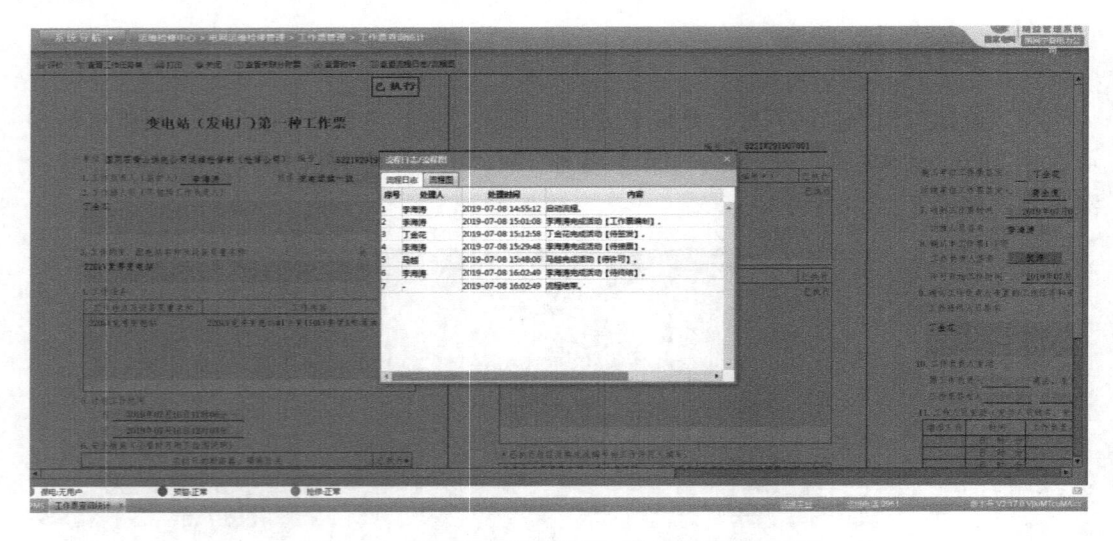

图5-44 查询竞秀变电站第一种工作票状态界面

(2)查询、统计工作票。点击"工作票查询统计"菜单下的"统计"按钮,打开统计菜单,按所需条件对工作票进行统计,工作票统计界面如图5-45所示。

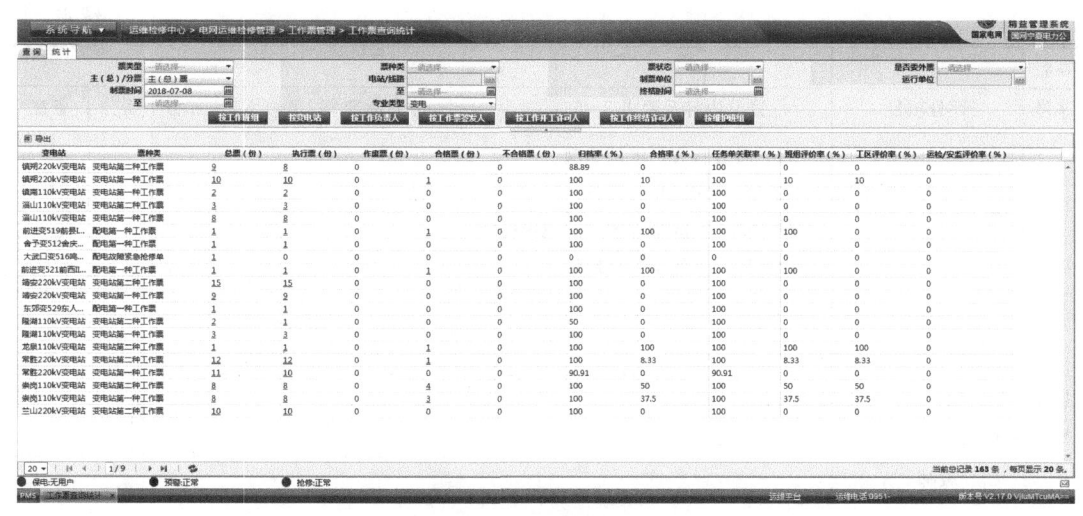

图 5-45　工作票统计界面

任务评价

工作票的查询、统计管理任务评价表见表 5-6。

表 5-6　　　　　　　　工作票的查询、统计管理任务评价表

姓名			学号				
序号	评分项目	评分内容及要求		评分标准	扣分	得分	备注
1	预备工作 (14 分)	(1) 正确安装 PMS2.0 系统。 (2) 正确登录 PMS2.0 系统。 (3) 正确打开工作票开票菜单		(1) 未按电脑操作系统安装对应版本的谷歌浏览器，扣 4 分。 (2) 安装完成后，PMS2.0 系统无法打开，扣 4 分。 (3) 未打开正确工作票查询统计菜单，扣 6 分			
2	工作票查询 (36 分)	(1) 查询出 2019 年 7 月变电站第一种工作票明细。 (2) 查询出 2019 年 7 月作废票明细。 (3) 查询出 2019 年 7 月配电带电作业票归档明细		未按要求核查票明细数据，每错一项扣 12 分			
3	工作票统计 (40 分)	(1) 按变电站统计 2019 年变电站第一种工作票正常票数量。 (2) 按工作班组统计 2019 年 7 月配电第二种工作票归档率		未按要求统计票数量，每错一项扣 20 分			

179

续表

姓名		学号				
序号	评分项目	评分内容及要求	评分标准	扣分	得分	备注
4	综合素质（10分）	（1）着装整齐，精神饱满。 （2）独立完成相关任务。 （3）能够完成指导教师的现场提问。 （4）熟悉工作票安全规定				
5	总分 （100分）					

操作开始时间：　　时　　分　　　　　　　　　　　用时：　　分
操作结束时间：　　时　　分

| 指导教师 | |

任务扩展

在 PMS2.0 系统中完成 2019 年第二季度 110kV 莲池变电站工作票种类为带电作业工作票、票状态为已终结的工作票查询。

步骤：进入 PMS2.0 系统，进入电网运维检修管理—工作票管理—工作票查询统计界面，按照要求输入查询条件，查询带电作业工作票。

对于工作票查询统计菜单，可进行工作票准确性核查，关于准确性核查的参考规则如下：

（1）工作票计划开始时间应早于计划结束时间。
（2）工作票许可工作时间应介于计划开始时间与工作终结时间之间。
（3）工作票归档时间要在终结时间 5 天之内。
（4）工作票签发时间应早于计划开始时间。
（5）工作票接票时间应介于工作票签发时间与许可工作时间之间。
（6）对于延期的工作票，工作票终结时间应介于许可工作时间与延期时间之间。
（7）对于无延期的工作票，工作票终结时间应介于许可工作时间与终结时间之间。
（8）整张票中，若工作负责人未变更，则票面中负责人均为同一人。
（9）工作工时小于 10min 为超短工时，核查方法为：（终结时间－许可工作时间）×24×工作班人数＜0.17h。
（10）人均工作工时大于 30 天（720h）为超长工时，核查方法为：（终结时间－许可工作时间）×24＞720h。

任务五 工作票的三级评价管理

📋 任务目标

(1) 了解工作票三级评价所对应的部门及三级评价的意义。
(2) 掌握工作票三级评价。

📋 任务描述

该任务主要是工作票管理人员在 PMS2.0 系统中对 2019 年 7 月 220kV 竞秀变电站工作票开展三级评价。

📋 任务准备

一、知识准备

1. 业务知识

工作票三级评价管理主要从班组、工区及运检/安监三个层级对工作票进行评价，旨在坚持以实事求是、客观、公正、真实的原则，避免形式主义，避免弄虚作假，有效核查缺项、漏填或填写不规范等不合格工作票。

2. 系统知识

掌握 PMS2.0 系统 B/S 端的安装。掌握班组、工区及运检/安监 3 个单位具备工作票评价权限的人员信息，确保整个评价流程可正常执行。

二、工具准备

Win7 版本电脑（32/64）、Google 浏览器（32/64）、PMS2.0 客户端、PMS2.0 培训环境。

三、资料准备

准备需评价工作票线下纸质材料信息及该单位制定的两票安全规定。

四、人员准备

班组人员、工区负责人、安监负责人。

五、场地准备

具有电网省属公司内网环境的机房（有可登录 PMS2.0 系统内网的电脑）。

任务实施

一、任务流程图

工作票的三级评价管理流程图如图 5-46 所示。

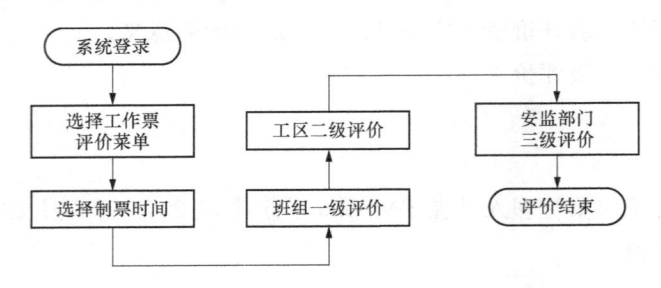

图 5-46 工作票的三级评价管理流程图

二、操作步骤

（1）选择待评价的工作票。登录 PMS2.0 系统，打开"系统导航"—"运维检修中心"—"电网运维检修管理"—"工作票管理"—"工作票评价"，工作票评价菜单路径界面如图 5-47 所示。

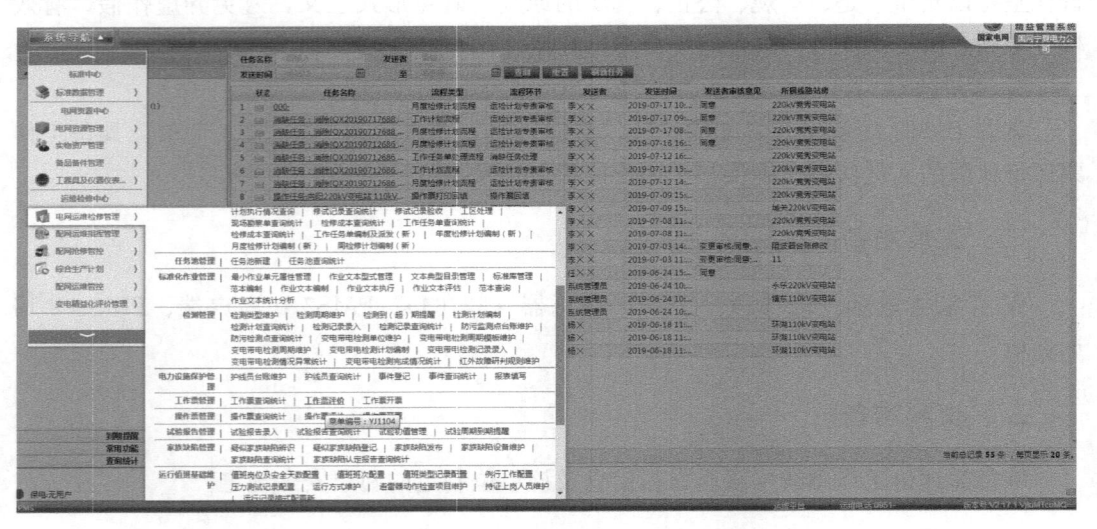

图 5-47 工作票评价菜单路径界面

打开"工作票评价"菜单，"电站/线路"选择 220kV 竞秀变电站，制票时间选择 2019 年 7 月，点击"查询"按钮，查询出需评价工作票，查询需评价的工作票界面如图 5-48 所示。

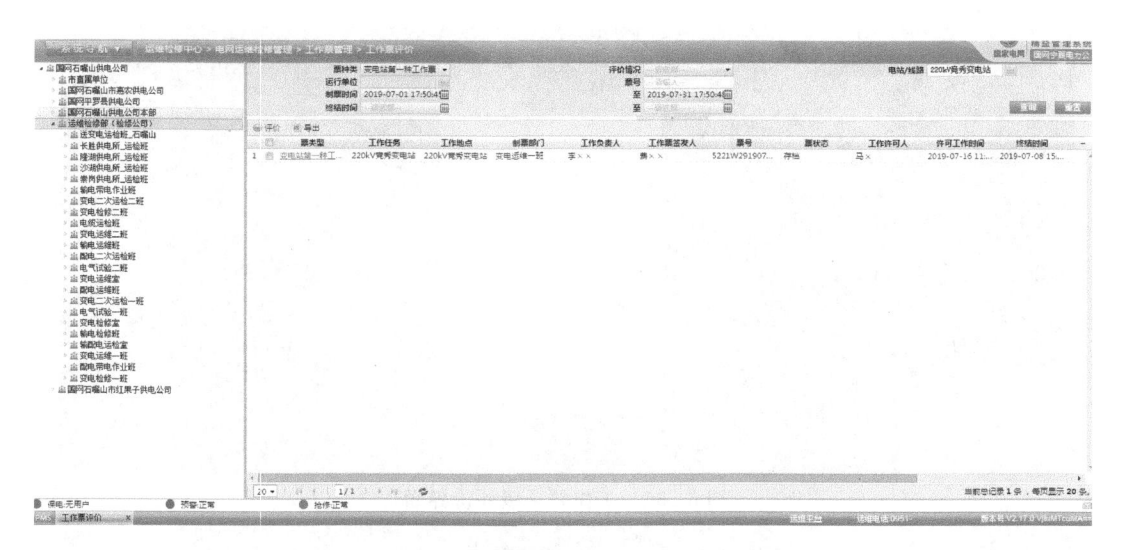

图 5-48 查询需评价的工作票界面

选择需评价的 220kV 竞秀变电站变电第一种工作票，点击"评价"按钮，工作票评价界面如图 5-49 所示。

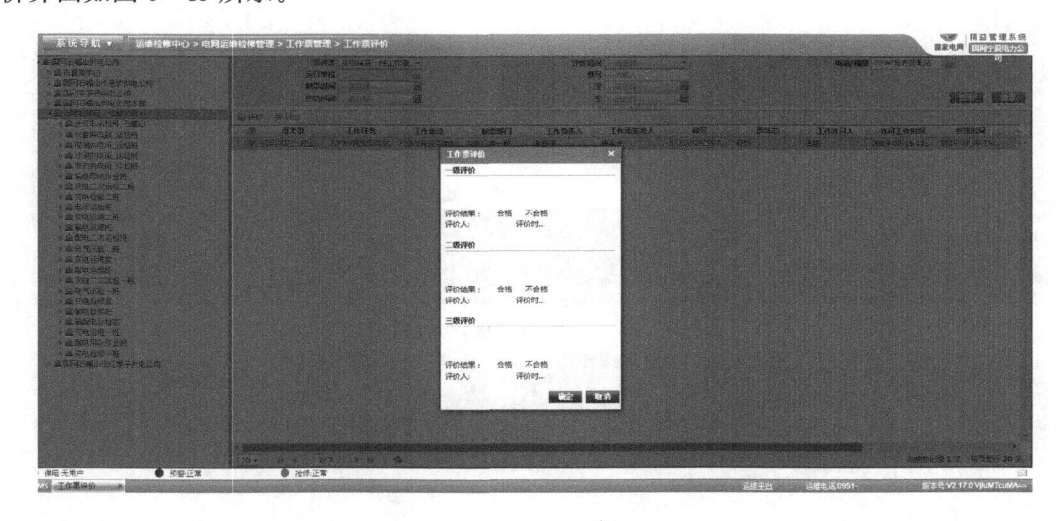

图 5-49 工作票评价界面

(2) 工作票三级评价。在"工作票评价"菜单中，由班组人员填写一级评价信息，工作票一级评价界面如图 5-50 所示。

工区负责人登录 PMS2.0 系统，打开"工作票评价"菜单，填写二级评价信息，工作票二级评价界面如图 5-51 所示。

安监部负责人登录 PMS2.0 系统，打开"工作票评价"菜单，填写三级评价信息，工作票三级评价界面如图 5-52 所示。

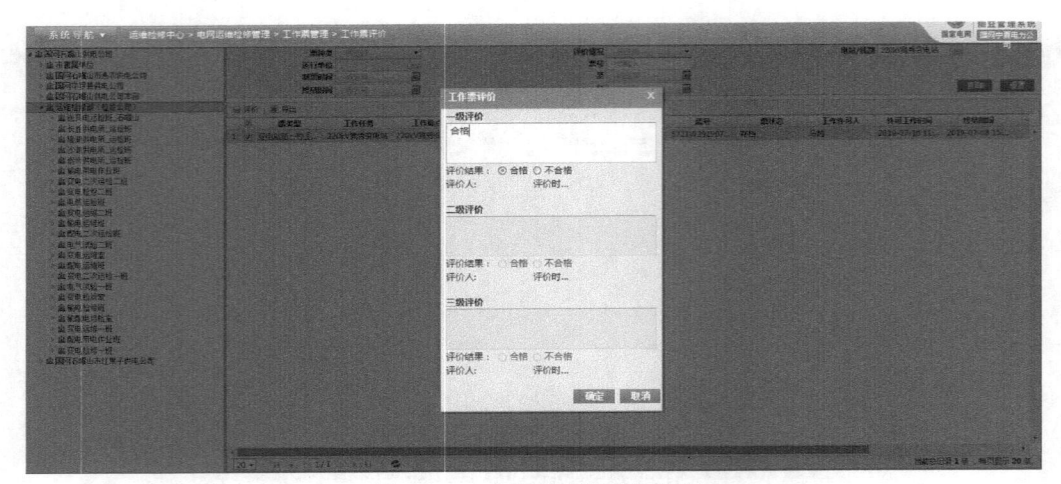

图 5-50　工作票一级评价界面

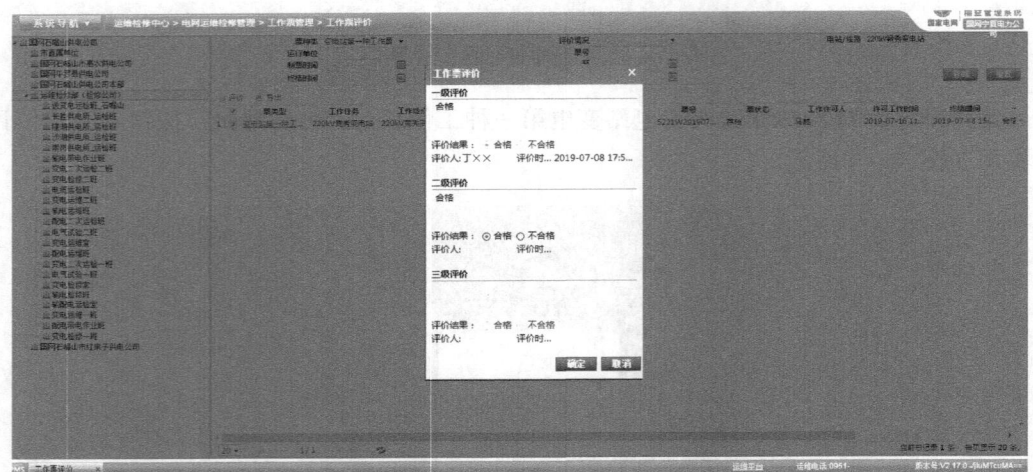

图 5-51　工作票二级评价界面

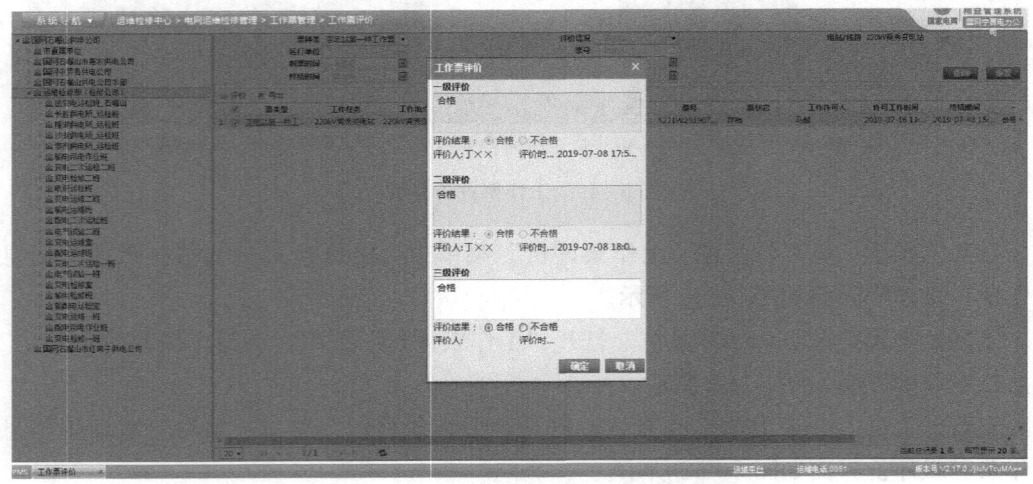

图 5-52　工作票三级评价界面

任务评价

工作票的三级评价管理任务评价表见表 5-7。

表 5-7　　　　　　　　　工作票的三级评价管理任务评价表

姓名		学号					
序号	评分项目	评分内容及要求	评分标准	扣分	得分	备注	
1	预备工作 （10分）	（1）正确安装 PMS 2.0 系统。 （2）正确登录 PMS 2.0 系统。 （3）正确打开工作票开票菜单	（1）未按电脑操作系统安装对应版本的谷歌浏览器，扣 3 分。 （2）安装完成后，PMS2.0 系统无法打开，扣 3 分。 （3）未打开正确工作票评价菜单，扣 4 分				
2	工作票一级评价 （25分）	（1）查询出需评价的工作票。 （2）核查票面信息准确性。 （3）进行工作票一级评价	（1）未按要求核查出需评价的票信息，扣 10 分。 （2）未核查出票面错误信息，每出错一处扣 2 分，最多扣 10 分。 （3）未成功进行工作票一级评价，扣 5 分				
3	工作票二级评价 （25分）	（1）查询出需评价的工作票。 （2）核查票面信息准确性。 （3）进行工作票二级评价	（1）未按要求核查出需评价的票信息，扣 10 分。 （2）未核查出票面错误信息，每出错一处扣 2 分，最多扣 10 分。 （3）未成功进行工作票二级评价，扣 5 分				
4	工作票三级评价 （30分）	（1）查询出需评价的工作票。 （2）核查票面信息准确性。 （3）进行工作票三级评价	（1）未按要求核查出需评价的票信息，扣 5 分。 （2）未核查出票面错误信息，每出错一处扣 2 分，最多扣 20 分。 （3）未成功进行工作票三级评价，扣 5 分				
5	综合素质 （10分）	（1）着装整齐，精神饱满。 （2）独立完成相关任务。 （3）能够完成指导教师的现场提问。 （4）熟悉工作票安全规定					
6	总分 （100分）						
操作开始时间：　　时　　分 操作结束时间：　　时　　分						用时：　　分	
指导教师							

任务扩展

工作票合格率计算方法：在 PMS2.0 系统中统计某供电公司 2019 年 9 月工作票一级评价、二级评价、三级评价结果，统计班（站）、工区未评价、安监未评价工作票信息。

步骤：进入 PMS2.0 系统，进入电网运维检修管理—工作票管理—工作票评价界面，按照上述要求，输入查询条件，查询工作票评价情况。

相关知识点如下：

（1）工作票合格率计算公式如下：

$$工作票合格率 = \frac{该月已执行合格票数}{该月已执行票数总和} \times 100\%$$

（2）工作票归档及时率计算方法：工作票结束后 5 日内工作票必须归档，包括"计划完成时间"为评价期内已终结的工作票，不包括删除票、作废票、未执行票。计算公式如下：

$$工作票归档及时率 = \frac{及时归档的工作票数}{应归档的工作票总数} \times 100\%$$

（3）工作票与工作任务单关联率计算方法：已许可的工作票与工作任务单需关联，包括"许可开工时间"为评价期内已终结的工作票，不包括删除票、作废票、未执行票。计算公式如下：

$$工作票与工作任务单关联率 = \frac{已关联工作任务单许可开工的工作票数}{已许可开工的工作票总数} \times 100\%$$

情境六

操作票管理

【情境描述】

该情境包含两个任务,分别为 PMS2.0 系统中操作票的执行步骤及流程、操作票的管理工作。核心知识点包括操作票类型、操作票格式。关键技能包括 PMS2.0 系统操作票的开票流程及管理。

【情境目标】

通过该情境学习,应该达到的知识目标为掌握不同类型电气设备倒闸操作的步骤,掌握操作票的类型及填写格式。应该达到的能力目标为掌握 PMS2.0 系统操作票填写要求及开票、打印、执行、回填、终结工作流程,能够在 PMS2.0 系统中开展操作票查询、统计等管理工作。应该达到的态度目标为牢固树立现场倒闸操作的安全意识及风险防控意识。

任务一 操作票开票、审核、执行、归档

任务目标

(1) 了解电力系统倒闸操作的意义。
(2) 掌握变电站(发电厂)倒闸操作票的开票流程。

任务描述

该任务主要是变电站(发电厂)运行人员在 PMS2.0 系统中完成 110kV 竞莲一线停电检修操作票开票、审核、执行、归档工作。检修操作票见附录 H。

任务准备

一、知识准备

(一) 操作票及成票规则

(1) 操作票:将电气设备由一种运行方式转换为另一种运行方式的操作依据,操作

步骤体现了设备状态转换过程的先后顺序和注意事项,严格执行操作票制度是保证人身、电网、设备安全的重要措施。

(2) 成票规则。

1) 变电站(换流站)操作票应优先使用 PMS2.0 系统办理。

2) 执行顺控操作(或程序化操作)的操作票应使用相应技术支持系统办理。顺控操作票成票方式包括智能成票、图形成票和手工拟票。设备停电的顺控操作票由监控员成票,设备送电的顺控操作票由变电运维人员成票。线路送电顺控操作票在线路充电端成票,线路停电顺控操作票在线路解环侧成票。

(二) 操作票应填入的内容

操作票应由操作人根据值班调控人员或运维负责人发布的指令(预令)填写。操作顺序应根据操作任务、现场运行方式进行,可参照变电站典型操作票内容进行填写,填写操作票时应注意以下内容。

(1) 应拉合的设备(断路器、隔离开关、手车式开关、接地开关等),需验电,装拆接地线,合上(安装)或断开(拆除)控制回路或电压互感器回路的空气开关、熔断器,切换保护回路和自动化装置及检验是否确无电压等。

(2) 拉合设备(断路器、隔离开关、手车式开关、接地开关等)后检查设备的位置。

(3) 进行停、送电操作时,在拉合隔离开关、拉出或推入手车式开关前,检查断路器确在分闸位置。

(4) 在进行倒负荷或解、并列操作前后,检查相关电源运行及负荷分配情况。

(5) 设备检修后合闸送电前,检查送电范围内接地开关已拉开,接地线已拆除。

(6) 高压直流输电系统启停、功率变化及状态转换,控制方式改变、主控站转换,控制、保护系统投退,换流变压器冷却器切换及分接头手动调节。

(7) 阀冷却、阀厅消防和空调系统的投退、方式变化等操作。

(8) 直流输电控制系统对断路器进行的锁定操作。

(9) 保护及安全自动装置软压板、硬压板的投退操作。

(10) 各类方式开关、控制电源、合闸电源的操作,变压器风冷系统、有载调压装置、充氮灭火装置等投退操作。

(11) 所用系统低压备自投、低压侧断路器、低压侧隔离开关的操作。

二、工具准备

Win7 版本电脑(32/64)、Google 浏览器(32/64)、PMS2.0 客户端、PMS2.0 培训环境。

三、资料准备

准备变电站(发电厂)倒闸操作票票面需填写的信息。准备倒闸操作票的基本术语及该单位制定的两票安全规定。

变电站（发电厂）倒闸操作票格式如下。

变电站（发电厂）倒闸操作票格式

单位_____ 　　　　　　　　　编号_____

发令人		受令人		发令时间	年　月　日　时　分
操作开始时间： 　年　月　日　时　分				操作结束时间： 　年　月　日　时　分	

（　）监护下操作　　　（　）单人操作　　　（　）检修人员操作

操作任务：

顺　序	操作项目	时间	√

备注：

操作人：　　　　监护人：　　　　运维负责人（值长）：

四、人员准备

（1）发令人：操作指令的必要性和安全性；按操作指令票正确下达指令；核对受令人复诵操作指令无误，存在疑问应予以明确。

（2）受令人：了解操作目的和操作顺序；正确接受操作指令，并复诵与发令人核对无误；负责检查操作指令是否正确，是否符合现场实际，存在疑问应向发令人提出；将操作指令正确传达给操作人、监护人。

（3）操作人：

1）熟悉工作接地线的正确操作方法，了解操作目的和操作顺序，明确操作中的危险点和安全注意事项。

2）按照操作指令正确填写电力线路倒闸操作票。

3）严格执行监护复诵制度，认真核对装设工作接地线的线路名称、编号和双重称号。

4）操作中产生疑问，应立即停止操作，并向监护人提出疑问，在没有解决疑问前禁止继续操作，必要时向上级报告。

5）正确使用操作工器具和安全工器具，正确装设工作接地线。

（4）监护人：

1）熟悉工作接地线操作步骤和方法，明确操作中的危险点和安全注意事项，操作前必须向操作人进行安全技术交底。

2）检查电力线路倒闸操作票填写是否正确，是否符合现场设备实际。

3）严格执行唱票制度，按操作票顺序逐项发出操作令，监督操作人核对装设工作接地线的线路名称、编号和双重称号。

4）操作中产生疑问，应立即停止操作并向发令人报告，待发令人再行许可后，方可进行操作。

5）监督操作人正确使用操作工器具和安全工器具，正确装设工作接地线。

（5）运维负责人（值长）：

1）正确组织倒闸操作（或顺控操作）。

2）检查（顺控）操作票是否正确，是否符合现场设备实际。

3）操作前对现场（顺控）操作人员进行操作任务、操作方案、安全措施交底和危险点告知。

4）监督正确使用顺控操作工作站、操作工器具、防误闭锁装置、安全工器具。

五、场地准备

具有电网省属公司内网环境的机房（有可登录 PMS2.0 系统内网的电脑）。

任务实施

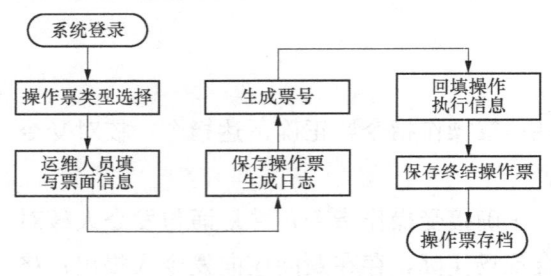

图 6-1 操作票开票、审核、执行、归档流程图

一、任务流程图

操作票开票、审核、执行、归档流程图如图 6-1 所示。

二、操作步骤

（1）操作票开票。变电站运维人员登录 PMS2.0 系统，打开"系统导航"—"运维检修中心"—"电网运维检修管理"—"操作票管理"—"操作票开票"菜单，操作票开票菜单路径界面如图 6-2 所示。

打开"操作票开票"菜单，选择新建票，点击"新建"按钮，弹出新建票菜单，票种类选择"变电站（发电厂）倒闸操作票"，"电站/线路"选择 220kV 竞秀变电站，点击"确定"，操作票开票界面如图 6-3 所示。

页面跳到工作票票面，操作票票面如图 6-4 所示。

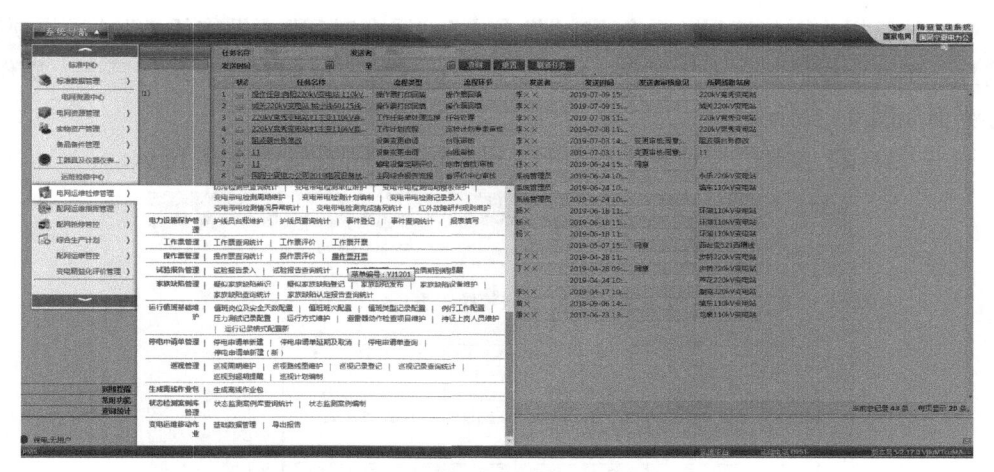

图 6-2 操作票开票菜单路径界面

图 6-3 操作票开票界面

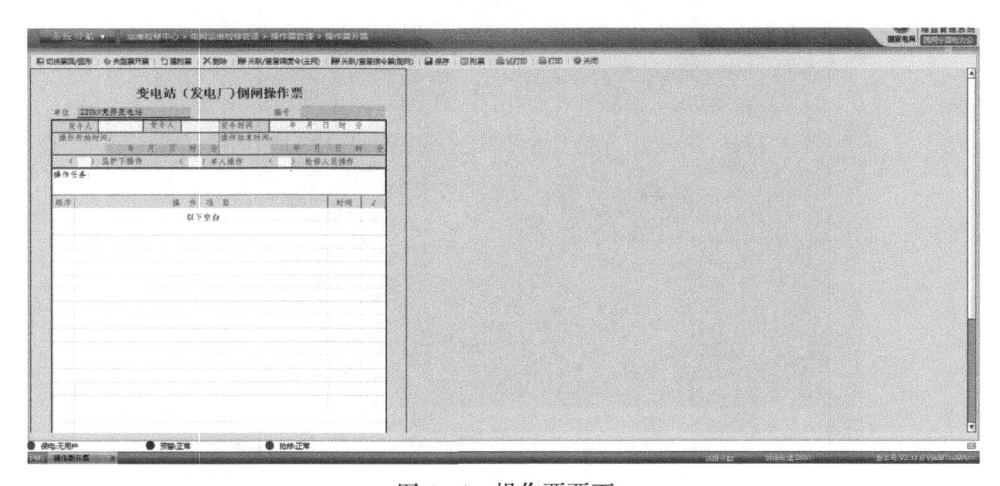

图 6-4 操作票票面

PMS 系统认知实训

（2）执行操作票。填写"受令人""发令人""受令时间""操作任务""操作项目"等信息，填写完成后，点击"保存"按钮。系统提示保存成功且生成运行日志，操作票保存界面如图 6-5 所示。

点击"打印"按钮，生成操作票票号，操作票打印界面如图 6-6 所示。

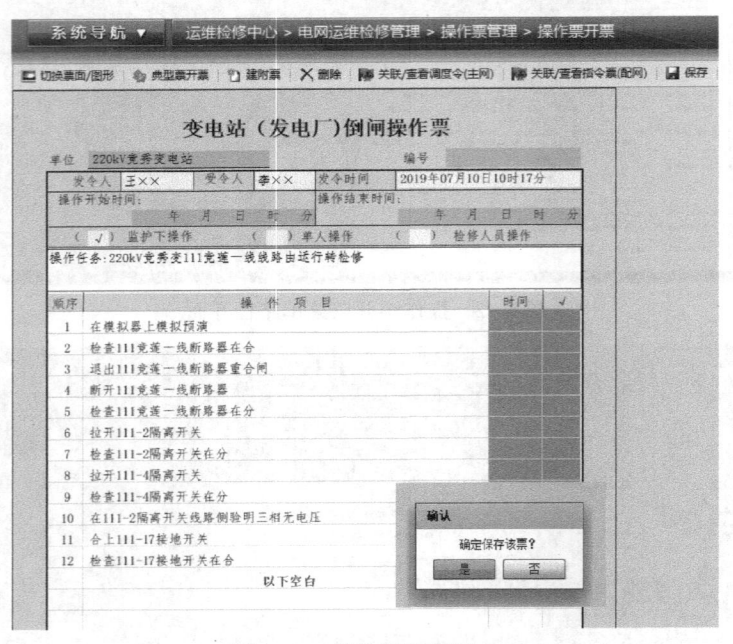

图 6-5 操作票保存界面

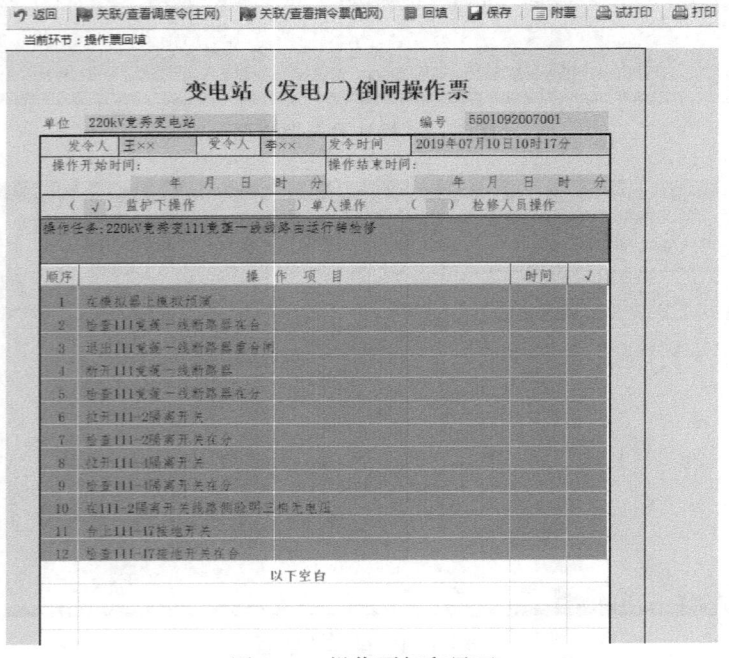

图 6-6 操作票打印界面

点击“回填”按钮，填写操作执行信息及操作开始、结束时间，操作票回填界面如图 6 - 7 所示。

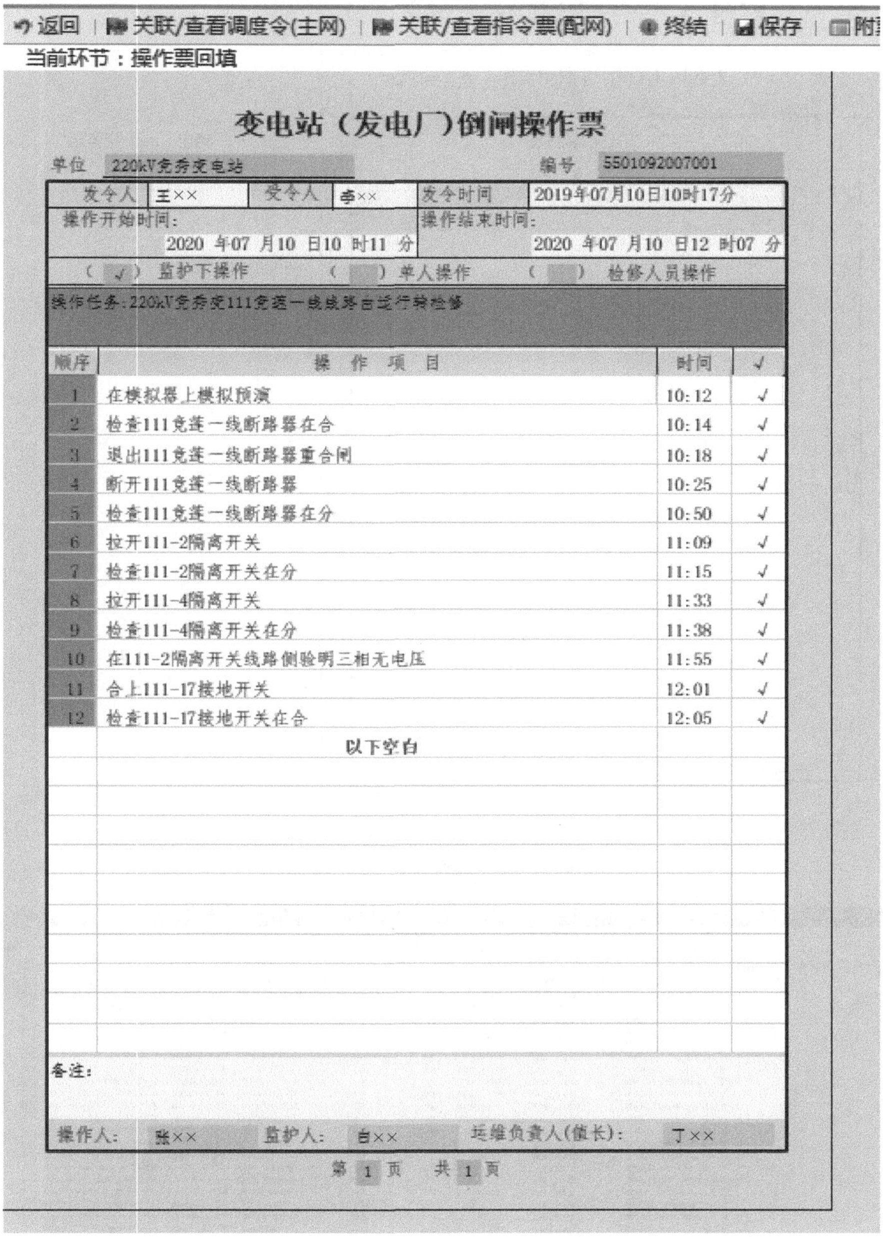
返回 | 关联/查看调度令(主网) | 关联/查看指令票(配网) | 终结 | 保存 | 附

当前环节：操作票回填

变电站（发电厂）倒闸操作票

单位　220kV竞秀变电站　　编号　5501092007001

发令人	王××	受令人	李××	发令时间	2019年07月10日10时17分
操作开始时间: 2020 年07 月10 日10 时11 分				操作结束时间: 2020 年07 月10 日12 时07 分	
（√）监护下操作		（ ）单人操作		（ ）检修人员操作	
操作任务:220kV竞秀变111竞莲一线线路由运行转检修					

顺序	操　作　项　目	时间	√
1	在模拟器上模拟预演	10:12	√
2	检查111竞莲一线断路器在合	10:14	√
3	退出111竞莲一线断路器重合闸	10:18	√
4	断开111竞莲一线断路器	10:25	√
5	检查111竞莲一线断路器在分	10:50	√
6	拉开111-2隔离开关	11:09	√
7	检查111-2隔离开关在分	11:15	√
8	拉开111-4隔离开关	11:33	√
9	检查111-4隔离开关在分	11:38	√
10	在111-2隔离开关线路侧验明三相无电压	11:55	√
11	合上111-17接地开关	12:01	√
12	检查111-17接地开关在合	12:05	√
	以下空白		

备注:

操作人:　张××　　监护人:　白××　　运维负责人(值长):　丁××

第 1 页　　共 1 页

图 6 - 7　操作票回填界面

（3）操作票存档。执行信息填写完成后，点击“保存”按钮进行保存。保存成功后，点击“终结”按钮，系统提示“终结成功”后，弹出“是否关闭票”对话框，点击

"确定",操作票终结界面如图6-8所示。

点击"存档票",确定已终结票状态为存档状态。操作票存档界面如图6-9所示。

图6-8 操作票终结界面

图6-9 操作票存档界面

任务评价

操作票开票、打印、回填、终结任务评价表见表 6-1。

表 6-1　　　　　操作票开票、打印、回填、终结任务评价表

姓名			学号				
序号	评分项目	评分内容及要求		评分标准	扣分	得分	备注
1	预备工作（10分）	（1）正确安装 PMS2.0 系统。 （2）正确登录 PMS2.0 系统。 （3）正确打开操作票开票菜单		（1）未按电脑操作系统安装对应版本的谷歌浏览器，扣 3 分。 （2）安装完成后，PMS2.0 系统无法打开，扣 3 分。 （3）未打开正确操作票开票菜单，扣 4 分			
2	操作票新建（10分）	（1）选择正确的票类型。 （2）选择正确的电站/线路		（1）票类型选择错误，扣 5 分。 （2）电站/线路选择错误，扣 5 分			
3	操作票信息填写（40分）	（1）填写正确的受令人、发令人、受令时间、操作任务。 （2）操作项目填写符合操作票术语		（1）受令人、发令人、受令时间、操作任务未填写正确，扣 5 分。 （2）操作项目填写不符合操作票术语，每处扣 5 分，最多扣 35 分			
4	操作票号生成（5分）	点击"打印"按钮，生成票号		票号未生成，扣 5 分			
5	操作票号回填及终结（25分）	（1）点击"回填"按钮，填写执行信息及操作开始、结束时间。 （2）保存完成后，点击"终结"按钮，进行票终结		（1）执行信息及操作开始、结束时间未填写正确，一处扣 5 分，最多扣 20 分。 （2）未终结票，扣 5 分			
6	综合素质（10分）	（1）着装整齐，精神饱满。 （2）独立完成相关任务。 （3）能够完成指导教师的现场提问。 （4）熟悉操作票安全规定					
7	总分（100分）						
操作开始时间：　　时　　分 操作结束时间：　　时　　分					用时：　　分		
指导教师							

📋 任务扩展

在 PMS2.0 系统中完成 110kV 莲池变电站 10kV1 号电容器的停电检修工作。（见附录 H 检修操作票）

任务要求：票面信息填写完整、准确，票各时间节点之间符合业务逻辑要求。

步骤如下：

（1）操作人登录 PMS2.0 系统，进入电网运维检修管理—两票管理—操作票管理界面，创建变电站倒闸操作票，填写操作任务、操作内容、操作方式等信息；页面信息填写完整后，点击保存按钮。

（2）保存后，操作人点击"打印"按钮，生成票号信息。

（3）票号信息生成后，操作人填写回填信息，票面信息填写完整后，点击终结按钮，完成操作票的归档操作。

操作票填写内容参考规则如下：

（1）应拉合的设备［断路器（开关）、隔离开关（刀闸）、接地开关（装置）等］，验电，装拆接地线，合上（安装）或断开（拆除）控制回路或电压互感器回路的空气开关、熔断器，切换保护回路和自动化装置及检验是否确无电压等。

（2）拉合设备［断路器（开关）、隔离开关（刀闸）、接地开关（装置）等］后检查设备的位置。

（3）进行停、送电操作时，在拉合隔离开关（刀闸）及手车式开关拉出、推入前，检查断路器（开关）确在分闸位置。

（4）在进行倒负荷或解、并列操作前后，检查相关电源运行及负荷分配情况。

（5）设备检修后合闸送电前，检查并确认送电范围内接地开关（装置）已拉开，接地线已拆除。

（6）高压直流输电系统启停、功率变化及状态转换，控制方式改变、主控站转换，控制、保护系统投退，换流变压器冷却器切换及分接头手动调节。

（7）阀冷却、阀厅消防和空调系统的投退、方式变化等操作。

（8）直流输电控制系统对断路器（开关）进行的锁定操作。

任务二　操 作 票 管 理

📋 任务目标

掌握操作票查询、统计功能。

📋 任务描述

该任务主要是操作票管理人员在 PMS2.0 系统中完成 2019 年 7 月 110kV 操作票工作任务、执行情况、工作票状态的查询及统计工作。

📋 任务准备

一、知识准备

操作票查询统计菜单可按照不同维度及条件查询统计所有操作票票类型数据及操作票状态，操作票执行存在下列情况之一的统计为不合格。

（1）操作票未正确编号、严重破损、丢页或丢失。

（2）操作开始时间、操作结束时间填写不规范，或是时间填写逻辑错误。

（3）操作任务填写不明确、错误或未使用双重称号。

（4）操作项目不符合操作任务要求。

（5）操作票相关人员签名不规范或漏签。

（6）操作监护不到位、不唱票、不复诵。

（7）操作跳项、漏项，操作顺序错误（包括顺序号颠倒或涂改）。

（8）未按照操作一项做一个记号"√"的要求进行（如一个项目打二个"√"或打"√"涂改）。

（9）装设接地线前没有验电或验电方法不正确。

（10）接地线无编号，接地位置描述不准确。

（11）已执行票未盖"已执行"章，作废票未盖"作废"章；已执行票、未执行票、作废票未归档统计。

（12）"未执行""以下空白"使用不正确。

（13）操作票填写字迹潦草模糊，一张操作票错、漏两处及以上或是涂改日期、时间、设备名称、编号、动词、设备状态等关键内容。

（14）操作过程中发生红线或严重违章现象的操作票。

二、工具准备

Win7 版本电脑（32/64）、Google 浏览器（32/64）、PMS2.0 客户端、PMS2.0 培训环境。

三、资料准备

准备具备操作票查询统计功能菜单的人员账号。

四、人员准备

具有操作票查询权限的人员。

五、场地准备

具有电网省属公司内网环境的机房（有可登录 PMS2.0 系统内网的电脑）。

任务实施

一、任务流程

操作票管理流程图如图 6-10 所示。

系统登录 → 操作票查询统计 → 选择操作票类型 → 选择制票时间 → 查询统计

图 6-10 操作票管理流程图

二、操作步骤

1. 选择操作票查询条件

登录 PMS2.0 系统，打开"系统导航"—"运维检修中心"—"电网运维检修管理"—"操作票管理"—"操作票查询统计"菜单，操作票查询统计菜单界面如图 6-11 所示。

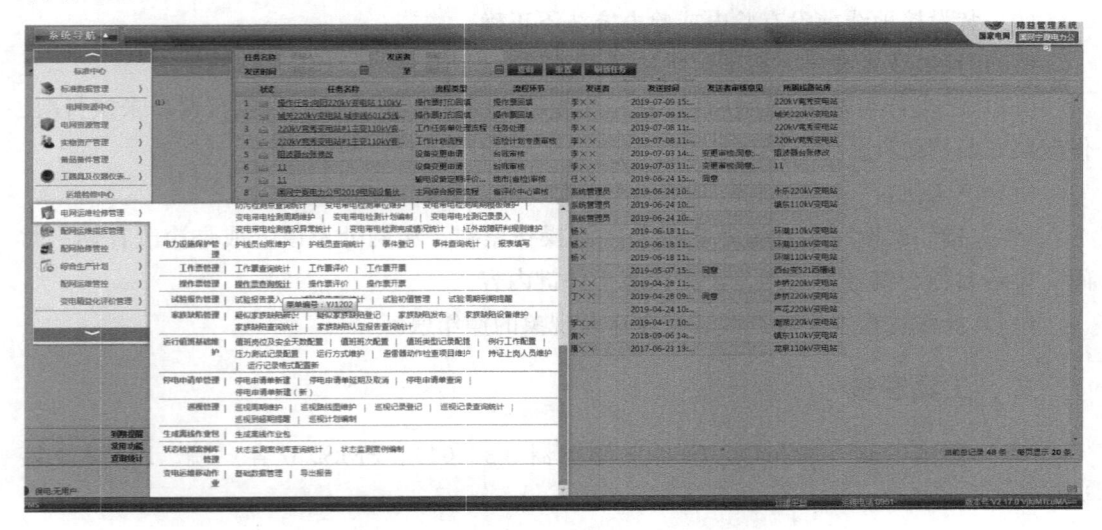

图 6-11 操作票查询统计菜单界面

选择票类型为"变电站（发电厂）倒闸操作票"，根据"操作时间"筛选 220kV 竞秀变电站倒闸操作票，可查询票状态信息，查询变电站（发电厂）倒闸操作票界面如图 6-12 所示。

图6-12 查询变电站（发电厂）倒闸操作票界面

单击打开票面，查看票当前执行情况，查询竞秀变电站倒闸操作票执行状态界面如图6-13所示。

图6-13 查询竞秀变电站倒闸操作票执行状态界面

199

2. 查询、统计工作票

点击"操作票查询统计"菜单下的"统计"按钮，打开统计菜单，按所需条件对操作票进行统计，操作票统计界面如图 6-14 所示。

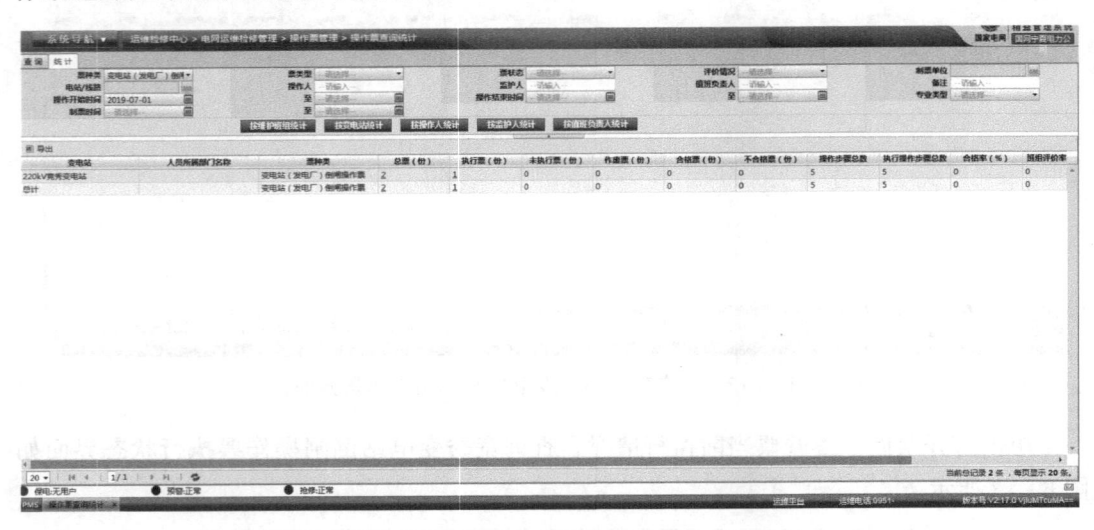

图 6-14 操作票统计界面

任务评价

操作票管理任务评价表见表 6-2。

表 6-2　　　　　　　　　操作票管理任务评价表

姓名		学号				
序号	评分项目	评分内容及要求	评分标准	扣分	得分	备注
1	预备工作 （10 分）	（1）正确安装 PMS 2.0 系统。 （2）正确登录 PMS 2.0 系统。 （3）正确打开操作票开票菜单	（1）未按电脑操作系统安装对应版本的谷歌浏览器，扣 3 分。 （2）安装完成后，PMS2.0 系统无法打开，扣 3 分。 （3）未打开正确操作票查询统计菜单，扣 4 分			
2	操作票查询 （40 分）	（1）查询出 2019 年 7 月变电站倒闸操作票明细。 （2）查询竞秀变电站 7 月倒闸操作票执行情况及操作票状态	（1）未按要求核查票明细数据，每错一处扣 5 分，最多扣 20 分。 （2）未查询出操作票执行情况及票状态，各扣 10 分，共扣 20 分			

续表

姓名		学号				
序号	评分项目	评分内容及要求	评分标准	扣分	得分	备注
3	操作票统计 （40分）	（1）按变电站统计2019年变电站倒闸操作票正常票数量。 （2）按工作班组统计2019年7月变电站倒闸操作票作废票	（1）未按要求统计正常票数量，扣20分。 （2）未按要求统计作废票数量，扣20分			
4	综合素质 （10分）	（1）着装整齐，精神饱满。 （2）独立完成相关任务。 （3）能够完成指导教师的现场提问。 （4）熟悉操作票安全规定				
5	总分 （100分）					

操作开始时间：	时	分		用时：	分
操作结束时间：	时	分			
指导教师					

任务扩展

在PMS2.0系统中完成2019年7月35kV操作票工作任务、执行情况、操作票状态的查询、统计工作。

步骤：进入PMS2.0系统，进入电网运维检修管理—操作管理—操作票查询统计界面，按照要求输入查询条件，查询操作票。

操作票查询统计菜单，可进行操作票准确性核查，关于准确性核查的参考规则如下：

（1）操作开始时间要晚于发令时间。

（2）操作结束时间要晚于操作开始时间。

（3）操作票操作人与监护人不能为同一人。

（4）操作项目中包含"断路器合上"或者"断路器断开"的项目，需填写断开时间和合上时间。

（5）操作项目中包含"地线装设"或者"地线拆除"的项目，需填写地线装设时间和地线合上时间。

情境七

设 备 缺 陷 管 理

【情境描述】

该情境包含两个任务，分别是 PMS2.0 系统设备缺陷处理的工作流程及缺陷评价。核心知识点包括设备缺陷类型及缺陷的扣分原则及依据。关键技能为 PMS2.0 系统设备缺陷处理流程及评价。

【情境目标】

通过该情境学习，应该达到的知识目标为掌握设备缺陷类型，设备缺陷的扣分原则及依据，缺陷对设备状态评价的影响。应该达到的能力目标为掌握在 PMS2.0 系统完成缺陷的登记、消缺、验收工作并进行管理。应该达到的态度目标为树立设备缺陷处理的规范、标准意识。

任务一 变压器套管漏油缺陷处理

任务目标

(1) 了解电力系统设备缺陷对电网安全稳定运行的影响。
(2) 熟悉设备缺陷的扣分原则及依据。
(3) 了解设备不同缺陷性质的消缺时限。
(4) 掌握设备缺陷处理的工作流程。

任务描述

该任务主要是设备运维人员在日常巡视过程中发现设备缺陷，在 PMS2.0 系统中完成 220kV 竞秀变电站 1 号主变压器 110kV 套管 A 相漏油严重缺陷的登记、审核、消缺、验收工作。

任务准备

一、知识准备

1. 业务知识

设备缺陷的相关术语及定义：

（1）设备缺陷是动态的，是指影响人身安全、电网安全经济运行的所有不安全因素，它包括主设备、辅助设备、周围环境设施等。

（2）缺陷描述：对缺陷特征的规范化描述，反映缺陷发生的具体部位和现象。

（3）缺陷分类：按照缺陷对电网运行的影响程度，划分为危急、严重和一般缺陷。

（4）分类依据：输变电设备缺陷等级划分的相关标准、规定或者具体现象描述。

（5）输变电一次设备缺陷分类：

危急缺陷：设备或建筑物发生了直接威胁安全运行并需立即处理的缺陷，否则，随时可能造成设备损坏、人身伤亡、大面积停电、火灾等事故。

严重缺陷：对人身或设备有重要威胁，暂时尚能坚持运行但需尽快处理的缺陷。

一般缺陷：上述危急、严重缺陷以外的设备缺陷，指性质一般，情况较轻，对安全运行影响不大的缺陷。

（6）配电设备缺陷分类：

危急缺陷：严重威胁设备的安全运行，不及时处理，随时有可能导致事故的发生，必须尽快消除或采取必要的安全技术措施进行处理的缺陷。

严重缺陷：设备处于异常状态，可能发展为事故，但设备仍可在一定时间内继续进行，须加强监视并进行检修处理的缺陷。

一般缺陷：设备本身及周围环境出现不正常情况，一般不威胁设备的安全运行，可列入年、季检修计划或日常维护工作中处理的缺陷。

（7）缺陷处理时间：一般情况下，危急缺陷应在 24h 内消除，严重缺陷应在一个月内消除，一般缺陷可在设备检修时消除。

2. 系统知识

掌握 PMS2.0 系统 B/S 端的安装，掌握缺陷各环节具备登记、审核权限的人员信息。

二、工具准备

Win7 版本电脑（32/64）、Google 浏览器（32/64）、PMS2.0 客户端、PMS2.0 培训环境。

三、资料准备

准备 PMS2.0 系统缺陷录入所需信息的材料，如巡视卡、试验报告等材料。

四、人员准备

设备所属班组人员，班组长、检修专责及计划专责。

五、场地准备

具有电网省属公司内网环境的机房（有可登录 PMS2.0 系统内网的电脑）。

任务实施

一、任务流程图

变压器套管漏油缺陷处理流程图如图 7-1 所示。

二、操作步骤

1. 缺陷登记

（1）缺陷录入。班组人员登录 PMS2.0 系统，打开"系统导航"—"运维检修中心"—"电网运维检修管理"—"缺陷管理"—"缺陷登记"菜单，缺陷登记界面（1）如图 7-2 所示。

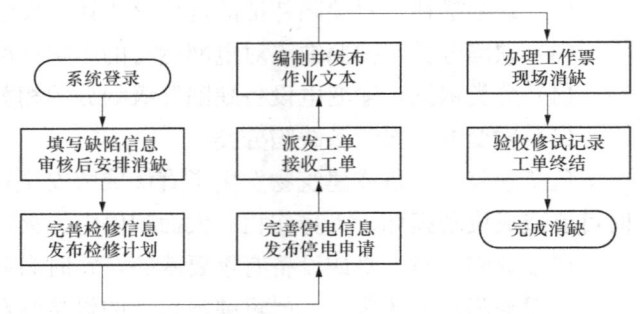

图 7-1 变压器套管漏油缺陷处理流程图

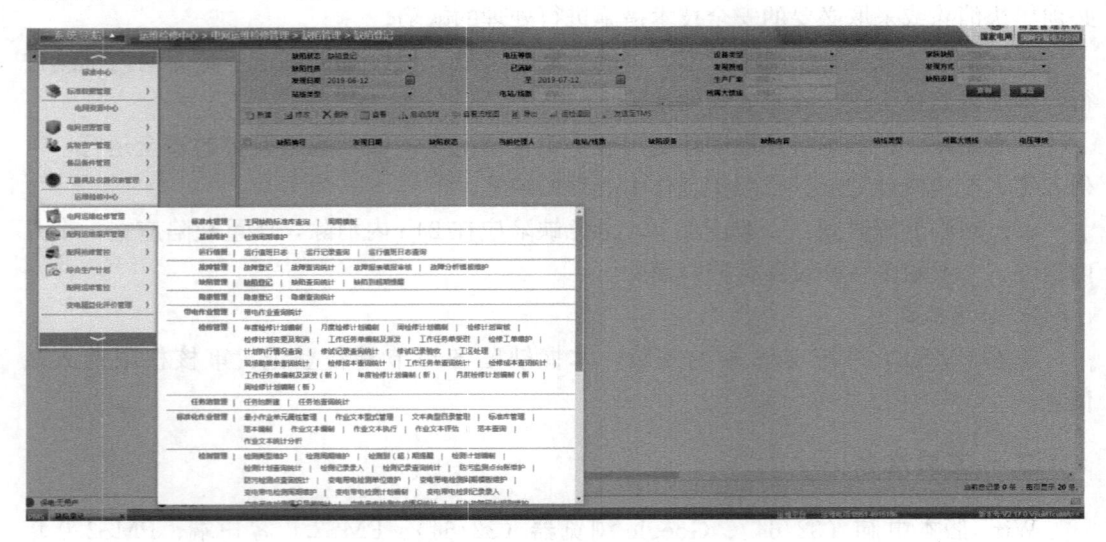

图 7-2 缺陷登记界面（1）

打开缺陷登记菜单，在左侧导航树选择"电站"，单击"新建"按钮，弹出缺陷登记窗口，缺陷登记界面（2）如图 7-3 所示。

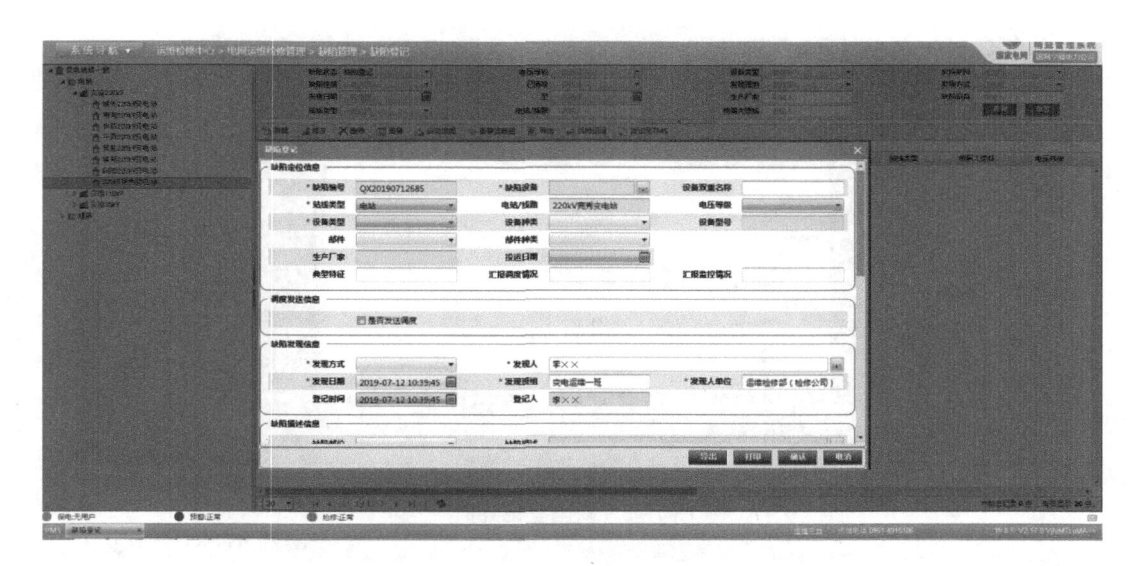

图 7-3 缺陷登记界面（2）

点击"缺陷设备"，弹出设备选择窗口，在左侧导航树选择"主变压器"，点击查询，选中缺陷设备，点击"确定"，选择缺陷设备界面如图 7-4 所示。

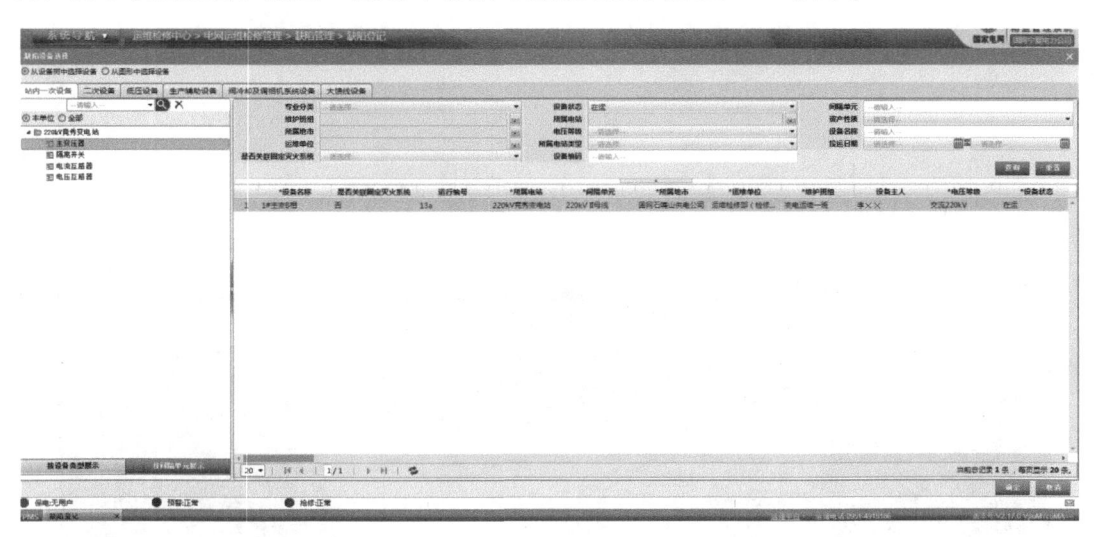

图 7-4 选择缺陷设备界面

填写"发现方式""缺陷描述""分类依据"等信息后，生成缺陷内容，缺陷登记界面如图 7-5 所示。

（2）缺陷审核。填写完成后，勾选缺陷记录，点击"启动流程"，启动流程界面如图 7-6 所示。

将缺陷记录发送至班组长审核，班组审核界面如图 7-7 所示。

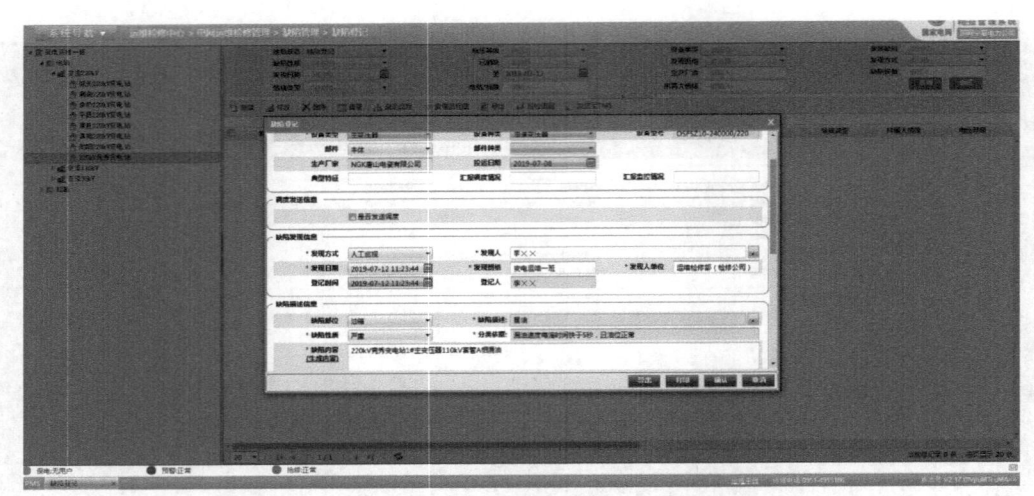

图 7-5 缺陷登记界面

图 7-6 启动流程界面

图 7-7 班组审核界面

班组长登录系统,在待办任务中查看需处理的缺陷信息,填写审核意见,点击"保存"按钮,发送至检修专责进行审核,发送至检修专责审核界面如图7-8所示。

图7-8 发送至检修专责审核界面

检修专责登录系统,在待办中找到相关缺陷,填写审核意见及状态评价信息,点击"保存"按钮,发送至消缺安排(计划专责)进行审核,检修专责审核界面如图7-9所示。

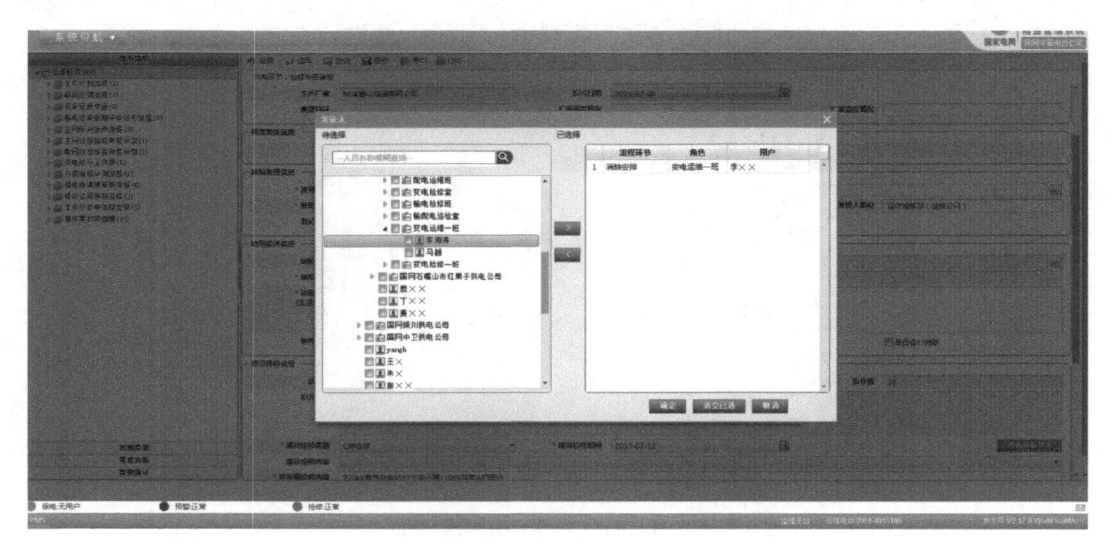

图7-9 检修专责审核界面

(3)安排消缺。计划专责登录系统,在待办中找到相关缺陷,填写审核意见,保存后,点击"消缺安排"按钮,将缺陷加入任务池,消缺安排界面如图7-10所示。

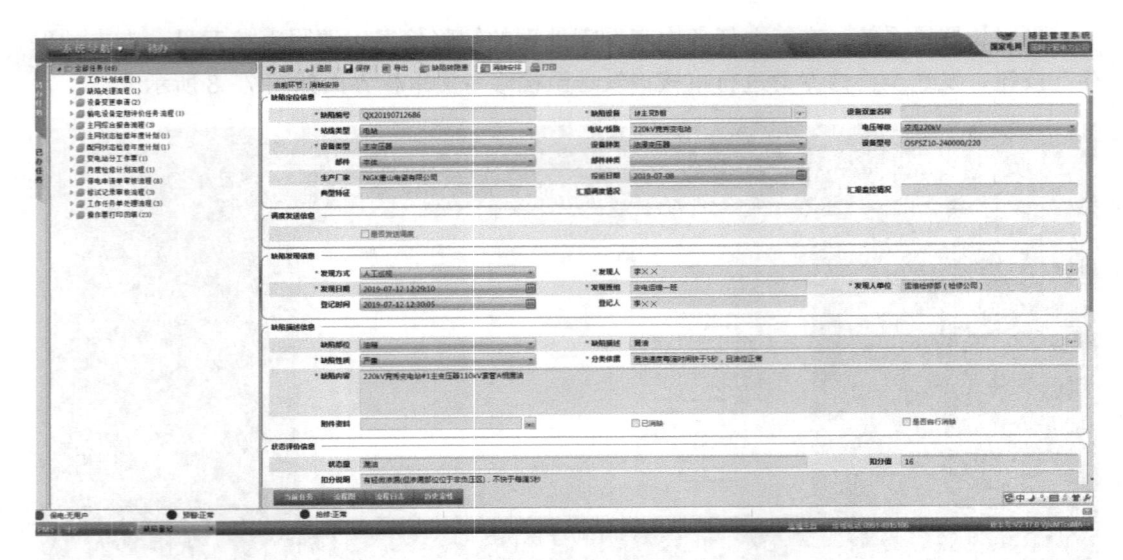

图 7-10 消缺安排界面

2. 消缺列入检修计划

（1）编制检修计划。计划专责登录系统，打开"系统导航"—"电网运维检修管理"—"检修管理"—"月度检修计划编制（新）"菜单，月度检修计划编制界面如图7-11所示。

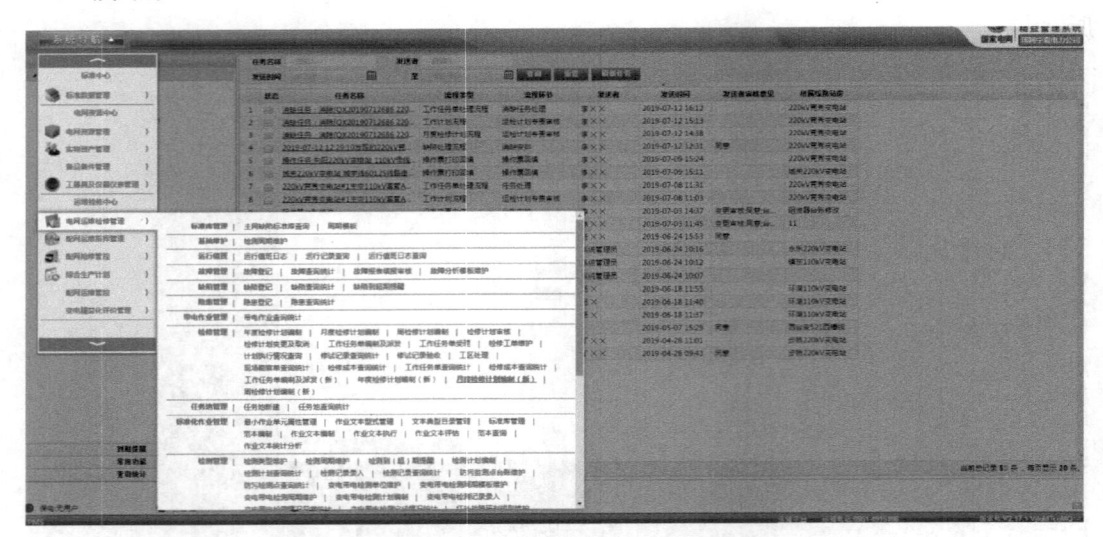

图 7-11 月度检修计划编制界面

通过"任务来源""计划开始时间"进行过滤，查询需要关联的任务，点击"新建"按钮，完善检修计划信息，月度检修计划新建界面如图7-12所示。

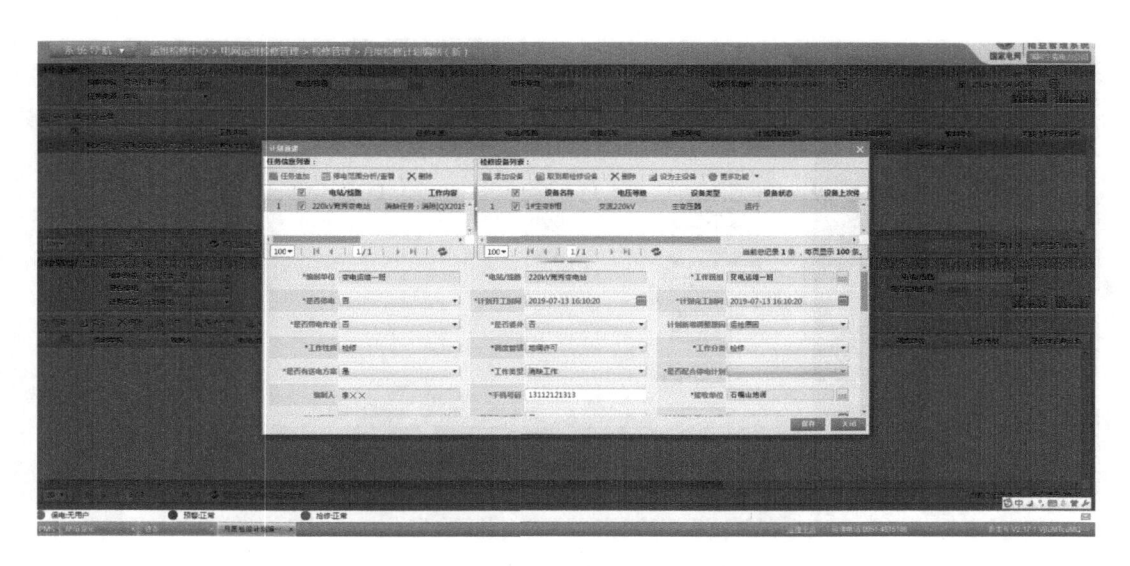

图 7-12 月度检修计划新建界面

填写完成后，点击"保存"，提示"计划生成成功"，勾选计划，点击"启动流程"，计划生成界面如图 7-13 所示。

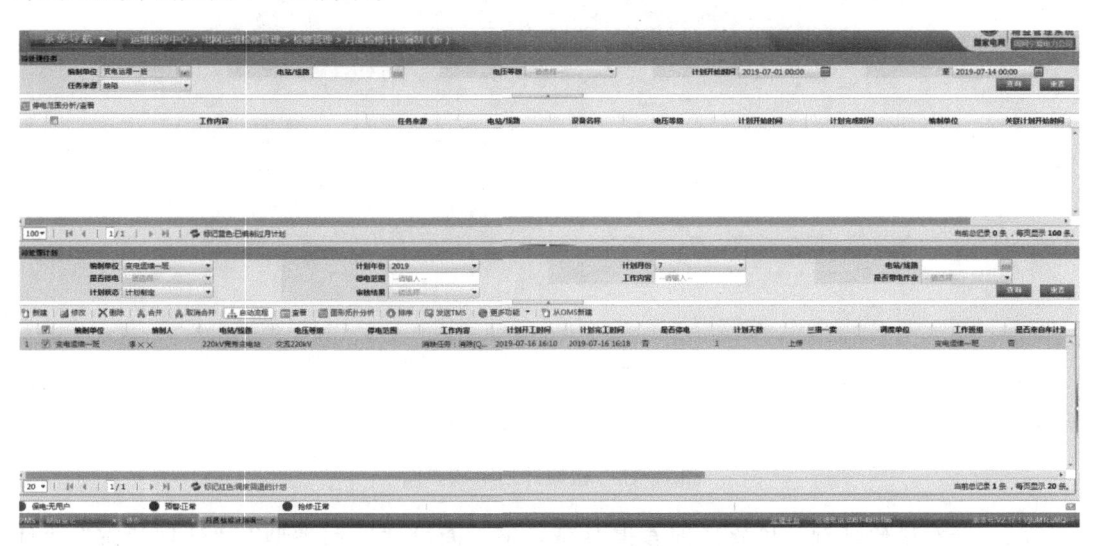

图 7-13 计划生成界面

（2）审核检修计划。将检修计划发送至运检计划专责审核，发送至运检计划专责界面如图 7-14 所示。

运检计划专责登录系统，打开"系统导航"—"电网运维检修管理"—"检修管理"—"检修计划审核"菜单，检修计划审核界面如图 7-15 所示。

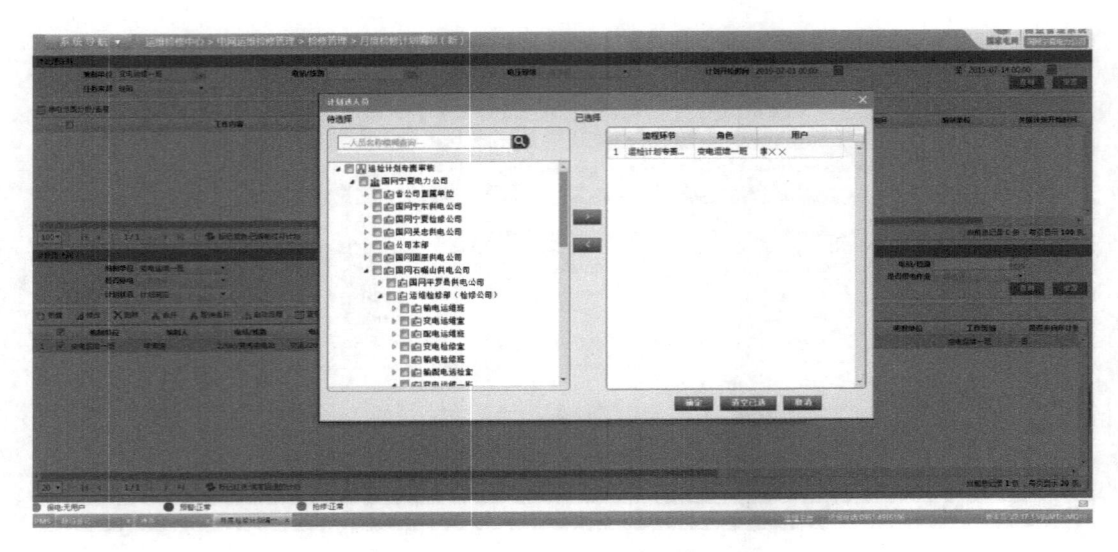

图 7-14　发送至运检计划专责界面

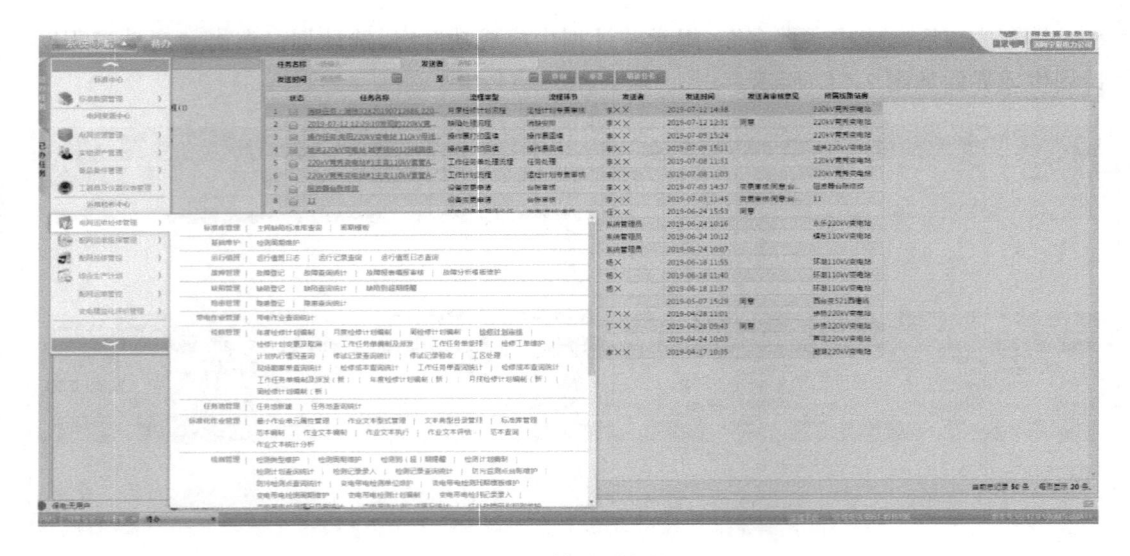

图 7-15　检修计划审核界面

(3) 发布检修计划。检修计划专责登录系统，通过"计划类型""计划状态""月度"等条件，查找需要审核的月计划，选中月计划，然后点击"发送"按钮，发送至调度批复，检修计划审核界面如图 7-16 所示。

3. 停电申请

(1) 编制停电申请单。月度检修计划发布成功后，计划专责登录系统，打开"系统导航"—"电网运维检修管理"—"停电申请单管理"—"停电申请单新建"菜单，停电申请单新建界面如图 7-17 所示。

图 7-16　检修计划审核界面

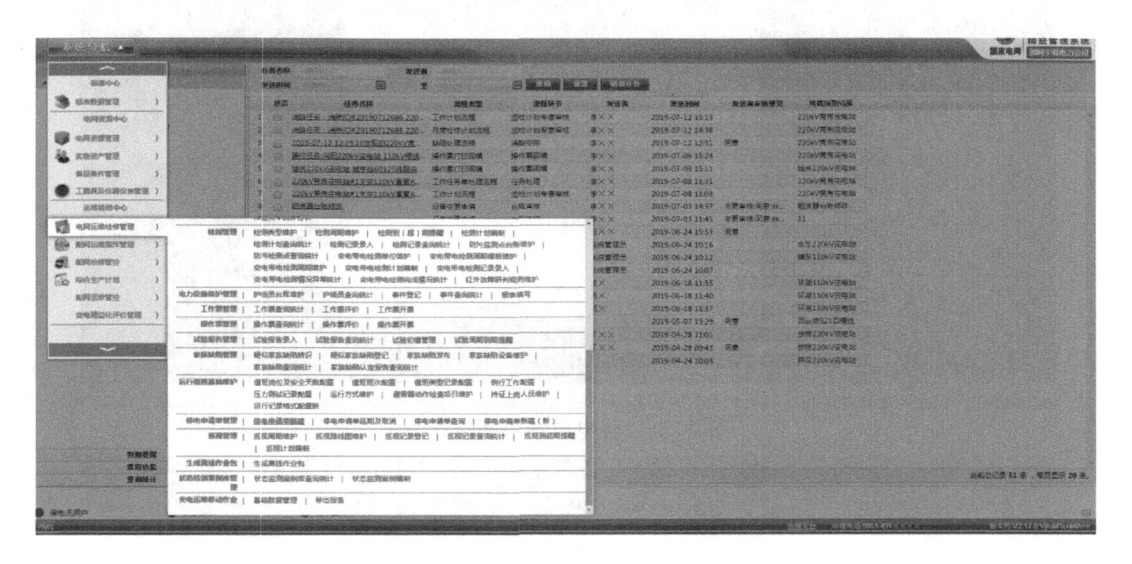

图 7-17　停电申请单新建界面

选择已发布的月计划,点击"新建",弹出"选择需要停电的设备"窗口,停电申请单新建界面如图 7-18 所示。

点击"新建",完善停电申请单基本信息,停电申请单新建界面如图 7-19 所示。

(2) 审核停电申请单。勾选新建的停电申请单,点击"启动流程",系统提示"是否直接发送调度",点击确定后,停电申请单发送至调度进行审核。停电申请单启动流程界面如图 7-20 所示。

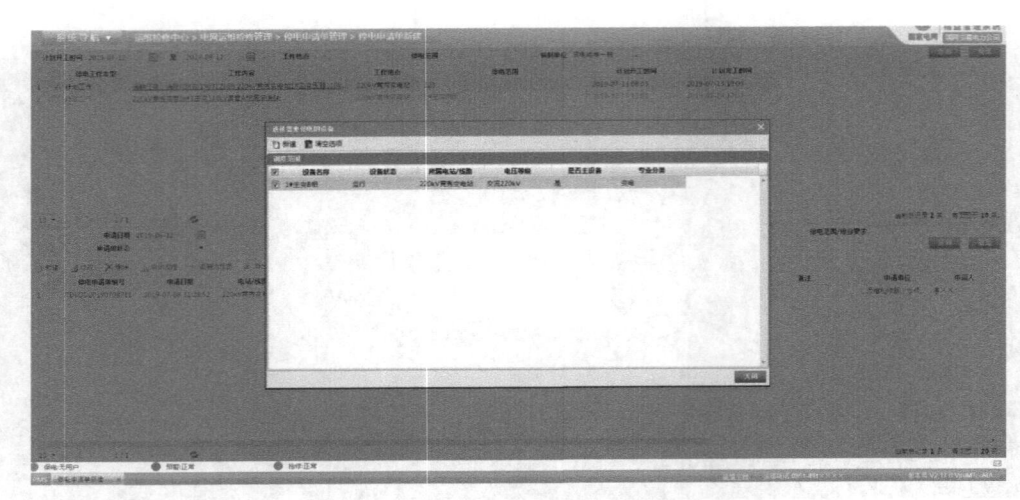

图 7-18　停电申请单新建界面

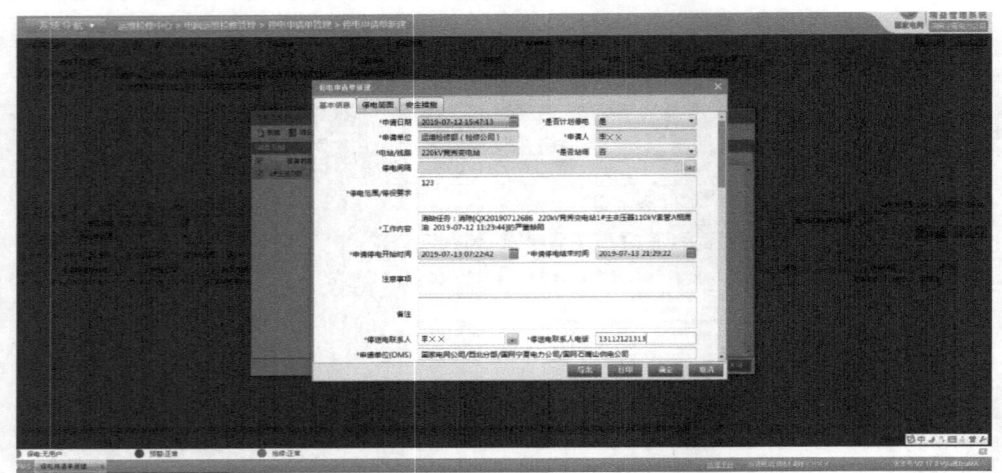

图 7-19　停电申请单新建界面

图 7-20　停电申请单启动流程界面

情境七　设备缺陷管理

　　调度审核后，停电申请单状态变更为发布。计划专责登录系统，打开"系统导航"—"电网运维检修管理"—"检修管理"—"工作任务单编制及派发（新）"菜单，工作任务单编制及派发界面如图 7-21 所示。

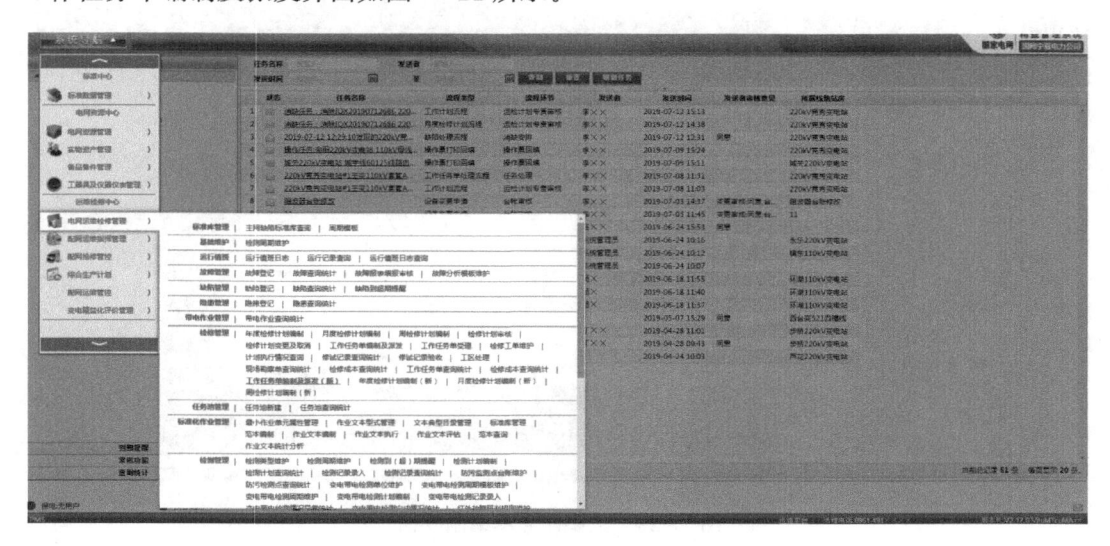

图 7-21　工作任务单编制及派发界面

4. 派发工作任务单

（1）编制工作任务单。在页面上方，通过"计划开工时间"，查找并选中发布的计划，点击页面中间的"新建"按钮，进行工作任务单的编制。工作任务单新建界面如图 7-22 所示。

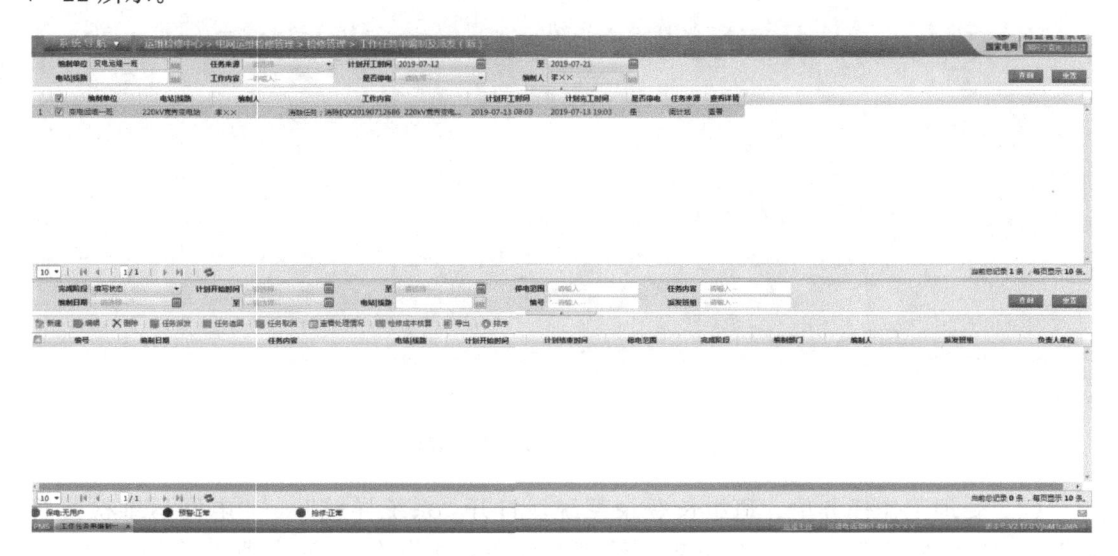

图 7-22　工作任务单新建界面

213

点击"新建"按钮后,弹出"工作任务单编制"窗口,勾选需派发的任务至相应工作班组,工作任务单编制界面如图 7-23 所示。

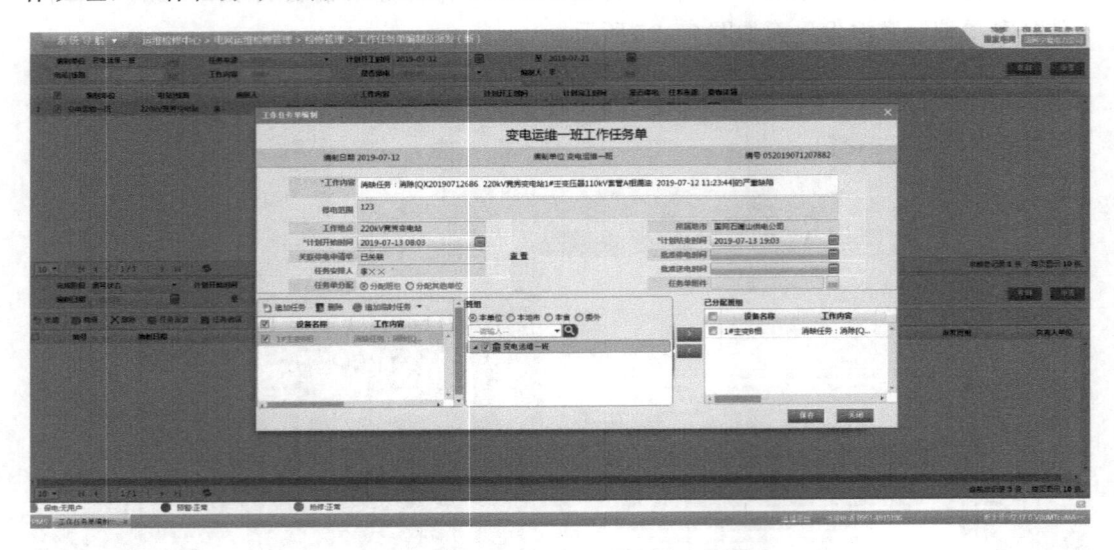

图 7-23 工作任务单编制界面

点击"保存"按钮后,将此任务派发至班组,点击"确定"后,会提示任务单已派发成功,工作任务单派发界面如图 7-24 所示。

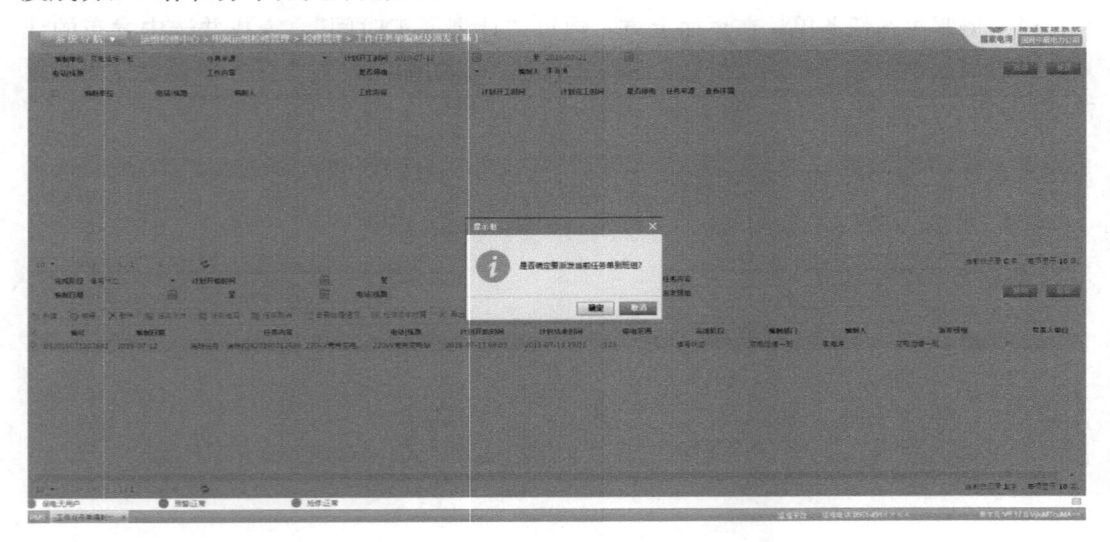

图 7-24 工作任务单派发界面

(2)受理工作任务单。班组长登录系统,打开"系统导航"—"电网运维检修管理"—"检修管理"—"工作任务单受理"菜单,工作任务单受理界面如图 7-25 所示。

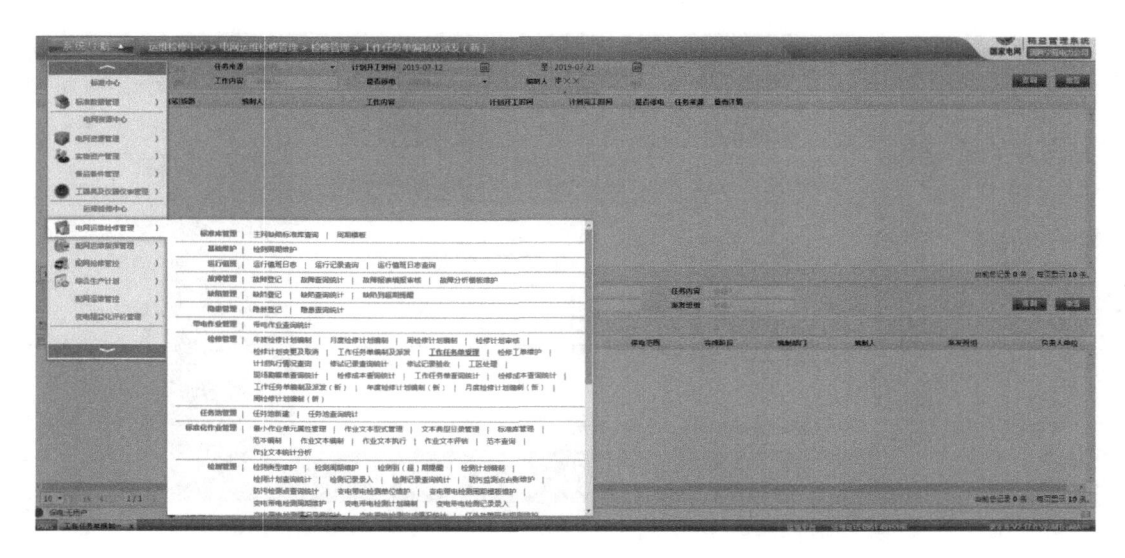

图 7-25 工作任务单受理界面

选中由计划专责派发的工作任务单,然后点击"指派负责人",弹出"指派工作负责人"窗口,选中工作负责人后,点击"确定"。指派工作负责人界面如图 7-26 所示。

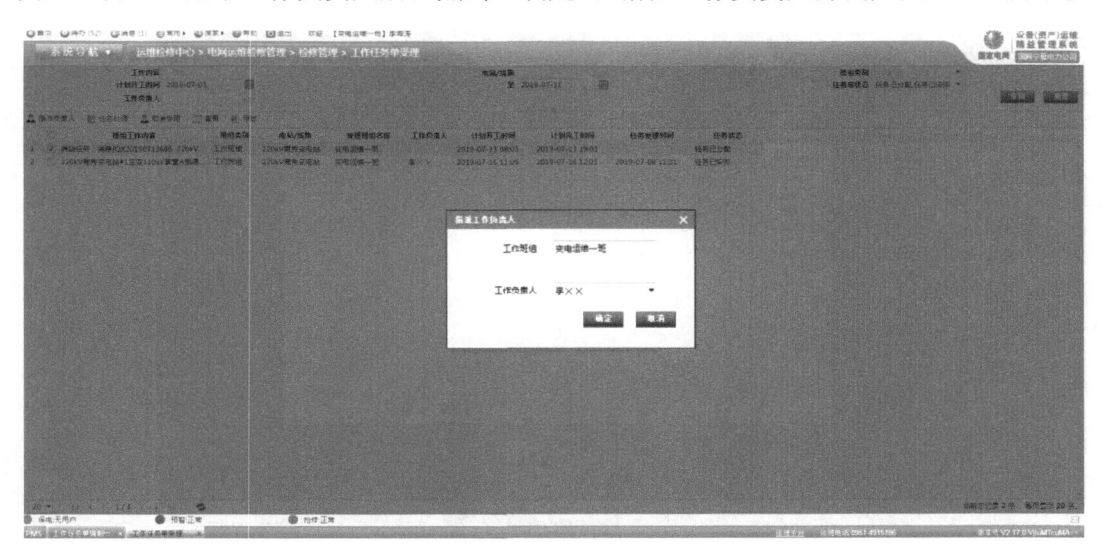

图 7-26 指派工作负责人界面

工作负责人登录系统,打开"系统导航"—"电网运维检修管理"—"检修管理"—"工作任务单受理"菜单,选中班长指派的工作任务单,点击"任务处理"。任务处理界面如图 7-27 所示。

5. 执行作业文本

(1) 编制作业文本。在"任务处理"窗口中间,点击"工作任务"标签,在"作业

215

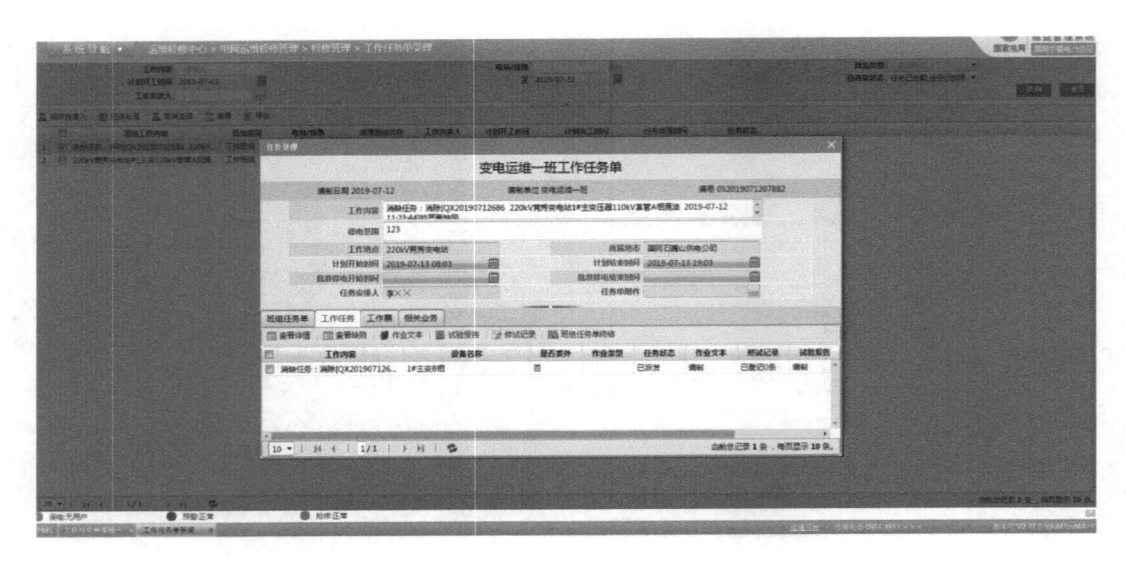

图7-27 任务处理界面

文本"列下方点击"编制",弹出"作业文本编制"窗口。作业文本编制界面如图7-28所示。

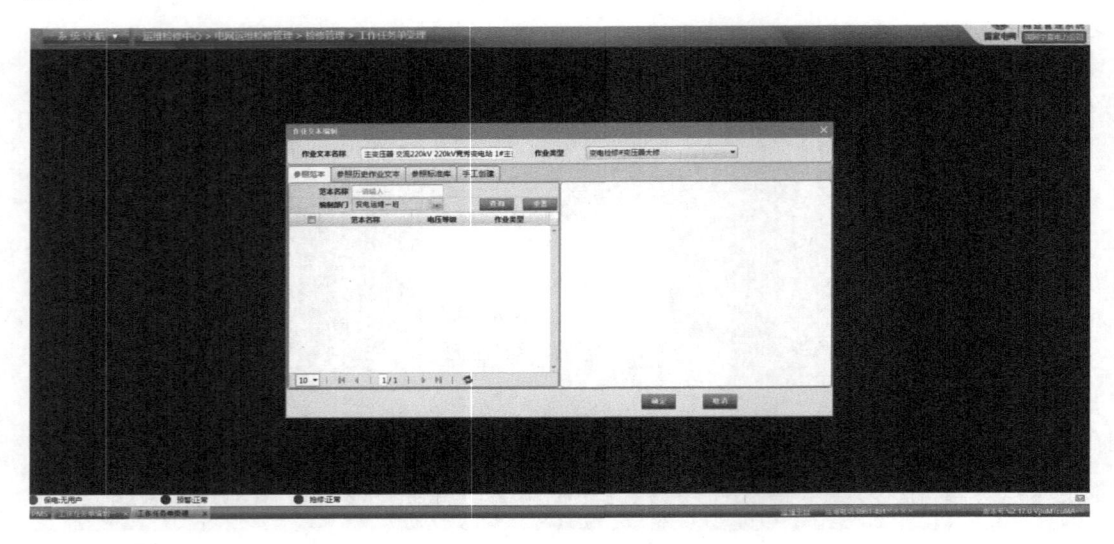

图7-28 作业文本编制界面

选择"手工创建",进行作业指导书的编制。作业文本编制界面如图7-29所示。

点击"确定"后,弹出作业文本详情页面,对作业文本详细信息进行维护,填写完成后点击"保存"。作业文本详情界面如图7-30所示。

(2)审核作业文本。选中新建的作业文本,点击"启动流程"按钮,发送至班组审核。发送至班组审核界面如图7-31所示。

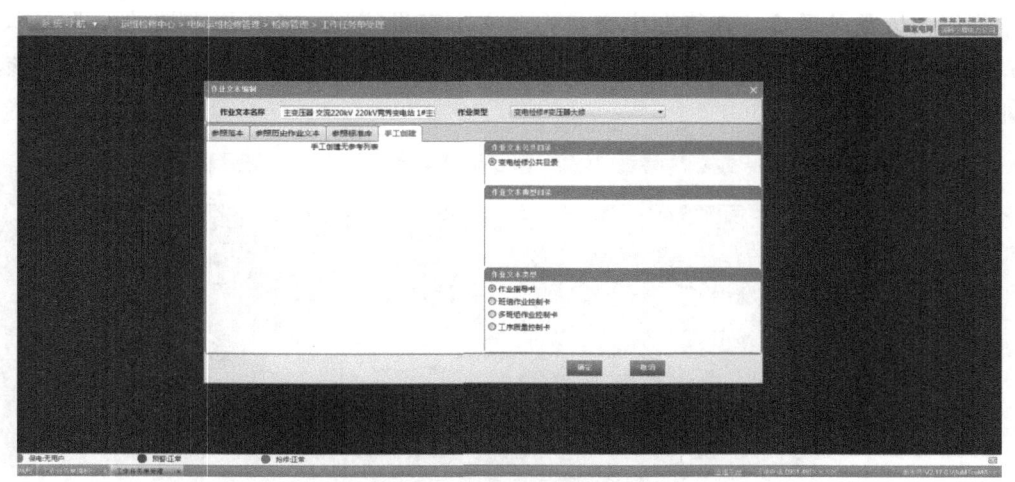

图 7-29　作业文本编制界面

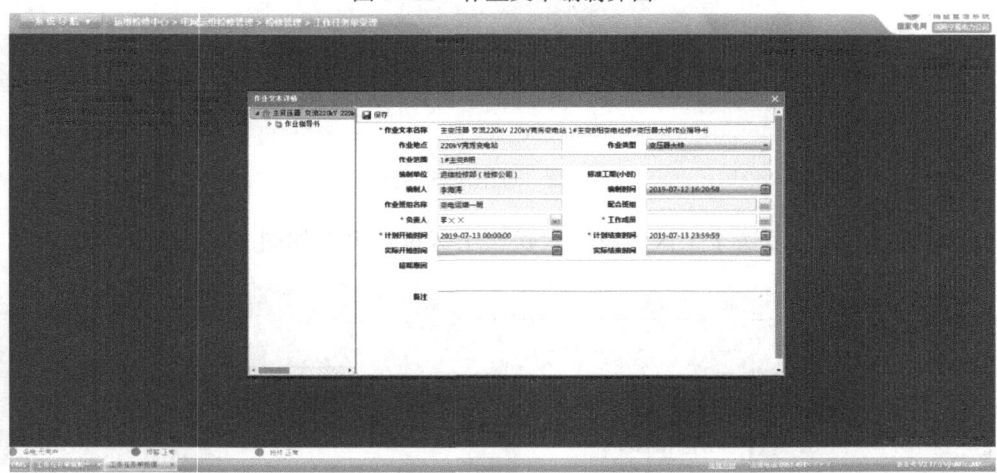

图 7-30　作业文本详情界面

图 7-31　发送至班组审核界面

班组人员登录系统，在待办中查找作业文本审批流程，打开待审核的作业文本任务，填写审核意见，审核人输入密码，点击"确定"，完成作业文本审核。班组审核界面如图 7-32 所示。

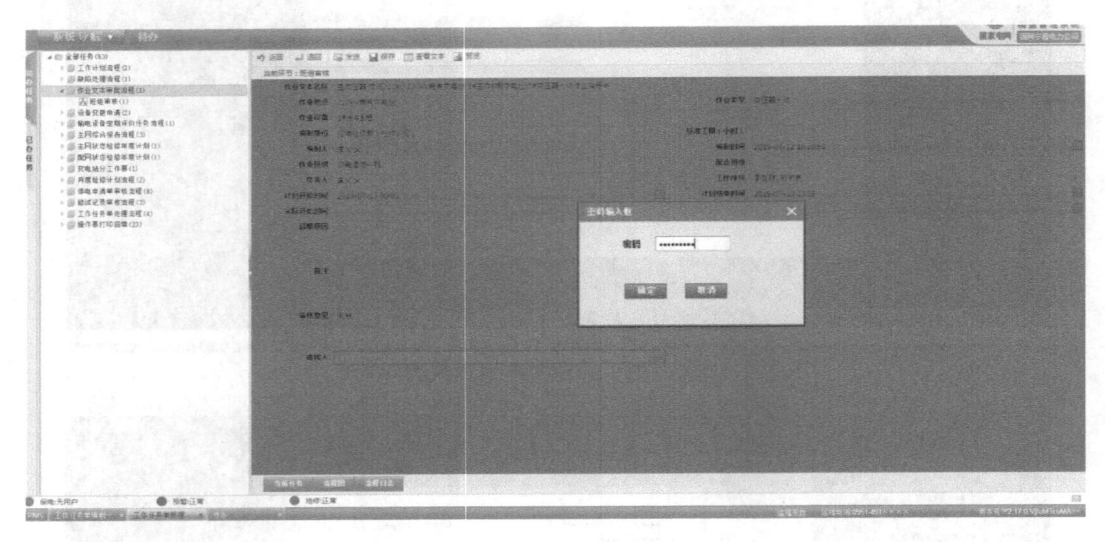

图 7-32　班组审核界面

班组审核完成后发送至工区审核，发送至工区审核界面如图 7-33 所示。

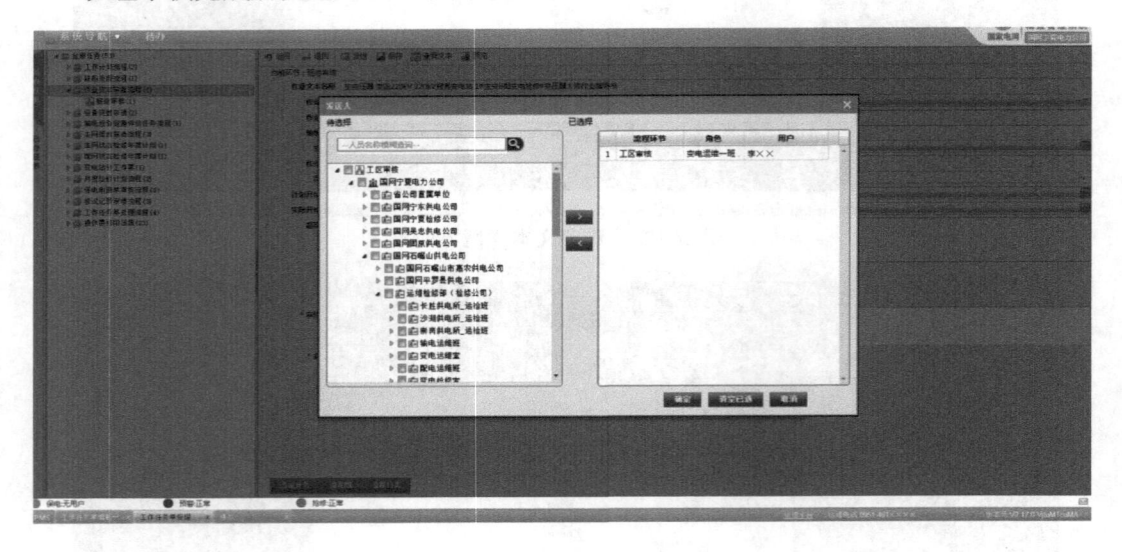

图 7-33　发送至工区审核界面

工区专责登录系统，在待办中查找作业文本审批流程，打开待审核的作业文本任务，填写审核意见，审核人输入密码，点击"确定"，完成作业文本审核。工区审核界面如图 7-34 所示。

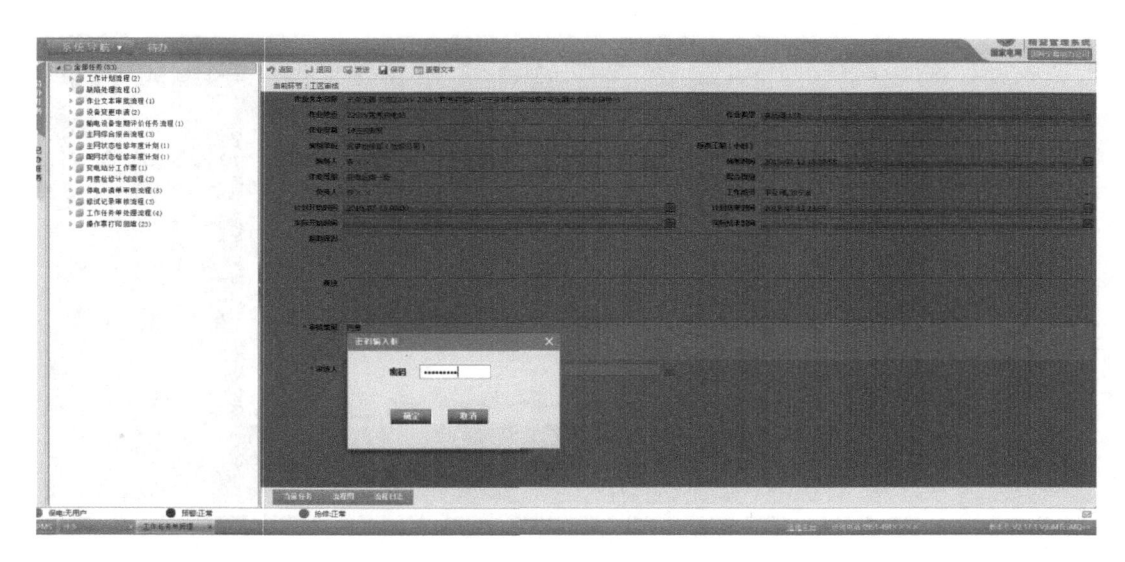

图 7-34 工区审核界面

（3）发布作业文本。审核完成后，对作业文本进行发布。作业文本发布界面如图 7-35 所示。

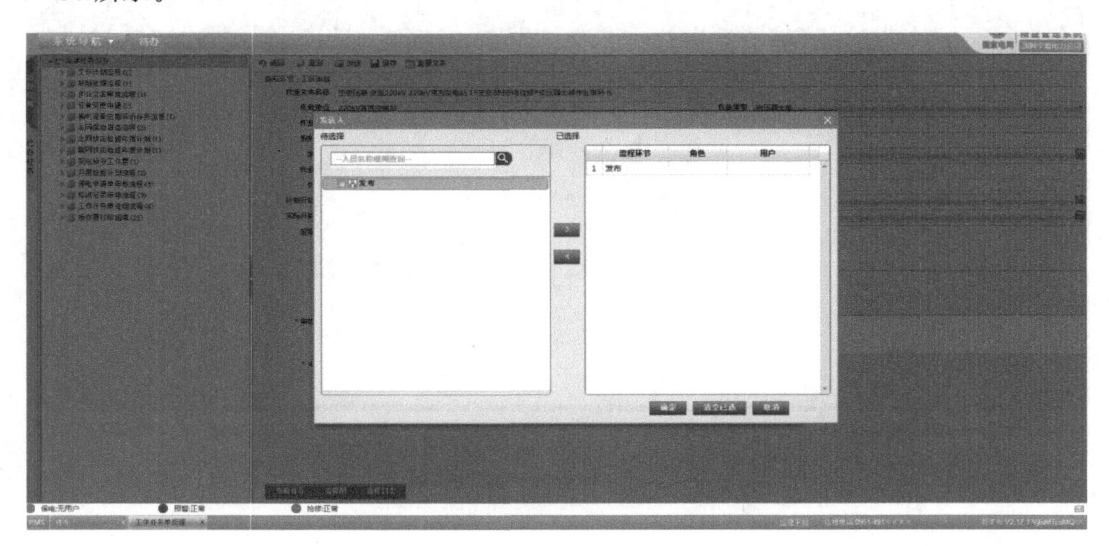

图 7-35 作业文本发布界面

6. 办理工作票、消缺

在"任务处理"中，点击"工作票"标签，完成工作票开票流程。工作票新建界面如图 7-36 所示。

工作人员手持作业指导书及工作票进行现场工作，现场工作结束后，进行作业指导书及工作票的回填终结工作，并执行作业文本。作业文本执行界面如图 7-37 所示。

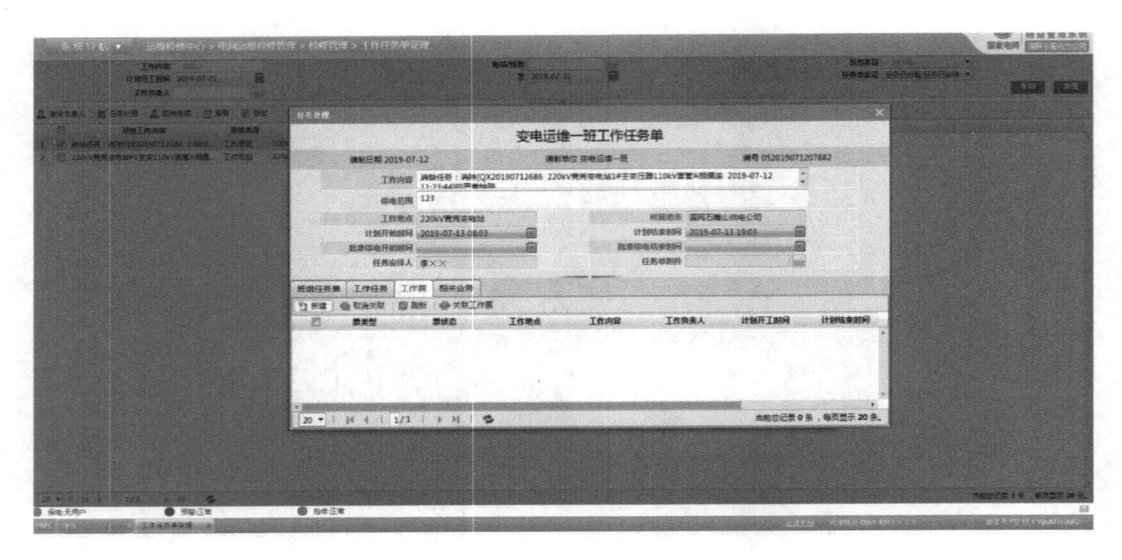

图 7-36 工作票新建界面

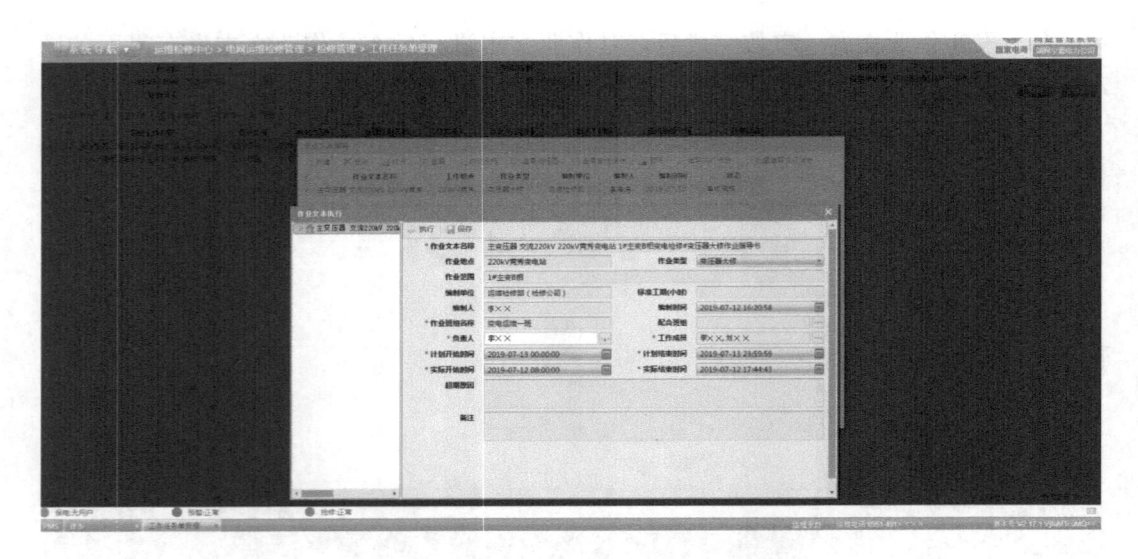

图 7-37 作业文本执行界面

7．验收消缺工作

（1）验收修试记录。作业指导书和工作票的流程结束以后，工作负责人登录系统，打开"系统导航"—"电网运维检修管理"—"检修管理"—"工作任务单受理"菜单，勾选工作任务单，点击"任务处理"按钮，在窗口中选择"工作任务"标签，点击"修试记录"按钮进行修试记录登记。登记修试记录界面如图 7-38 所示。

登记修试记录完成，点击"保存并上报验收"。修试记录登记界面如图 7-39 所示。

情境七 设备缺陷管理

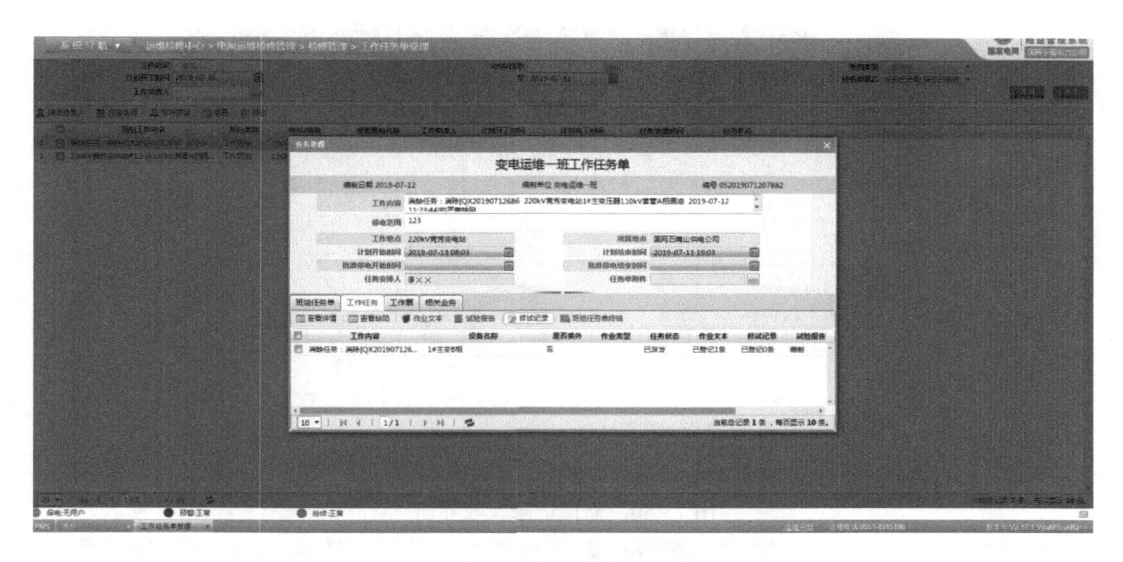

图 7-38 登记修试记录界面

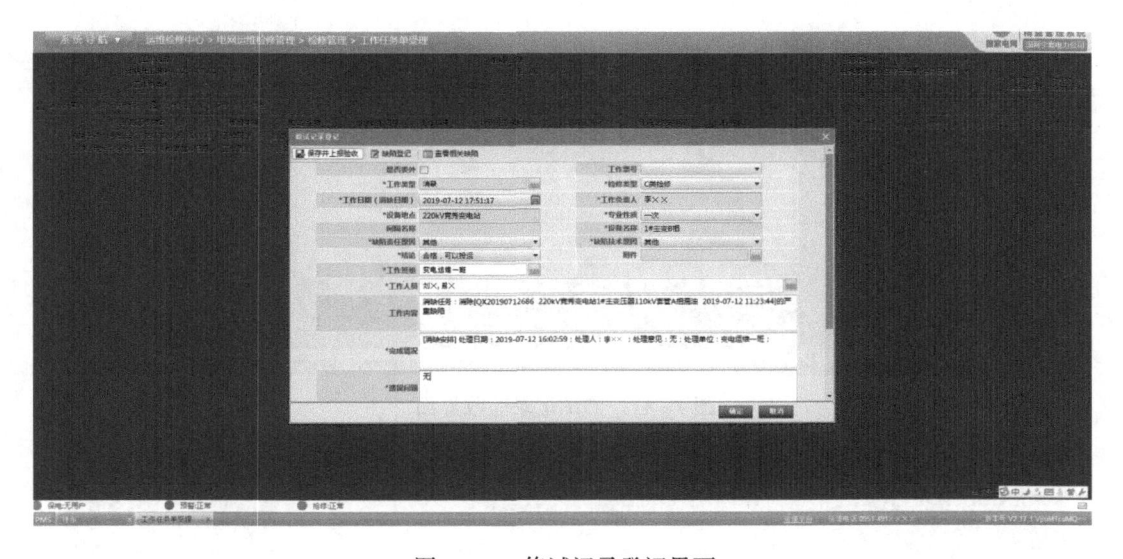

图 7-39 修试记录登记界面

检修人员修试记录上报后,由运行人员登录系统,打开"系统导航"—"电网运维检修管理"—"检修管理"—"修试记录验收"菜单。修试记录验收界面如图 7-40 所示。

选中修试记录,点击"验收",弹出"修试记录验收"窗口,填写"验收意见"及"验收是否合格",点击"保存"按钮。修试记录验收界面如图 7-41 所示。

(2) 终结工作任务单。运维人员验收修试记录后,由检修人员再次打开工作任务单,点击任务处理的"班组任务单"标签页,填写工作的"实际开始时间""实际完成时间"及"完成情况",填写后点击"确定"。填写班组任务单界面如图 7-42 所示。

221

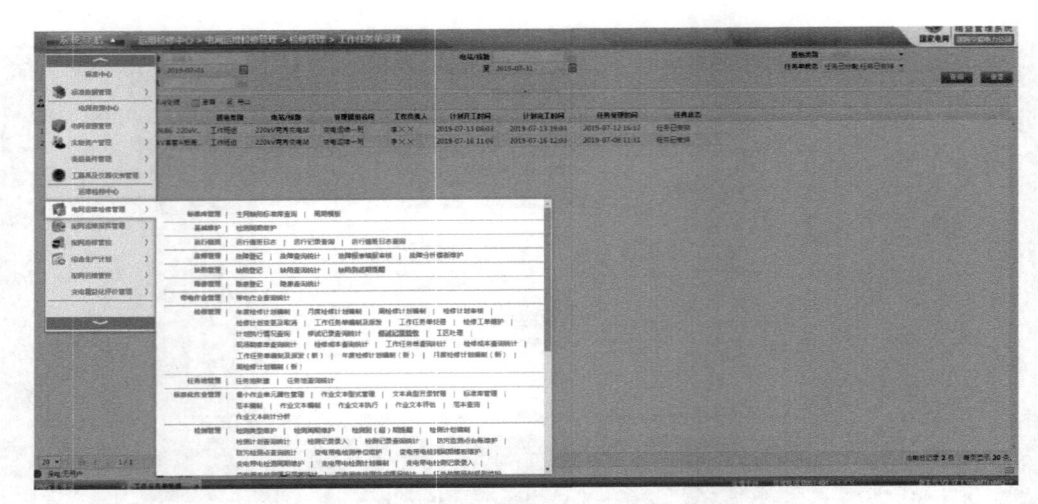

图 7-40 修试记录验收界面

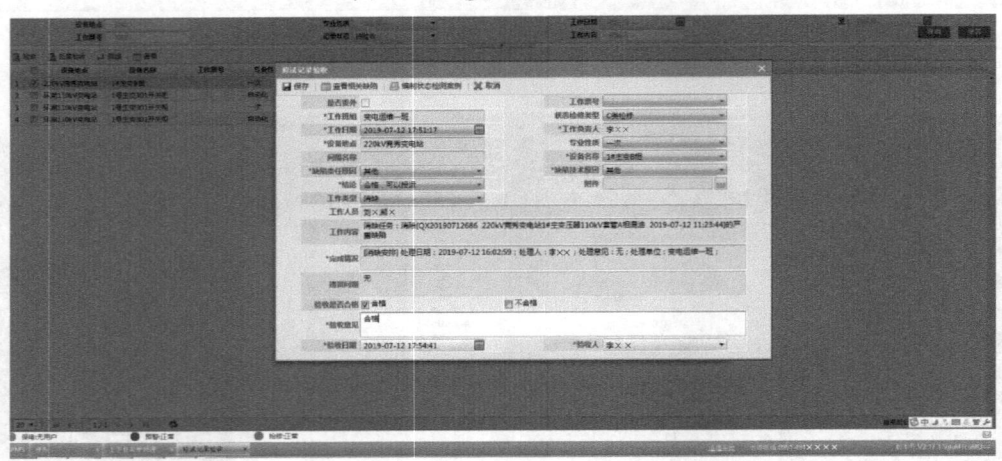

图 7-41 修试记录验收界面

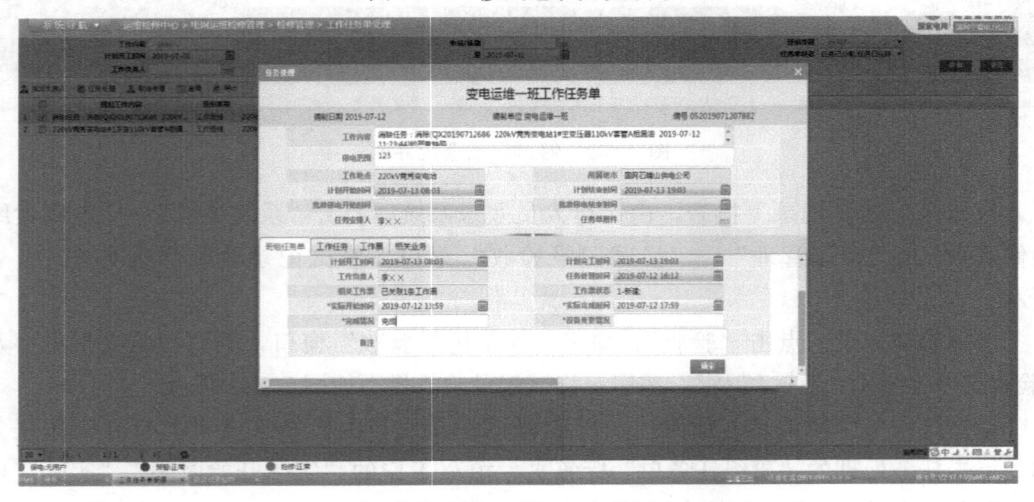

图 7-42 填写班组任务单界面

"实际开始时间""实际完成时间"及"完成情况"保存完成,进入"工作任务"标签,点击"班组任务单终结"按钮,终结后会提示"班组任务单终结成功"。班组任务单终结界面如图 7-43 所示。

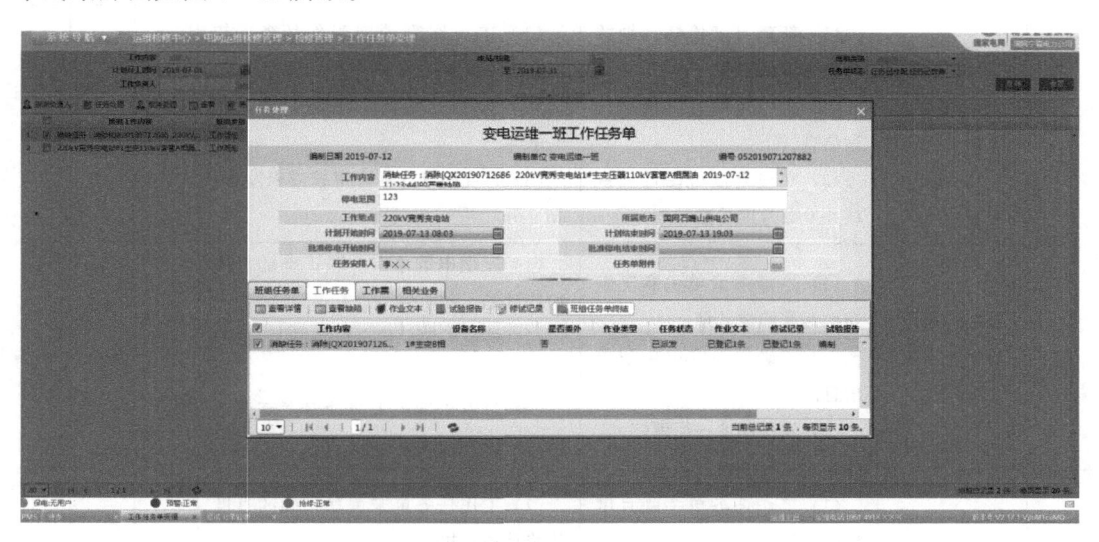

图 7-43 班组任务单终结界面

任务评价

变压器套管漏油缺陷处理任务评价表见表 7-1。

表 7-1 变压器套管漏油缺陷处理任务评价表

姓名		学号				
序号	评分项目	评分内容及要求	评分标准	扣分	得分	备注
1	预备工作 (5分)	(1) 正确安装 PMS2.0 系统。 (2) 正确登录 PMS2.0 系统。 (3) 正确打开缺陷登记菜单	(1) 未按电脑操作系统安装对应版本的谷歌浏览器,扣 2 分。 (2) 安装完成后,PMS2.0 系统无法打开,扣 2 分。 (3) 未打开缺陷登记菜单,扣 1 分			
2	缺陷登记及消缺安排 (20分)	(1) 选择正确的缺陷设备。 (2) 选择正确的缺陷本体。 (3) 填写正确的缺陷信息。 (4) 填写正确的缺陷描述信息。 (5) 正确进行消缺安排,并加入任务池	(1) 缺陷设备选择错误,扣 4 分。 (2) 设备定位信息模块填写错误,扣 4 分。 (3) 设备缺陷信息填写错误,扣 4 分。 (4) 缺陷描述信息模块填写错误,扣 4 分。 (5) 未成功进行消缺安排,扣 4 分			

续表

姓名		学号				
序号	评分项目	评分内容及要求	评分标准	扣分	得分	备注
3	月度检修计划编制、审核及发布（15分）	（1）新建月度检修计划并关联需消缺任务。 （2）正确填写月度检修计划信息。 （3）完成月度检修计划审核并发布月度检修计划	（1）未关联需消缺工作任务，扣5分。 （2）检修计划信息填写错误，扣5分。 （3）月度检修计划未审核或未发布，扣5分			
4	停电申请单编制及审核（10分）	（1）停电申请单关联已发布的月度检修计划。 （2）正确填写停电申请单信息。 （3）发送调度进行审核	（1）停电申请单未关联正确的月度检修计划，扣4分。 （2）停电申请单信息填写错误，扣4分。 （3）停电申请单未成功发送至调度进行审核，扣2分			
5	工作任务单编制、派发及受理（15分）	（1）工作任务单关联月度检修计划。 （2）工作任务单信息填写正确。 （3）工作任务单派发至工作班组。 （4）工作班组受理工作任务单	（1）工作任务单未关联正确的月度检修计划，扣4分。 （2）工作任务单信息填写错误，扣4分。 （3）工作任务单未派发至工作班组，扣4分。 （4）工作班组未成功受理工作任务单，扣3分			
6	任务处理（15分）	（1）正确登记作业文本。 （2）正确登记修试记录。 （3）正确登记工作票信息。 （4）正确登记班组任务单信息	（1）登记作业文本错误，扣4分。 （2）登记修试记录错误，扣4分。 （3）登记工作票错误，扣4分。 （4）登记班组任务单错误，扣3分			
7	修试记录验收（15分）	（1）审核修试信息。 （2）填写验收意见进行验收	（1）未核查出修试记录错误，每出错一处，扣2分，最多扣10分。 （2）未正确验收修试记录，扣5分			
8	综合素质（5分）	（1）着装整齐，精神饱满。 （2）独立完成相关任务。 （3）能够完成指导教师的现场提问。 （4）熟悉缺陷相关扣分项				
9	总分（100分）					

续表

姓名		学号					
序号	评分项目	评分内容及要求		评分标准	扣分	得分	备注
操作开始时间： 时 分							
操作结束时间： 时 分				用时： 分			
指导教师							

任务扩展

在 PMS2.0 系统中完成 110kV 竞莲 I 线线路走廊树木超高严重缺陷的登记、审核、消缺、验收工作。

步骤如下：

（1）班组人员登录 PMS2.0 系统，进入电网运维检修管理—缺陷管理—缺陷登记，登记竞莲 I 线线路走廊树木超高严重缺陷信息，信息填写完整后发送班组长审核。

（2）班组长进入 PMS2.0 系统待办事项中，找到缺陷记录信息，填写审核意见，发送至检修专责进行审核。

（3）检修专责进入 PMS2.0 系统待办事项中，找到缺陷记录信息，填写审核意见及状态评价信息，发送至计划专责进行消缺安排。

（4）计划专责进入 PMS2.0 系统待办事项中，找到缺陷记录信息，填写审核意见，将缺陷加入任务池。

（5）计划专责登录 PMS2.0 系统，进入电网运维检修管理—检修管理—月度检修计划编制（新），选择正确的工作任务单，创建月度检修计划，发送至运检计划专责审核。

（6）运检计划专责登录 PMS2.0 系统，进入电网运维检修管理—检修管理—检修计划审核，发送至调度批复。

（7）月度检修计划发布成功后，计划专责登录 PMS2.0 系统，进入电网运维检修管理—停电申请单管理—停电申请单新建，信息填写完成后，发送至调度批复。

（8）计划专责登录 PMS2.0 系统，进入电网运维检修管理—检修管理—工作任务单编制及派发（新），信息填写完成后，派发至工作班组。

（9）班组长登录 PMS2.0 系统，进入电网运维检修管理—检修管理—工作任务单受理，受理工作任务单并指派工作负责人。

（10）工作负责人登录 PMS2.0 系统，进入电网运维检修管理—检修管理—工作任务单受理，进行任务处理，编写作业文本、工作票、修试记录等信息。

（11）运行人员登录 PMS2.0 系统，进入电网运维检修管理—检修管理—修试记录验收，进行修试记录验收。

（12）检修人员打开工作任务单，进行班组任务单终结并成功。

任务二　变电站一次设备缺陷的查询、统计

📋 任务目标

掌握设备缺陷查询、统计方法。

📋 任务描述

该任务主要是缺陷管理人员根据缺陷性质、消缺日期等信息,在 PMS2.0 系统中完成 2019 年 7 月 220kV 竞秀变电站设备缺陷记录的查询、统计工作。

📋 任务准备

一、知识准备

(1) 缺陷查询统计菜单可按照不同维度及条件查询所有缺陷类型数据及缺陷状态。

(2) 油浸式主变压器本体部分缺陷分类依据:

1) 绕组电阻不合格:试验数据严重超标,无法继续运行,为危急缺陷;试验数据超标,可短期维持运行,为严重缺陷;试验数据超标,仍可以长期运行,为一般缺陷。

2) 油箱漏油缺陷:有轻微渗油,未形成油滴,为一般缺陷;漏油速度每滴时间不快于 5s,且油位正常,为一般缺陷;漏油速度每滴时间快于 5s,且油位正常,为严重缺陷;漏油形成油流,漏油速度每滴时间快于 5s,且油位低于下限,为危急缺陷。

3) 油箱油温过高缺陷:强迫油循环风冷变压器的最高上层油温超过 85℃,油浸风冷和自冷变压器上层油温超过 95℃,为危急缺陷。

(3) SF_6 断路器本体部分缺陷分类依据:

1) 短路开断次数超限:根据国家电网有限公司《高压开关设备运行规范》第十八条断路器的累计开关故障次数超过额定允许的累计开断次数,定性为危急缺陷。

2) 短路开断次数达到上限:根据国家电网有限公司《高压开关设备运行规范》第十八条断路器的累计开关故障次数接近额定允许的累计开断次数;操作次数接近断路器的机械寿命次数,定性为严重缺陷。

3) 拒分、拒合:根据国家电网有限公司《高压开关设备技术监督规定》非全相合闸、非全相分闸,将拒分、拒合定性为危急缺陷。

4) 误动:开关未接到指令自行分合闸,为危急缺陷。

二、工具准备

Win7 版本电脑(32/64)、Google 浏览器(32/64)、PMS2.0 客户端、PMS2.0 培

训环境。

三、资料准备

准备具备缺陷查询统计功能菜单的人员账号。

四、人员准备

具有设备缺陷查询权限的人员。

五、场地准备

具有电网省属公司内网环境的机房（有可登录 PMS2.0 系统内网的电脑）。

任务实施

一、任务流程图

变电站一次设备缺陷的查询、统计流程图如图 7-44 所示。

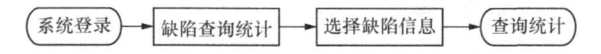

系统登录 → 缺陷查询统计 → 选择缺陷信息 → 查询统计

图 7-44 变电站一次设备缺陷的查询、统计流程图

二、操作步骤

1. 选择缺陷查询、统计条件

登录 PMS2.0 系统，打开"系统导航"—"运维检修中心"—"电网运维检修管理"—"缺陷管理"—"缺陷查询统计"菜单，缺陷记录查询统计菜单界面如图 7-45 所示。

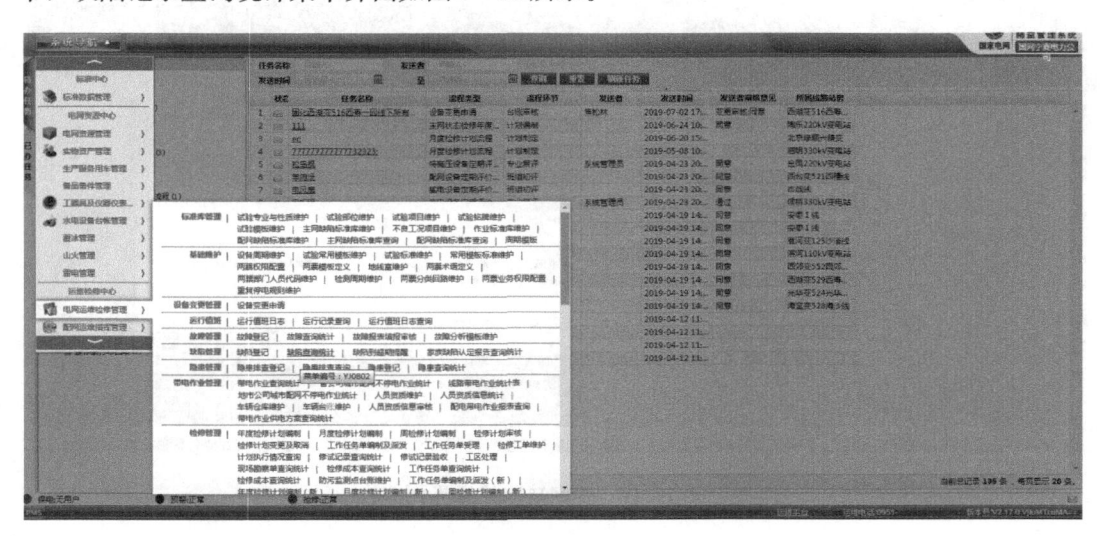

图 7-45 缺陷记录查询统计菜单界面

切换至"查询"菜单,"缺陷性质"选择"严重"、"电站/线路"选择"220kV竞秀变电站",点击"查询"按钮,可查询出2019年7月220kV竞秀变电站设备缺陷记录信息及缺陷状态,查询缺陷记录界面如图7-46所示。

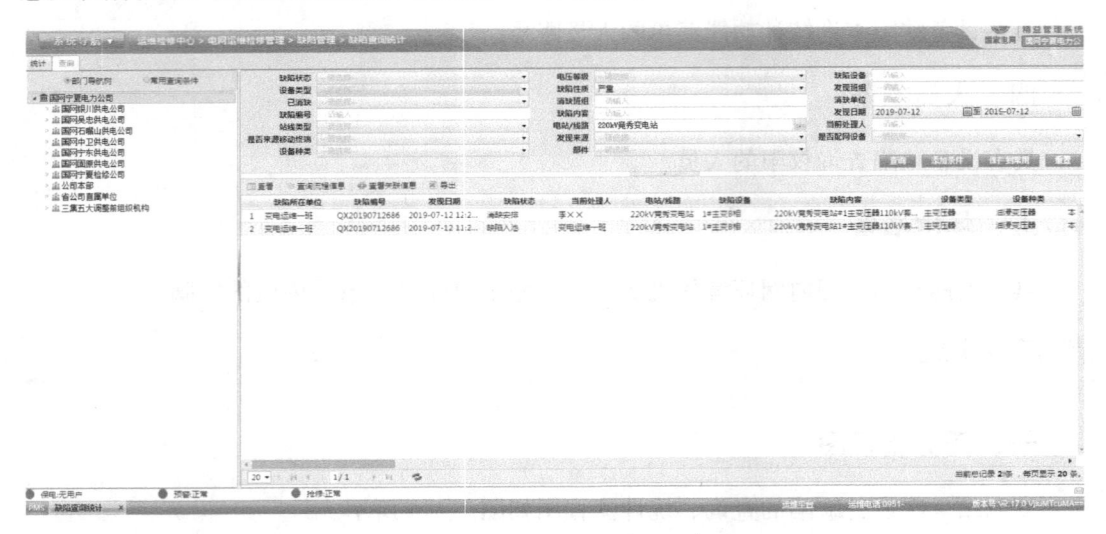

图7-46 查询缺陷记录界面

2. 查询、统计缺陷

选择缺陷,单击"查看"按钮,查看缺陷具体信息,查询缺陷信息界面如图7-47所示。

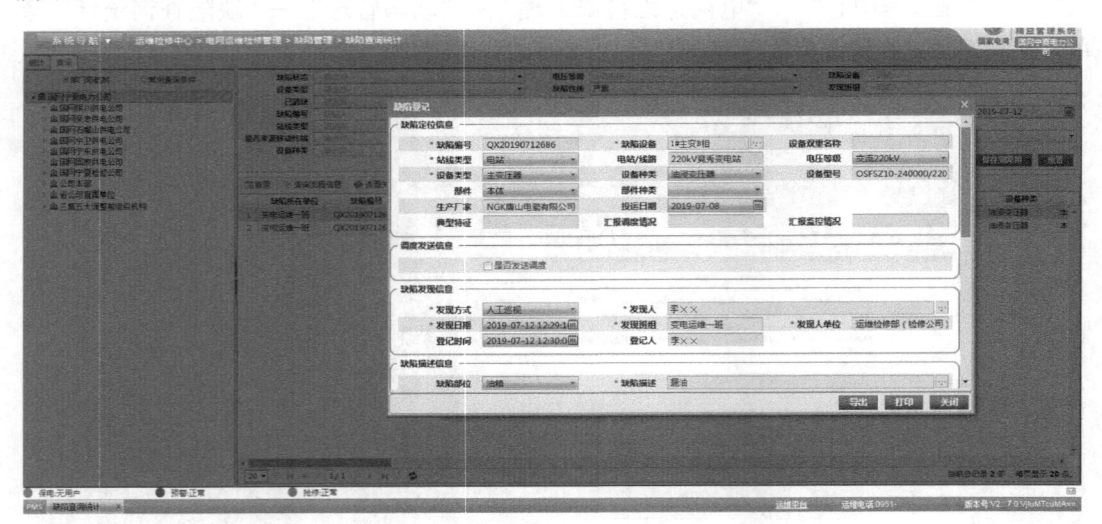

图7-47 查询缺陷信息界面

点击"缺陷查询统计"菜单下的"统计"按钮,打开统计菜单,按所需条件对缺陷记录进行统计,缺陷记录统计界面如图7-48所示。

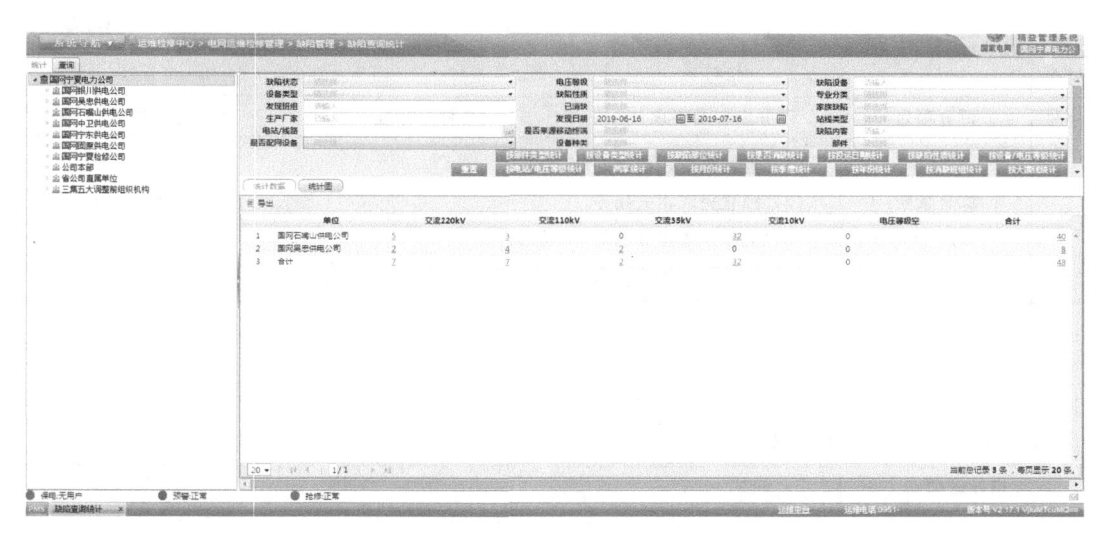

图 7-48　缺陷记录统计界面

任务评价

变电站一次设备缺陷的查询、统计任务评价表见表 7-2。

表 7-2　　　　变电站一次设备缺陷的查询、统计任务评价表

姓名		学号				
序号	评分项目	评分内容及要求	评分标准	扣分	得分	备注
1	预备工作 (10分)	(1) 正确安装 PMS 2.0 系统。 (2) 正确登录 PMS 2.0 系统。 (3) 正确打开缺陷查询统计菜单	(1) 未按电脑操作系统安装对应版本的谷歌浏览器，扣3分。 (2) 安装完成后，PMS2.0 系统无法打开，扣3分。 (3) 未打开缺陷查询统计菜单，扣4分			
2	缺陷查询 (50分)	(1) 查询出 2019 年 7 月竞秀变电站严重缺陷记录。 (2) 查询竞秀变电站 2019 年 7 月录入严重缺陷的状态	(1) 未按要求核查缺陷明细数据，每错一处扣5分，最多扣40分。 (2) 未按要求核查缺陷状态，扣10分			
3	缺陷统计 (30分)	(1) 按变电站统计 2019 年严重缺陷录入数量。 (2) 统计 2019 年变电站严重缺陷消缺数量	(1) 未按要求统计严重缺陷数量，扣15分。 (2) 未按要求统计严重缺陷消缺数量，扣15分			

续表

姓名			学号				
序号	评分项目		评分内容及要求	评分标准	扣分	得分	备注
4	综合素质 (10 分)		(1) 着装整齐，精神饱满。 (2) 独立完成相关任务。 (3) 能够完成指导教师的现场提问。 (4) 能够区分缺陷性质				
5	总分 (100 分)						

操作开始时间：	时	分	用时：	分
操作结束时间：	时	分		
指导教师				

任务扩展

在 PMS2.0 系统中完成 2019 年 7 月 110kV 莲池变电站设备严重缺陷记录的查询、统计工作。缺陷查询条件需与任务设置一致，查询结果要求准确无误。

步骤：进入 PMS2.0 系统，进入电网运维检修管理—缺陷管理—缺陷查询统计界面，按照要求输入查询条件，查询缺陷记录。

注意事项：

（1）对于已排入工作计划的缺陷，对应的缺陷描述需与缺陷性质保持一致。

（2）已消缺的缺陷需关联工作任务单。

（3）设备缺陷统计条件：可按部件类型、设备类型、缺陷部位、是否消缺、投运日期、缺陷性质、月份、季度等条件进行统计。

（4）设备缺陷查询条件：可按缺陷性质、电压等级、缺陷设备、缺陷内容、缺陷编号、缺陷来源、发现日期等条件进行查询。

情境八

设备停电检修管理

【情境描述】

该情境包含六项任务，分别是创建检修任务、月度检修计划和周检修计划、停电申请单、工作任务单、工作票、修试记录。核心知识点包括创建检修计划、停电申请单、工作任务单、工作票的流程及各个记录之间的关系。关键技能为可在PMS2.0系统中完成检修全过程记录的录入及管理。

【情境目标】

通过该情境的学习，应该达到的知识目标为掌握在设备运行期间围绕设备开展运行维护、检修试验等工作时，可在PMS2.0系统中录入检修计划、停电申请单、工作任务单、作业文本、工作票、修试记录等记录。应该达到的能力目标为能够在PMS2.0系统中创建月、周检修计划，停电申请单，工作任务单，工作票，修试记录，并能将其对应的流程结束，完成闭环管理。应该达到的态度目标为牢固树立主变压器停电检修过程中的安全风险防范意识，严格按照标准化作业流程进行检修、试验等操作。

任务一 主变压器检修任务的创建

任务目标

（1）掌握主变压器检修任务的创建步骤及检修任务存在的意义。
（2）能独自在PMS2.0系统中创建主变压器检修任务。

任务描述

该任务主要是创建检修任务。检修专责登录PMS2.0系统，创建220kV竞秀变电站1号主变压器的油色谱在线监测装置进行调试的工作任务，在任务新建时选择检修设备，填写任务内容等信息，完成检修任务的创建。

任务准备

一、知识准备

（1）任务池是一个虚拟的概念，主要用于缓冲各种随机或周期性触发的电网生产原生任务，包括检修任务（消缺、检修、试验）、日常运行工作任务。这些任务和对任务的反馈信息一起构成了任务池数据。使用对象：任务池管理使用对象主要为各级运维检修专责，包括省检修公司、地市检修公司、县级检修建设工区。

（2）任务来源包括到期试验、状态检修计划、缺陷、未完成的检修工作、大修计划、临时性工作。

（3）变电检修包括例行检修、大修、技改、抢修、消缺等工作，按停电范围、风险等级、管控难度等情况分为大型检修、中型检修、小型检修三类。

（4）检修类型（A、B、C、D、E）。

变电：

A——指整体性检修，包含整体更换、解体检修。

B——指局部性检修，包含部件的解体检查、维修及更换。

C——指例行检查及试验，包含本体及附件的检查与维护。

D——指在不停电状态下进行的检修，包含专业巡视、带电水冲洗、冷却系统部件更换工作、辅助二次元器件更换、金属部件防腐处理、箱体维护等不停电工作。

输电：

A——指对线路主要单元（如杆塔、导地线等）进行大量的整体性更换、改造等。

B——指对线路主要单元进行少量的整体性更换及加装、线路其他单元的批量更换及加装。

C——指综合性检修及试验。

D——指在带电位上进行的不停电检查、检测、维护或更换。

E——指等电位带电检修、维护或更换。

二、工具准备

Win7版本电脑（32/64）、Google浏览器（32/64）、PMS2.0培训环境。

三、资料准备

竞秀变电站1号主变压器设备信息、油色谱在线监测装置调试的停电计划信息、历史检修任务等。

四、人员准备

变电站所属检修班班长、技术员或工区专责。

五、场地准备

具有电网省属公司内网环境的机房（有可登录 PMS2.0 系统内网的电脑）。

任务实施

一、任务流程图

主变压器检修任务创建流程图如图 8-1 所示。

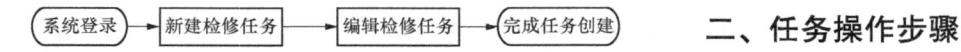

系统登录 → 新建检修任务 → 编辑检修任务 → 完成任务创建

图 8-1　主变压器检修任务创建流程图

二、任务操作步骤

1. 功能说明

任务池是一个虚拟的概念，可以把它理解为电网各类检修任务存放的容器，这个"池"中包括了各种随机或周期性触发的电网生产原生任务。

任务池新建的主界面为上下结构设计，上面为任务的查询过滤条件，用于对项目的检索过滤；下面为任务列表。任务池新建主界面如图 8-2 所示。

图 8-2　任务池新建主界面

2. 任务新建

（1）功能菜单。任务新建登录步骤："系统导航"—"运维检修中心"—"电网运维检修管理"—"任务池管理"—"任务池新建"。任务池新建菜单界面如图 8-3 所示。

（2）操作步骤。新建：在工具栏上选择"新建"按钮，系统弹出任务池新建对话框窗口，在新建任务窗口下半部分点击"新建"，选择需要检修的 1 号主变压器及相关设备，添加完设备后，选中 1 号主变压器点击"修改作业类型"设置此设备的检修作业类型，点击"设为主设备"将主变压器设为检修主设备；然后在新建任务窗口上半部分维

233

PMS 系统认知实训

护此任务的检修信息，待信息都维护完整之后，点击"保存"按钮保存任务信息。当工作类型为生产检修时，检修分类字段为必填项；当工作类型为基建、配电网工程、用户工程时，检修分类字段为非必填项。任务新建窗口界面如图 8-4 所示。

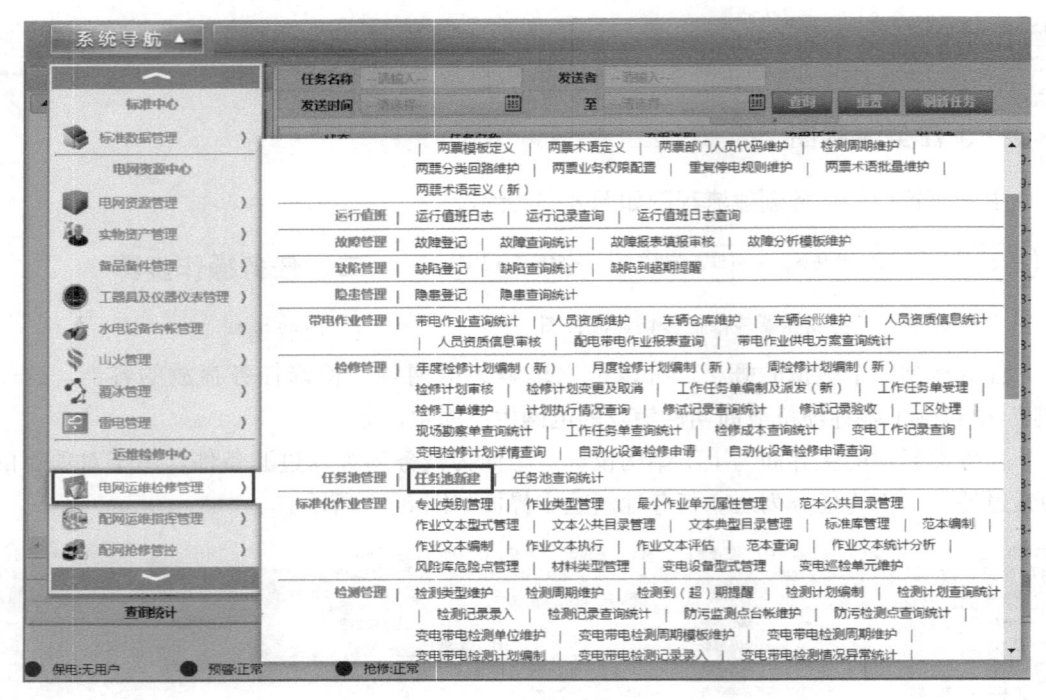

图 8-3 任务池新建菜单界面

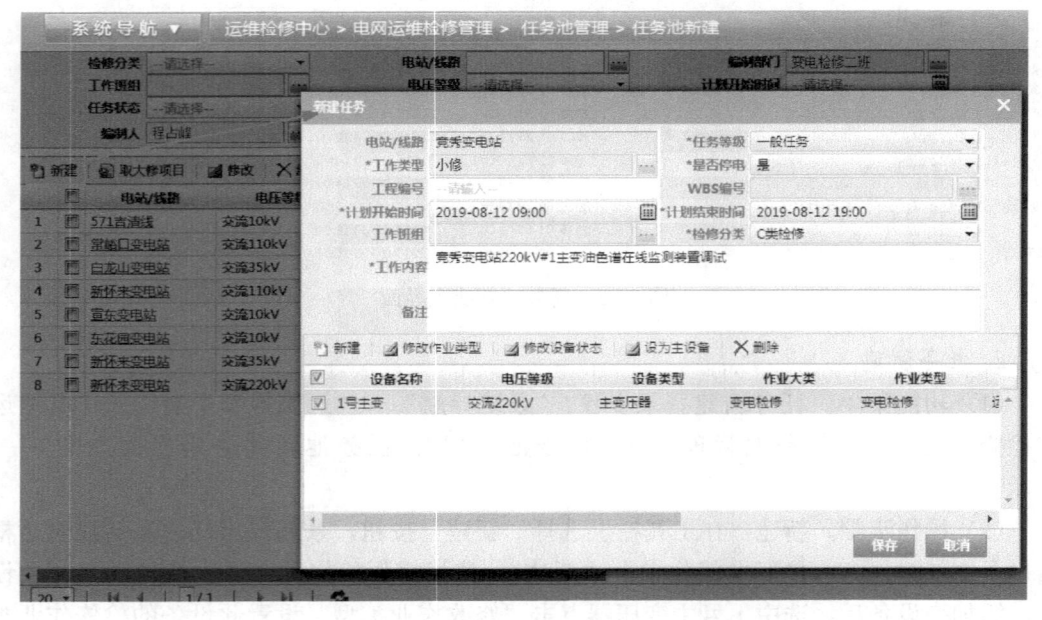

图 8-4 任务新建窗口界面

情境八 设备停电检修管理

点击保存后,此任务就会显示在任务列表中,可对任务进行修改、删除等操作。点击"修改"按钮,弹出任务的详细信息页面,可对任务信息进行修改;点击"删除"按钮,对选择的任务永久删除。任务主界面如图8-5所示。

可在"系统导航"—"运维检修中心"—"电网运维检修管理"—"任务池管理"—"任务池查询统计"模块中查询已创建的任务。任务池查询统计界面如图8-6所示。

图8-5 任务主界面

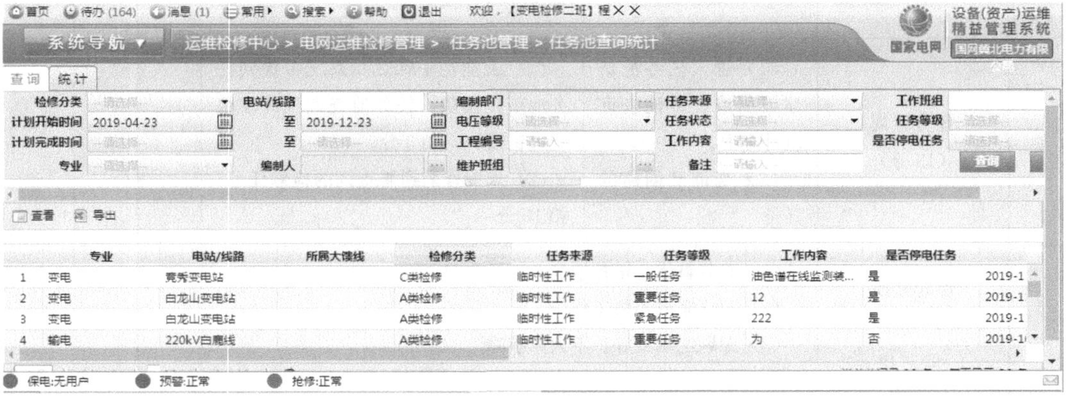

图8-6 任务池查询统计界面

任务评价

主变压器检修任务创建任务评价表见表8-1。

表 8-1　　　　　　　　　　　主变压器检修任务创建任务评价表

姓名		学号				
序号	评分项目	评分内容及要求	评分标准	扣分	得分	备注
1	准备工作 （10分）	（1）电脑、资料检查。 （2）正确安装 PMS 2.0 系统	（1）检查资料是否齐全，每缺一项扣2分，共5分，扣完为止。例如：设备信息、检修任务信息、账号信息等。 （2）未安装对应版本的谷歌浏览器，扣5分			
2	任务新建 （45分）	（1）正常登录 PMS 2.0 系统。 （2）进入任务池新建模块。 （3）检修任务创建	（1）未能登录 PMS2.0 系统，扣10分。 （2）未能在 PMS2.0 系统中找到任务新建模块或进错模块，扣10分。 （3）未能按要求创建主变压器检修任务或填写的任务信息错误，每项扣25分			
3	任务修改、删除 （25分）	（1）进入任务池新建界面。 （2）修改或删除已创建的检修任务	（1）未能在 PMS2.0 系统中找到任务池新建模块或进错模块，扣5分。 （2）未能查询到自己创建的检修任务，扣10分。 （3）未能正确修改或删除任务，扣10分			
4	任务查询 （15分）	（1）进入任务池新建界面或任务池查询统计界面。 （2）查询已创建的任务	（1）未能在 PMS2.0 系统中找到任务池新建模块、任务池查询统计模块或进错模块，扣5分。 （2）未能查询到需查询的检修任务，扣10分			
5	综合素质 （5分）	（1）着装整体，精神饱满。 （2）独立完成相关工作。 （3）课题纪律良好、不大声喧哗				
6	总分 （100分）					

操作开始时间：　　　时　　　分
操作结束时间：　　　时　　　分　　　　　　　　　　用时：　　　分

指导教师

任务扩展

（1）请依据上述操作，在 PMS2.0 系统中创建 220kV 竞秀变电站 1 号主变压器高压套管导电接头和引线发热缺陷的消缺任务。消缺任务与临时任务略有差别，消缺任务首先在"系统导航"—"运维检修中心"—"电网运维检修管理"—"缺陷管理"—"缺陷登记"模块录入缺陷，然后提交班长审核，通过"缺陷处理流程"中的"缺陷入池"环节，将消缺任务加入任务池，即消缺任务不能直接点击新建进行创建，需通过缺陷处理过程将消缺任务加入任务池，加入任务池后即可在任务列表中看到此消缺任务，缺陷处理流程如图 8-7 所示：

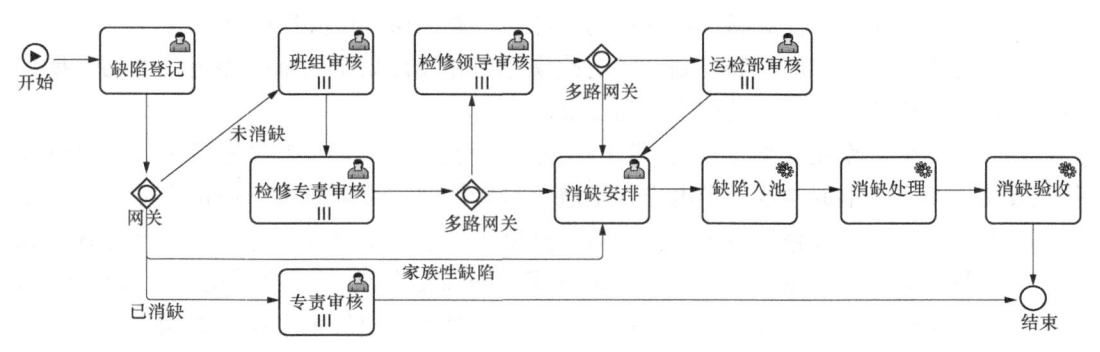

图 8-7 缺陷处理流程

（2）请依据上述操作，在 PMS2.0 系统中创建 220kV 竞秀变电站 2 号主变压器的油色谱在线监测装置调试的检修任务。

任务二　主变压器检修计划的制订

任务目标

（1）掌握年度、月度、周检修工作计划的创建步骤、作用及它们之间的关系。

（2）能够独自在 PMS2.0 系统中根据任务一的检修任务创建月度检修计划和周检修计划并发布。

任务描述

该任务主要是根据检修任务创建检修计划，并对计划进行审核、调度平衡、发布等操作。检修专责登录 PMS2.0 系统，在 PMS2.0 系统中依据任务一创建的"220kV 竞秀变电站 1 号主变压器油色谱在线监测装置调试"检修任务创建月度检修计划，填写计划内容，填写完成后上报运检、调度部门审批、发布；在检修至少一周前检修专责根据月度检修计划创建周检修计划。

任务准备

一、知识准备

（1）变电检修实施计划管理，具体包含年检修计划、月检修计划和周工作计划。

（2）年、月、周计划来源：年计划、月计划的来源有本年度待完成的周期性工作、状态检修计划、技改大修项目储备、未消除的缺陷、未消除的隐患、上年度未完成计划、临时任务等。周检修工作计划可直接从月计划勾选生成功能，一个月度检修计划可以分解成多个周检修计划，对于直接从月计划勾选生成且未进行修改的计划，不需要进行流程审核；对于根据任务新增或变更的周计划，需启动审核流程进行审核。

（3）是否审核：年度检修计划、月度检修计划和周计划中的临时停电工作均需要由运检部门提出申请后，上报给调度部门批复。

（4）是否带电作业（类型）：应带电作业。带电作业：带电作业是指对高压电气设备及设施进行不停电的作业。带电作业是避免检修停电，保证正常供电的有效措施。主要项目有：带电更换线路杆塔绝缘子，清扫绝缘子、水冲洗绝缘子、压接修补导线和架空地线、带电更换线路金具，检测不良绝缘子（对带电作业人员培训记录、考试记录、人员资质记录进行记录。按照带电作业工作票内容及相对应的带电作业类型操作程序进行操作并做好记录）。

二、工具准备

Win7 版本电脑（32/64）、Google 浏览器（32/64）、PMS2.0 培训环境。

三、资料准备

设备信息、检修停电计划、历史月度检修计划信息、周检修计划信息等。

四、人员准备

变电站所属检修班班长、技术员或工区专责。

五、场地准备

具有电网省属公司内网环境的机房（有可登录 PMS2.0 系统内网的电脑）。

任务实施

一、任务流程图

主变压器检修计划的制订流程图如图 8-8 所示。

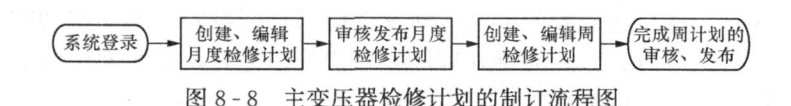

情境八　设备停电检修管理

图 8-8　主变压器检修计划的制订流程图

二、任务操作步骤

1. 功能说明

检修管理包括年度检修计划、月度检修计划、周检修计划，遵循"年制定、月安排、周平衡、日执行"的原则，通过计划提前编制、通盘考虑的方式，提高计划的综合性和科学性。计划审核批准后，由各级公司将工作任务下发到相应班组，由班组人员执行任务计划，完成后进行验收结束。

此次检修为小修，检修专责需在 PMS2.0 系统中依据检修工作任务创建月度检修计划，填写计划内容，填写完成后上报运检、调度部门审批、发布；在检修至少一周前检修专责根据月度检修计划创建周检修计划。

2. 月度检修计划的制订

（1）功能菜单。进入"系统导航"—"运维检修中心"—"电网运维检修管理"—"检修管理"—"月度检修计划编制（新）"。月度检修计划菜单界面如图 8-9 所示。

图 8-9　月度检修计划菜单界面

（2）操作步骤。此模块主要为检修计划专责提供月度检修计划编制功能。月度检修计划编制主界面分两部分，分别为待处理任务和待处理计划，待处理任务部分显示的是计划来源为缺陷、未完成的检修工作、年计划、临时任务等；待处理计划显示的是已创建的月度检修计划。月度检修计划编制主界面如图 8-10 所示。

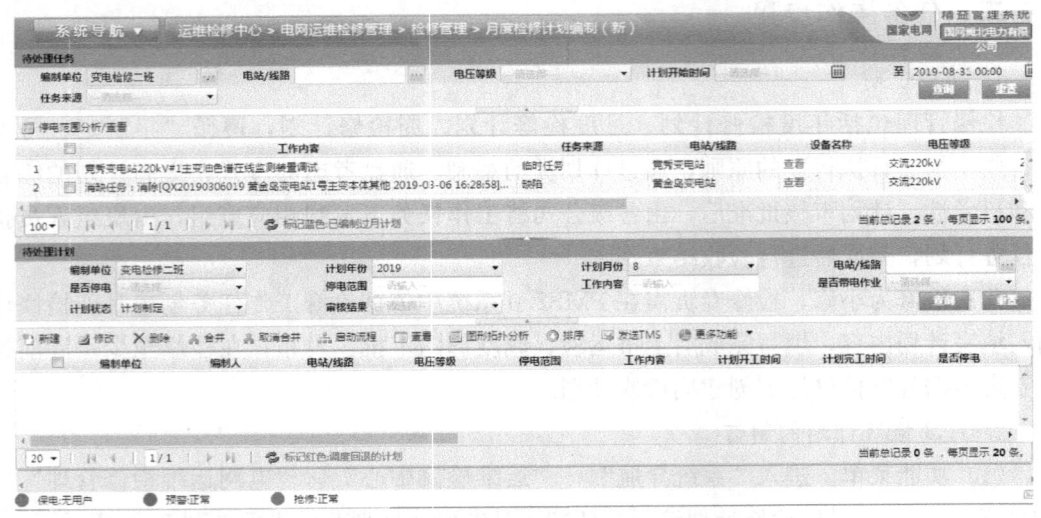

图 8-10　月度检修计划编制主界面

新建：此次检修为临时任务，所以任务来源选择"临时任务"，在"临时任务"中，查询在任务一中创建的"220kV 竞秀变电站 1 号主变压器的油色谱在线监测装置调试"检修任务。任务查询界面如图 8-11 所示。

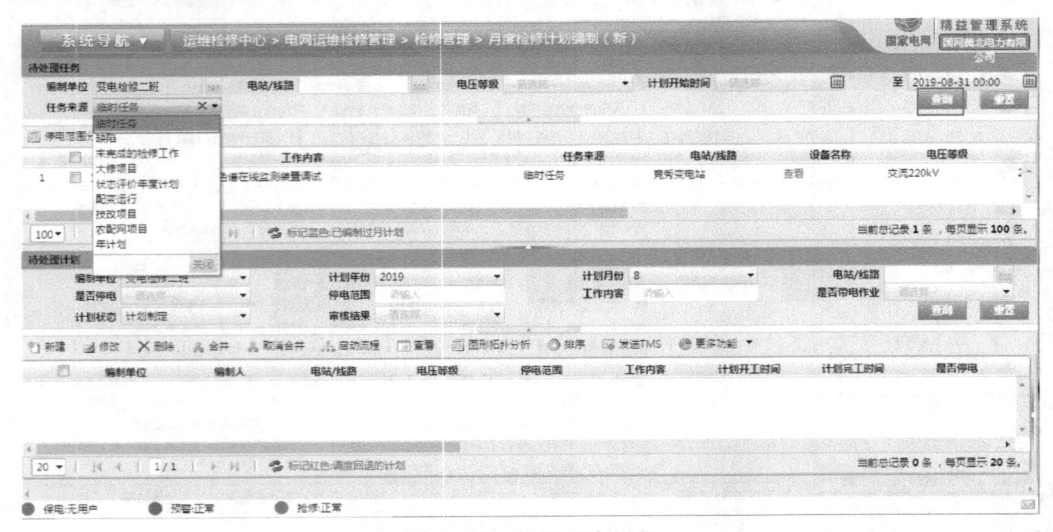

图 8-11　任务查询界面

勾选待处理的检修任务，点击"新建"按钮，弹出计划编制页面。此页面分为上下两部分，上半部分为任务信息和检修设备，主要来自任务，点击"任务追加""添加设

情境八　设备停电检修管理

备"可添加任务和检修设备；下半部分为计划的基本信息，其中计划的大部分信息来自任务，由系统自动填充可修改，其中带星号的为必填，需维护完整信息后才可以保存。月计划新建窗口界面如图 8-12 所示。

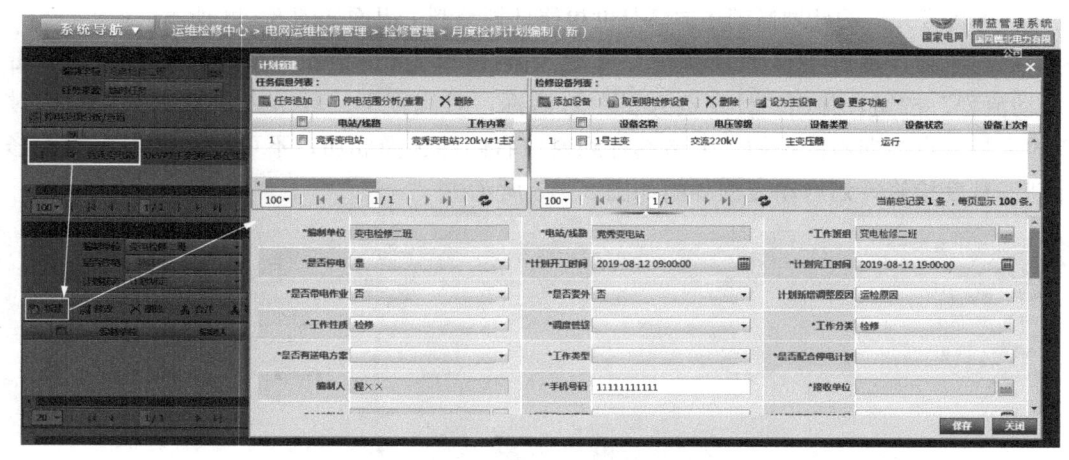

图 8-12　月计划新建窗口界面

在计划新建页面，维护计划的基本信息，维护完成后，点击保存。月度计划新建窗口界面如图 8-13 所示。

图 8-13　月度计划新建窗口界面

点击保存后，此月度检修计划会显示在列表中，可对月度检修计划进行修改、删除等操作。勾选已创建的且状态为"计划制订"的月检修计划，点击"修改"按钮，弹出计划

241

修改信息页面，可对计划进行修改，不可修改非本人的检修计划；点击"删除"按钮，检修计划删除，任务返回至待处理任务区，不可删除非本人的检修计划，已启动流程的计划不能删除；点击"合并"按钮，可将两条及两条以上的计划合并为一条；点击"取消合并"按钮，可将合并后的计划撤销还原。月度检修计划编制主界面如图8-14所示。

启动流程：月度检修计划编制完成后，需计划专责审核、调度平衡后发布。点击"启动流程"按钮，弹出"计划选人员"对话框，对流程下一环节人员做选择，勾选对应的人员，点击向右的按钮，人员选择到窗口右侧即选择成功，不可启动非本人的检修计划。月度检修计划启动流程界面如图8-15所示。

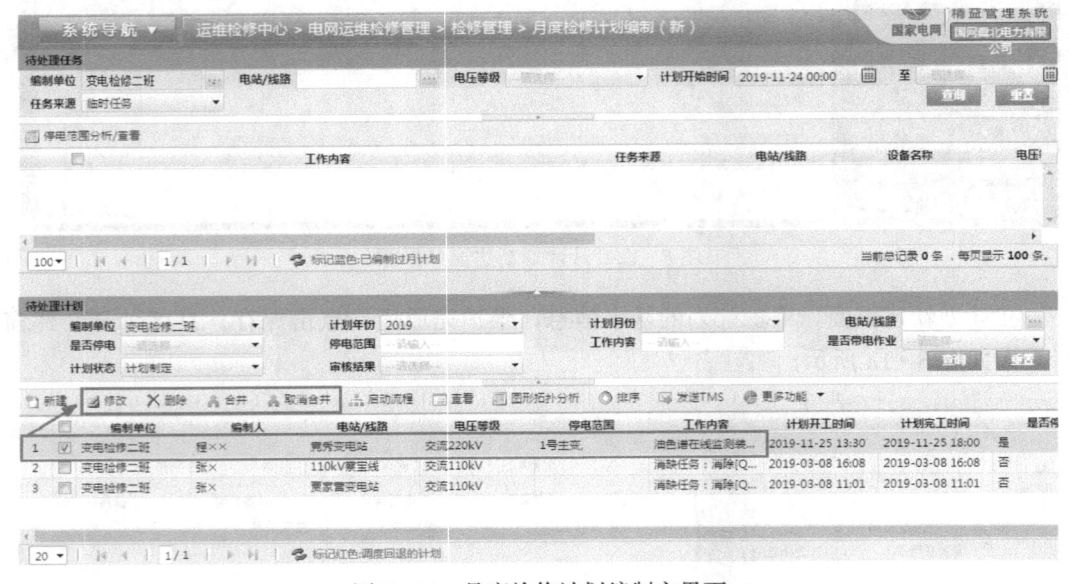

图8-14 月度检修计划编制主界面

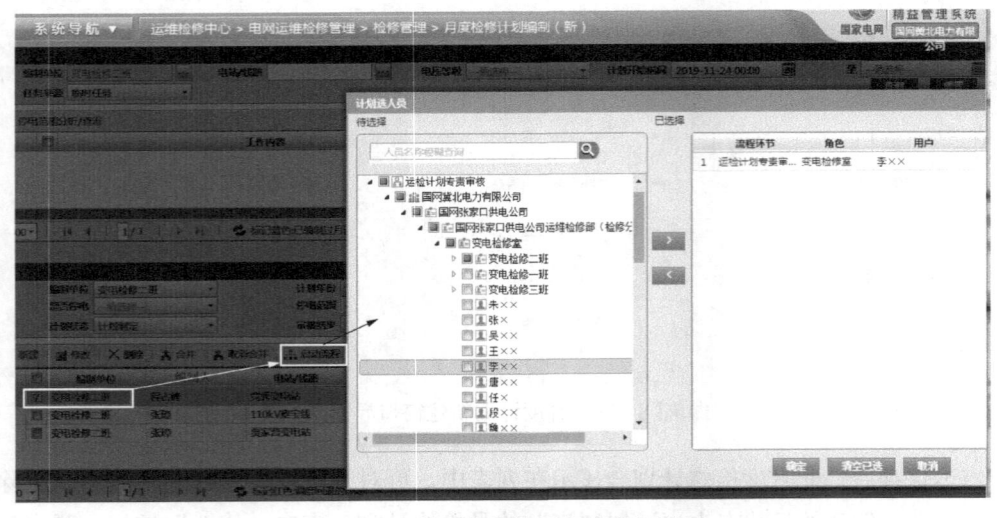

图8-15 月度检修计划启动流程界面

运检计划专责登录 PMS2.0 系统，在待办中点击需审核的月度检修计划，进行审核，直至发布。专责待办界面、计划审核界面、计划已发布界面分别如图 8-16～图 8-18 所示。

图 8-16 专责待办界面

图 8-17 计划审核界面

3. 周检修计划制订

(1) 功能菜单。周检修计划制订登录步骤："系统导航"—"运维检修中心"—"电网运维检修管理"—"检修管理"—"周检修计划编制（新）"，周检修计划编制菜单界面如图 8-19 所示。

(2) 操作步骤。此模块主要为检修计划专责提供周检修计划编制功能，周检修计划编制主界面和月度检修计划界面相同，均分为两部分，分别为待处理任务和待处理计

243

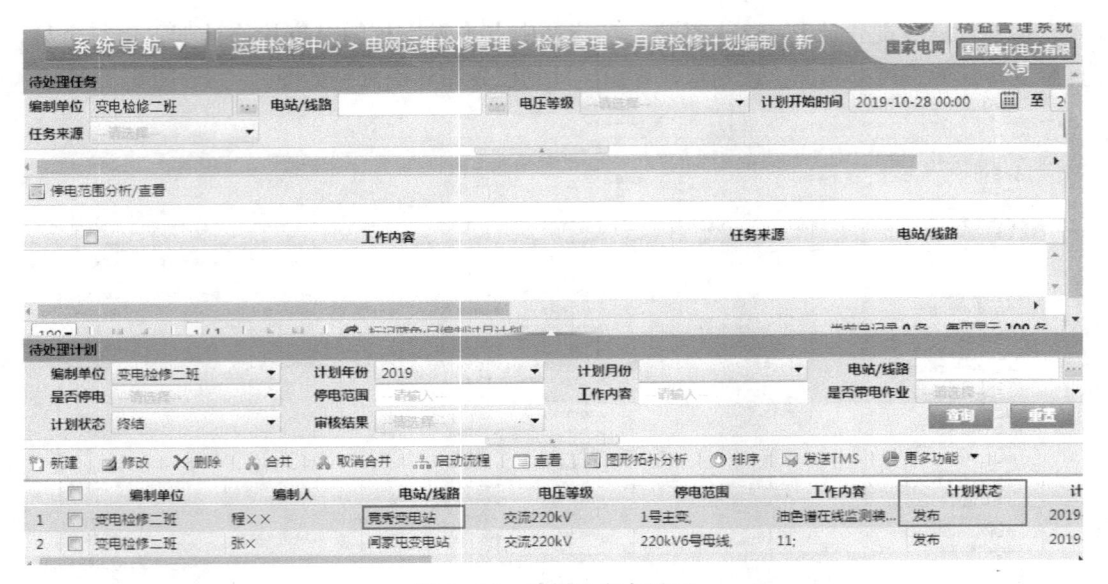

图 8-18 计划已发布界面

图 8-19 周检修计划编制菜单界面

划。待处理任务显示计划来源为缺陷、未完成的检修工作、月计划、临时任务等，待处理计划显示已创建的周检修计划，周检修计划编制主界面如图 8-20 所示。

新建：任务来源选择"月计划"，查询已创建的月计划，勾选待处理的计划，点击"新建"按钮，弹出周计划编制页面，此页面分为上下两部分。上半部分为任务信息和检修设备，主要来自月计划，点击"任务追加""添加设备"可添加任务和检修设备；下半部分为周计划的基本信息，其中，周计划的大部分信息来自月度检修计划，内容由系统自动生成并修改，带星号的字段为必填项，需维护完整信息后才可以保存。周计划新建窗口界面如图 8-21 所示。

图 8-20　周检修计划编制主界面

图 8-21　周计划新建窗口界面

在计划新建页面，维护计划的基本信息，维护完成后，点击保存。周计划编制窗口界面如图8-22所示。

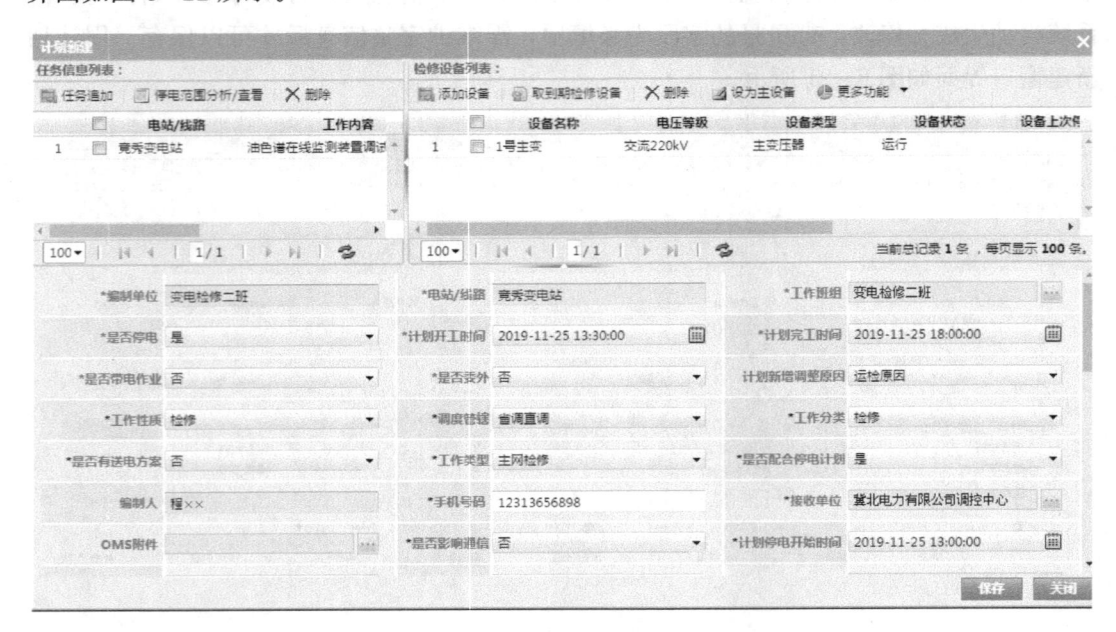

图8-22 周计划编制窗口界面

保存完成后，可在计划列表中看到新增的周计划，也可对周计划进行修改、删除等。

修改：点击"修改"按钮，弹出计划修改信息页面，对计划进行修改，不可修改非本人的检修计划。

删除：勾选已创建的且状态为"计划制订"的周检修计划，点击"删除"按钮可删除周检修计划，不可删除非本人的检修计划，已启动流程的计划不能删除。

合并：点击"合并"按钮，可将两条及两条以上计划合并为一条。

取消合并：点击"取消合并"按钮，可将合并后的计划撤销还原，周检修计划编制主界面如图8-23所示。

启动流程：周检修计划编制完成后，点击"启动流程"按钮进行计划发布，此周检修计划来自月计划，周检修计划发布界面如图8-24所示。如果周检修计划的任务来源为临时任务，启动流程后需计划专责审核、调度平衡才可以发布。

发布成功后，周检修计划状态变为了"发布"，周检修计划创建完成。周检修计划界面如图8-25所示。

可在"系统导航"—"运维检修中心"—"电网运维检修管理"—"检修管理"—"计划执行情况查询"模块中查询年、月、周检修计划。计划执行情况查询界面如图8-26所示。

情境八　设备停电检修管理

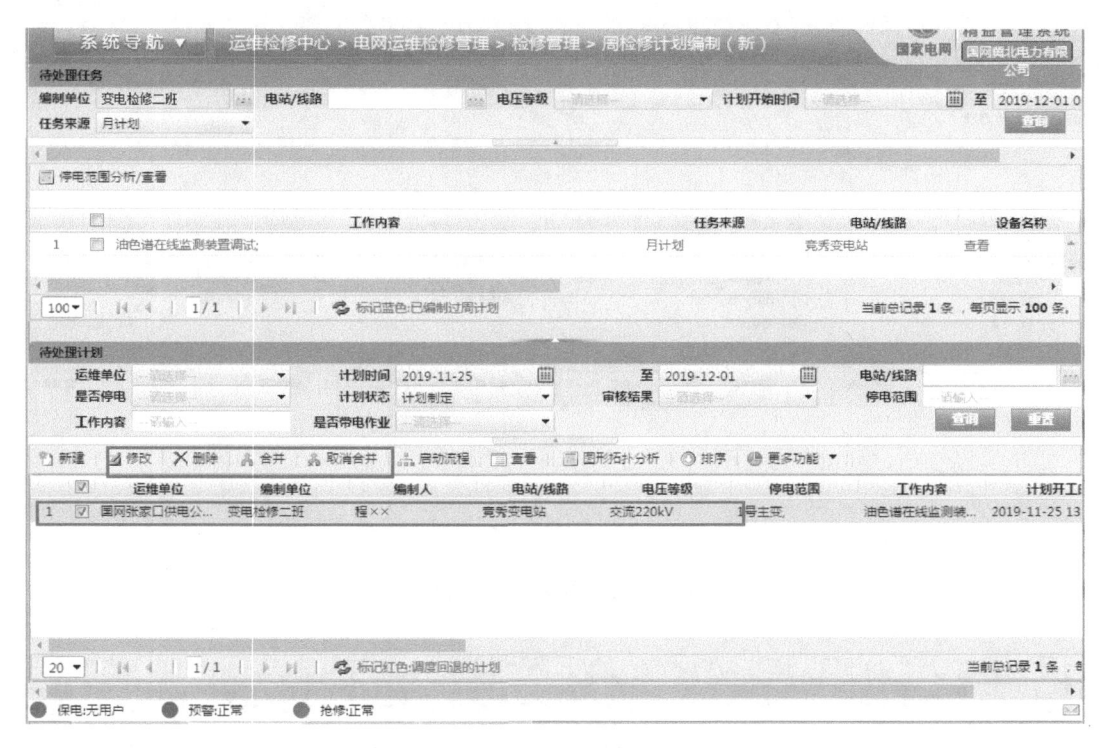

图 8-23　周检修计划编制主界面

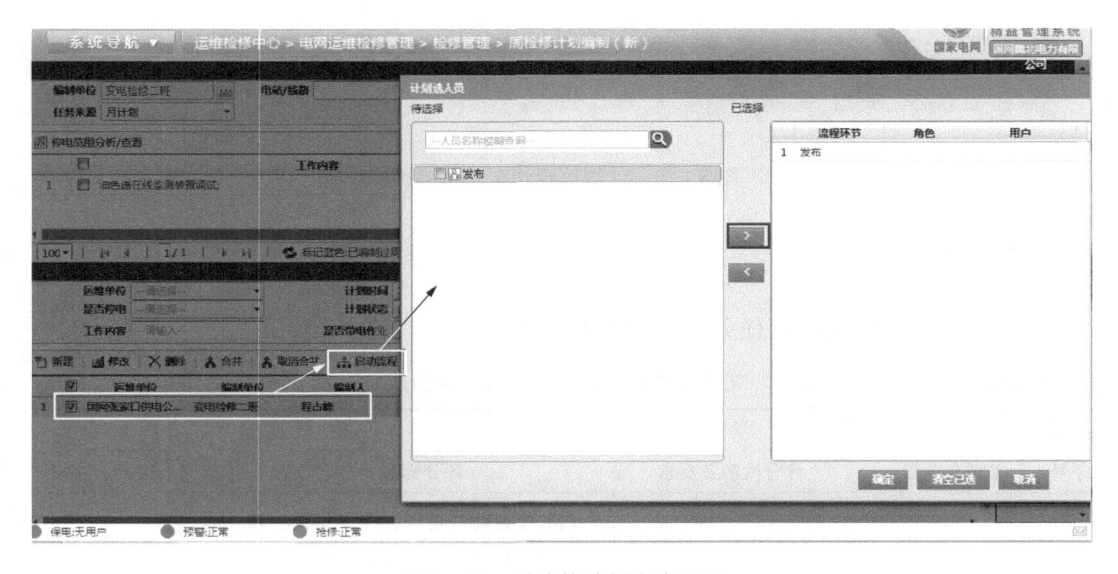

图 8-24　周检修计划发布界面

247

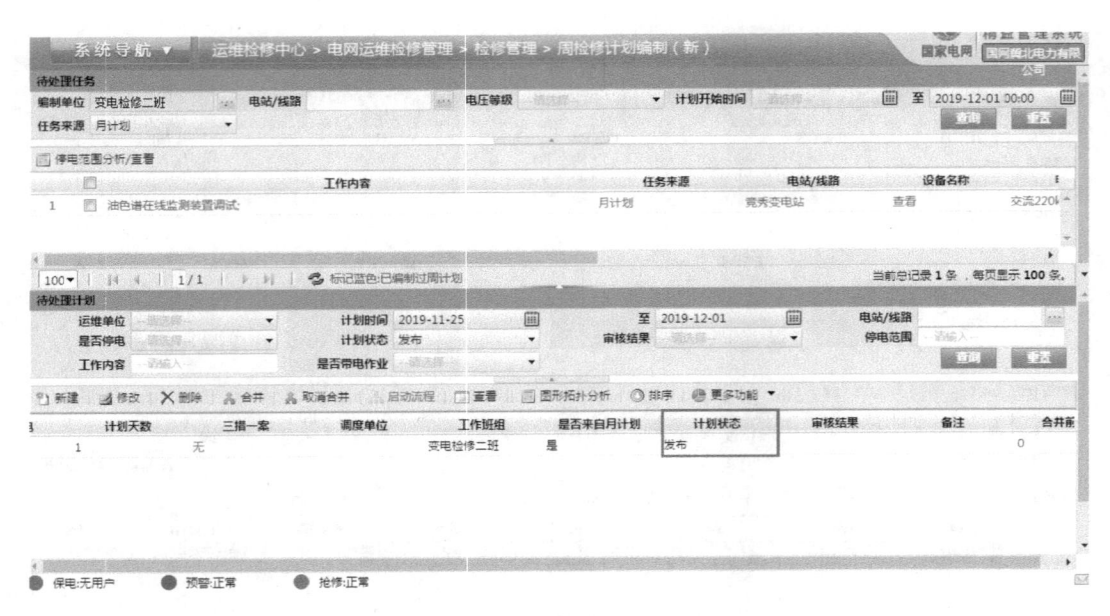

图 8-25　周检修计划界面

图 8-26　计划执行情况查询界面

任务评价

主变压器检修计划制订任务评价表见表 8-2。

表 8-2　　　　　　　　主变压器检修计划制订任务评价表

姓名		学号				
序号	评分项目	评分内容及要求	评分标准	扣分	得分	备注
1	准备工作 （10 分）	（1）电脑、资料检查。 （2）正确安装 PMS 2.0 系统	（1）检查资料是否齐全，每缺一项扣 2 分，扣完为止。例如：设备信息、检修任务信息、账号信息等。 （2）未安装对应版本的谷歌浏览器，扣 5 分			

续表

姓名		学号				
序号	评分项目	评分内容及要求	评分标准	扣分	得分	备注
2	系统登录 （5分）	（1）正常登录PMS 2.0系统。 （2）打开月度检修计划编制模块	（1）未能登录PMS2.0系统，扣2分。 （2）未能在PMS2.0系统中找到月度检修计划编制模块或进入模块错误，扣3分			
3	月度检修计划编制及审批、发布 （35分）	（1）根据任务一创建的检修任务创建月度检修计划。 （2）编制计划内容。 （3）启动审批流程。 （4）审批检修计划直至发布	（1）未能完成月度检修计划新建，扣10分。 （2）月度检修计划内容填写错误或未填写，扣9分。 （3）未启动月度检修计划审批流程或发送失败、错误，扣8分。 （4）月度检修计划审批流程没结束，计划未发布，扣8分			
4	周检修计划编制及审批、发布 （30分）	（1）打开周检修计划编制模块。 （2）根据月度检修计划创建周检修计划。 （3）编制计划信息。 （4）启动流程直至发布	（1）未能在PMS2.0系统中找到周检修计划编制模块或进入模块错误，扣3分。 （2）未能完成周检修计划新建，扣10分。 （3）周检修计划内容填写错误或未填写，扣9分。 （4）周检修计划审批流程没结束，计划未发布，扣8分			
5	计划执行情况查询 （15分）	（1）打开计划执行情况查询模块。 （2）查询创建的月、周检修计划	（1）未能在PMS2.0系统中找到计划执行情况查询模块，扣5分。 （2）未能查询到自己创建的检修计划，扣10分			
6	综合素质 （5分）	（1）着装整体，精神饱满。 （2）独立完成相关工作。 （3）课题纪律良好，不大声喧哗				
7	总分 （100分）					

操作开始时间：　　时　　分	用时：　　分
操作结束时间：　　时　　分	
指导教师	

📋 任务扩展

（1）请依据上述操作，根据情境八任务一任务扩展中创建的 220kV 竞秀变电站 1 号主变压器高压套管导电接头和引线发热缺陷消缺任务，创建月检修计划、周检修计划并发布。

（2）请依据上述操作，根据情境八任务一任务扩展中创建的 220kV 竞秀变电站 2 号主变压器的油色谱在线监测装置进行调试的检修任务，直接创建周检修计划并发布。

任务三　主变压器检修停电申请

📋 任务目标

（1）掌握停电申请单的创建步骤及审批流程。
（2）能够独自在 PMS2.0 系统中创建停电申请单并发布。

📋 任务描述

该任务主要是根据周检修计划创建停电申请单，并对停电申请单进行审核、调度审批、发布等操作。检修专责登录 PMS2.0 系统，在 PMS2.0 系统中依据情境八任务二创建的"220kV 竞秀变电站 1 号主变压器油色谱在线监测装置调试"周检修计划创建停电申请单。首先需在停电申请单新建模块找到已创建的周检修计划，根据周检修计划创建停电申请单，填写停电申请单内容，填写完成后将申请单发送至调度部门批复、发布。

📋 任务准备

一、知识准备

（1）停电申请单管理是检修管理过程中的一个环节，停电申请单由各级检修公司检修专责编制并上报，由运检领导按职责审核停电申请，再将停电申请发给设备所属调度审批，调度部门审核之后，将停电申请单批复给申请单位。

（2）停电申请单的主要内容是由周检修计划或工作任务生成的。

（3）停电分为计划停电和临时停电。计划停电：指停电检修计划是上过月度检修平衡会，并由基建、营销、生产、调度、安监、工程公司等部门共同评审通过的电网停电检修工作。临时停电：按照停电检修管理办法，凡没有列入月度计划的停电，不论何种原因均视为非计划停电，又叫临时停电；临时停电影响供电可靠性，一般为设备异常、危急严重缺陷需要临时进行停电处理的检修工作，对于供电单位而言，临时停电有严格的要求和限制（计划停电申请要求在开工前 7 个工作日向调度部门提出申请，对于临时停电申请，要求至少提前 2 周向调度部门提出申请）。

二、工具准备

Win7 版本电脑（32/64）、Google 浏览器（32/64）、PMS2.0 培训环境。

三、资料准备

设备信息、停电计划、历史停电申请单信息等。

四、人员准备

变电站所属检修班班长、技术员或工区专责。

五、场地准备

具有电网省属公司内网环境的机房（有可登录 PMS2.0 系统内网的电脑）。

任务实施

一、任务流程图

主变压器检修停电申请流程图如图 8-27 所示。

二、任务操作步骤

图 8-27 主变压器检修停电申请流程图

1. 功能说明

根据周检修计划或工作任务，生成停电申请单。生成的停电申请单可以在原计划的基础上做延期或取消处理。停电申请单提供查询功能，辅以颜色区别任务状态。

2. 停电申请单制定

（1）功能菜单。登录步骤："系统导航"—"运维检修中心"—"电网运维检修管理"—"停电申请单管理"—"停电申请单新建（新）"。停电申请单新建主界面如图 8-28 所示。

（2）操作步骤。停电申请单新建主界面为常用的上下结构设计，上面为工作任务或已发布的检修计划，下面为停电申请单功能区。停电申请单新建可根据工作任务或已发布的检修计划，生成停电申请单并可修改或补充。创建完成后，将停电申请单进行上报审核，获批准后生成已发布的停电申请单。停电申请单新建主界面如图 8-29 所示。

新建：勾选情境八任务二发布的"220kV 竞秀变电站 1 号主变压器油色谱在线监测装置调试"周检修计划，点击"新建"按钮，系统弹出停电申请单新建的对话框窗口，在新增窗口中，将信息维护完整，然后点击"确定"按钮保存。停电申请单新建窗口界面如图 8-30 所示。

图 8-28 停电申请单新建主界面

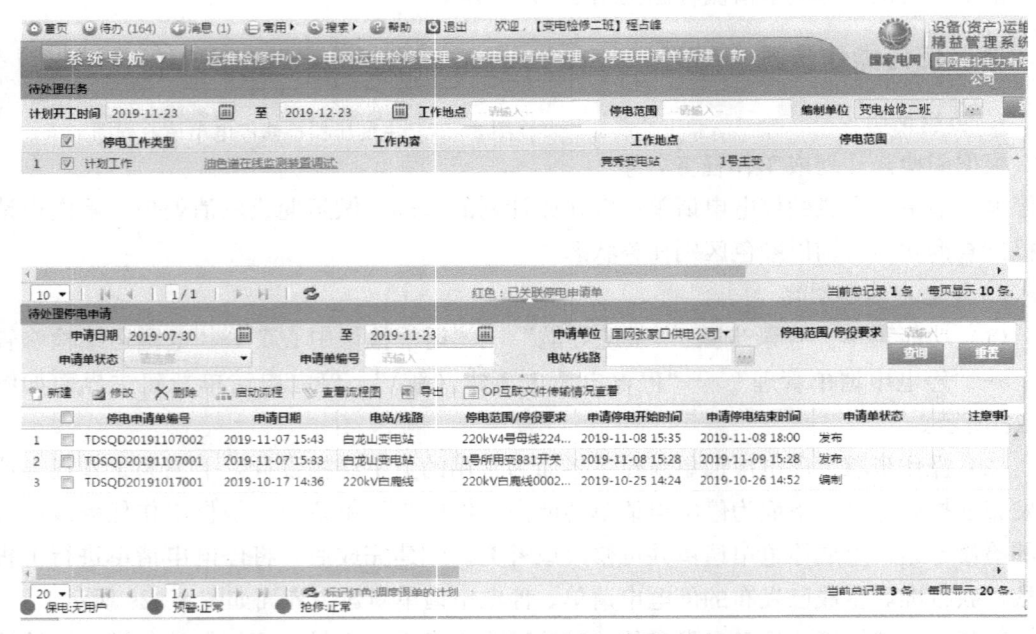

图 8-29 停电申请单新建主界面

点击保存后，此停电申请单就会显示在列表中，可对停电申请单进行修改、删除等操作。勾选编制状态的停电申请单，点击"修改"按钮，弹出停电申请单的详细信息页面，对停电申请单进行修改；点击"删除"按钮，可对编制状态的停电申请单进行删除

情境八　设备停电检修管理

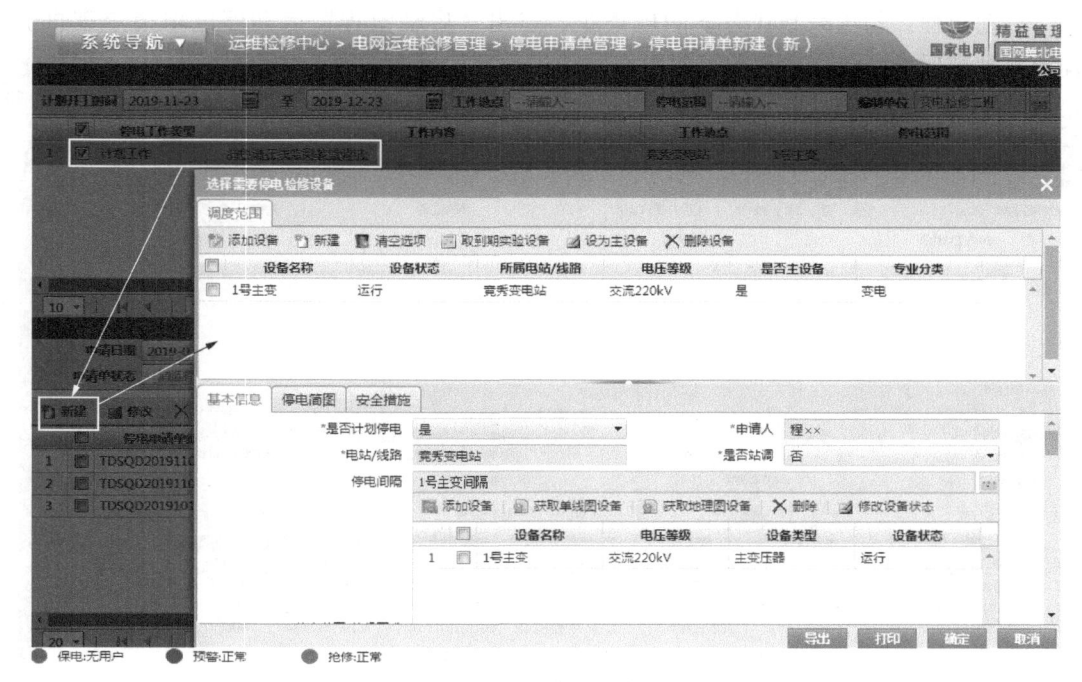

图 8-30　停电申请单新建窗口界面

操作。点击"导出"按钮，提供导出 Excel 格式的停电申请单，停电申请单操作窗口界面如图 8-31 所示。

图 8-31　停电申请单操作窗口界面

253

PMS系统认知实训

启动流程：勾选编制状态下的申请单，点击"启动流程"启动停电申请单审批流程，获批准后发布停电申请单。停电申请单启动流程界面如图8-32所示。

图8-32 停电申请单启动流程界面

此申请单为计划停电，启动流程便可直接将申请单发送至调度，调度审批通过后，申请单状态将变为"发布"，停电申请单流程图如图8-33所示。

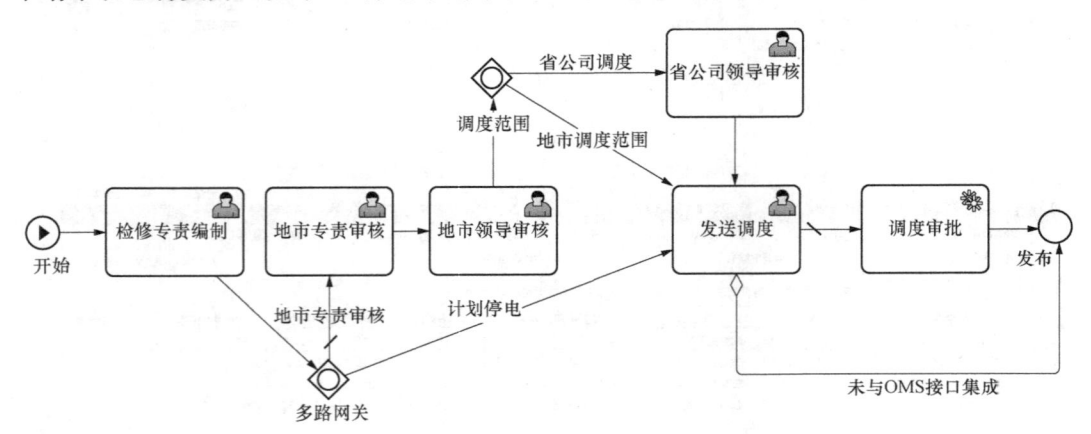

图8-33 停电申请单流程图

因培训环境可能没和调度做接口，在点击"启动流程"后，可选择线下审批流程，选择审核人界面如图8-34所示。

情境八　设备停电检修管理

图 8-34　选择审核人界面

对应的专责登录系统点击"待办"，找到此条停电任务，进行审批，待办界面如图 8-35 所示。

图 8-35　待办界面

填写审核意见后，点击"发送"，发布此停电申请单，如果审核不通过也可点击

255

PMS 系统认知实训

"退回"按钮选择退回。停电申请单审核界面如图 8-36 所示。停电申请单发布界面如图 8-37 所示。

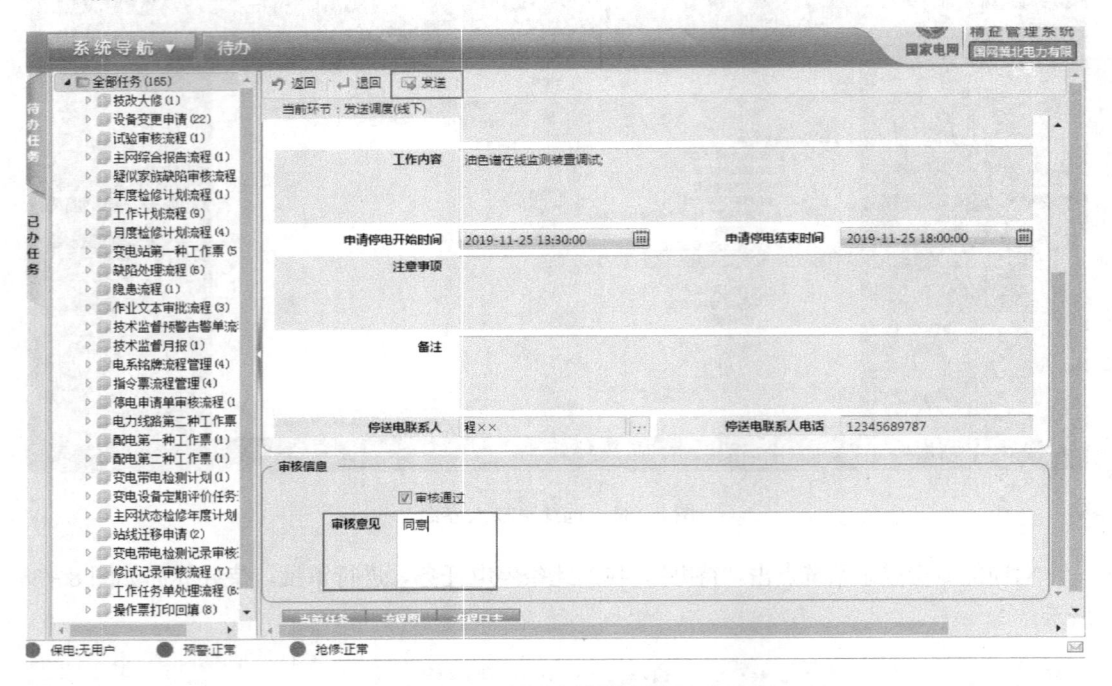

图 8-36 停电申请单审核界面

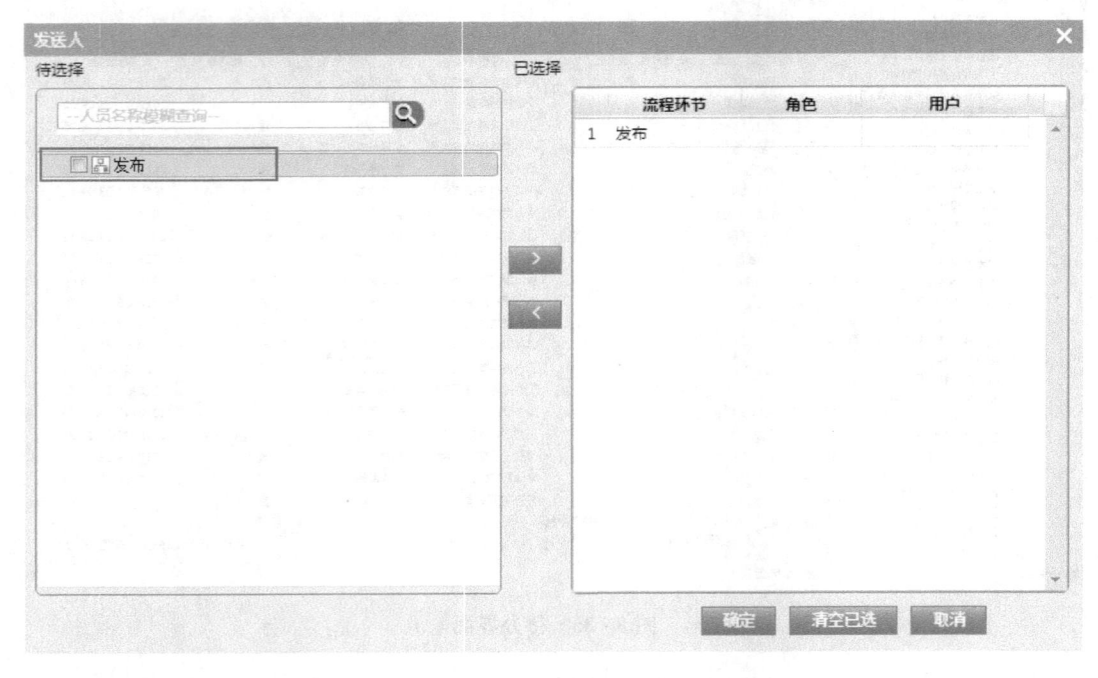

图 8-37 停电申请单发布界面

流程结束后，停电申请单的状态变为"发布"，停电申请单新增主界面如图 8-38 所示。

图 8-38　停电申请单新增主界面

在"系统导航"—"运维检修中心"—"电网运维检修管理"—"停电申请单管理"—"停电申请单延期及取消"模块，可对已发布的申请单进行延期或取消操作，停电申请单延期及取消界面如图 8-39 所示。

图 8-39　停电申请单延期及取消界面

在"系统导航"—"运维检修中心"—"电网运维检修管理"—"停电申请单管理"—"停电申请单查询"模块，可对申请单进行查询统计，停电申请单查询界面如图 8-40 所示。

PMS 系统认知实训

图 8-40 停电申请单查询界面

任务评价

主变压器检修停电申请任务评价表见表 8-3 所示。

表 8-3　　　　　　　　主变压器检修停电申请任务评价表

姓名		学号					
序号	评分项目	评分内容及要求	评分标准	扣分	得分	备注
1	准备工作 （5分）	（1）电脑、资料检查。 （2）正确安装 PMS 2.0 系统	（1）检查资料是否齐全，每缺一项扣 2 分，扣完为止，例如：设备信息、检修任务信息、账号信息等。 （2）未安装对应版本的谷歌浏览器，扣 3 分			
2	系统登录 （10分）	（1）正常登录 PMS 2.0 系统。 （2）打开停电申请单新建模块	（1）未能登录 PMS2.0 系统，扣 5 分。 （2）未能在 PMS2.0 系统中找到停电申请单新建模块或进入模块错误，扣 5 分			
3	停电申请单编制 （40分）	（1）根据情境八任务二中创建的周检修计划创建停电申请单。 （2）编制停电申请单信息	（1）未能查询到情境八任务二中创建的周检修计划，扣 10 分。 （2）未能完成停电申请单的新建，扣 20 分。 （3）停电申请单内容填写错误或未填写，扣 10 分			
4	停电申请单审核、发布（20）	（1）启动审批流程。 （2）审批停电申请单直至发布	（1）停电申请单流程启动失败或申请人发送错误，扣 10 分。 （2）审批流程为结束，停电申请单未发布，扣 10 分			

续表

姓名		学号				
序号	评分项目	评分内容及要求	评分标准	扣分	得分	备注
5	停电申请单延期、取消、查询（20）	（1）打开停电申请单延期及取消模块。 （2）对已发布的申请单进行延期操作。 （3）打开停电申请单查询模块。 （4）查询创建停电申请单	（1）未能在 PMS2.0 系统中找到停电申请单延期及取消、查询模块，扣 8 分。 （2）未能对已发布的申请单进行延期操作，扣 6 分。 （3）未能查询到自己创建的停电申请单，扣 6 分。			
6	综合素质（5分）	（1）着装整体，精神饱满。 （2）独立完成相关工作。 （3）课题纪律良好，不大声喧哗				
7	总分（100 分）					

操作开始时间： 时 分
操作结束时间： 时 分　　　　　　　　　　　　　　　　　　用时： 分

指导教师

任务扩展

（1）请依据上述操作，根据情境八任务二任务扩展中创建的 220kV 竞秀变电站 1 号主变压器高压套管导电接头和引线发热消缺周检修计划，创建停电申请单、审批、发布，并进行延期操作。

（2）请依据上述操作，根据情境八任务二任务扩展中直接创建的 220kV 竞秀变电站 2 号主变压器的油色谱在线监测装置进行调试的周检修计划，创建停电申请单、审批、发布。

任务四　主变压器检修工作任务单的编制及派发

任务目标

（1）掌握工作任务单的作用及其创建、派发的步骤。
（2）能够独立在 PMS2.0 系统中创建工作任务单并派发至检修班组。

PMS系统认知实训

📋 任务描述

该任务主要是根据周检修计划创建工作任务单,并将工作任务分配给具体的检修班组。检修专责登录PMS2.0系统,在系统中根据已关联了停电申请单的"220kV竞秀变电站1号主变压器油色谱在线监测装置调试"检修计划,编制工作任务单,填写工作任务单内容,填写完成后将工作任务单派发至检修班组。

📋 任务准备

一、知识准备

(1) 工作任务单根据周检修计划、临时性检修工作(包括待消除的缺陷、周期性到期检修工作)及抢修工作等生成工作任务单。工作任务单的任务来源为周工作计划时,可根据周计划自动生成部分工作任务单的基本信息;多条计划可以生成一个工作任务单,但只对应一个停电申请。停电申请单审批未通过时,不能根据计划或任务创建工作任务单。

(2) 工作任务单来自周计划和临时任务;工作任务单与计划(任务)是一对多的关系。

(3) 工作任务单派发:即按照任务单中的设备,将任务单派发至具体的工作班组。一个任务单可以派发至多个班组。

二、工具准备

Win7版本电脑(32/64)、Google浏览器(32/64)、PMS2.0培训环境。

三、资料准备

设备信息、停电计划信息、已创建的周检修计划、工作任务单及检修班组信息等。

四、人员准备

变电站所属检修班班长、技术员、班员及工区专责。

五、场地准备

具有电网省属公司内网环境的机房(有可登录PMS2.0系统内网的电脑)。

📋 任务实施

一、任务流程图

主变压器检修工作任务单编制及派发流程图见图8-41。

情境八　设备停电检修管理

二、任务操作步骤

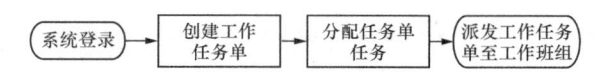

1. 功能说明

图 8-41　主变压器检修工作任务单编制及派发流程图

工作任务单编制及派发就是将工作任务单派发至班组，任务单分派人可以追回班组未受理的工作任务单，班组也可以退回任务单等功能。

2. 工作任务单编制及派发

（1）功能菜单。工作任务单编制及派发的登录流程："系统导航"—"运维检修中心"—"电网运维检修管理"—"检修管理"—"工作任务单编制及派发"，工作任务单编制及派发菜单界面如图 8-42 所示。

图 8-42　工作任务单编制及派发菜单界面

（2）操作步骤。工作任务单编制及派发主界面为常用的上下结构设计，上面为不停电工作任务、已关联停电申请单的工作任务或已发布的工作计划（周计划、月计划），下面为派单功能区，工作任务单编制及派发主界面如图 8-43 所示。

新建：勾选已发布的"220kV 竞秀变电站 1 号主变压器油色谱在线监测装置调试"检修计划，点击"新建"按钮，系统弹出工作任务单编制对话框窗口，在新增窗口中，将任务信息维护完整，工作任务单编制界面如图 8-44 所示。

在工作任务单编制页面可以追加或删除任务，任务确定后，将任务分配给具体的班组，然后点击"确定"按钮保存。工作任务单编制界面如图 8-45 所示。

261

图 8-43　工作任务单编制及派发主界面

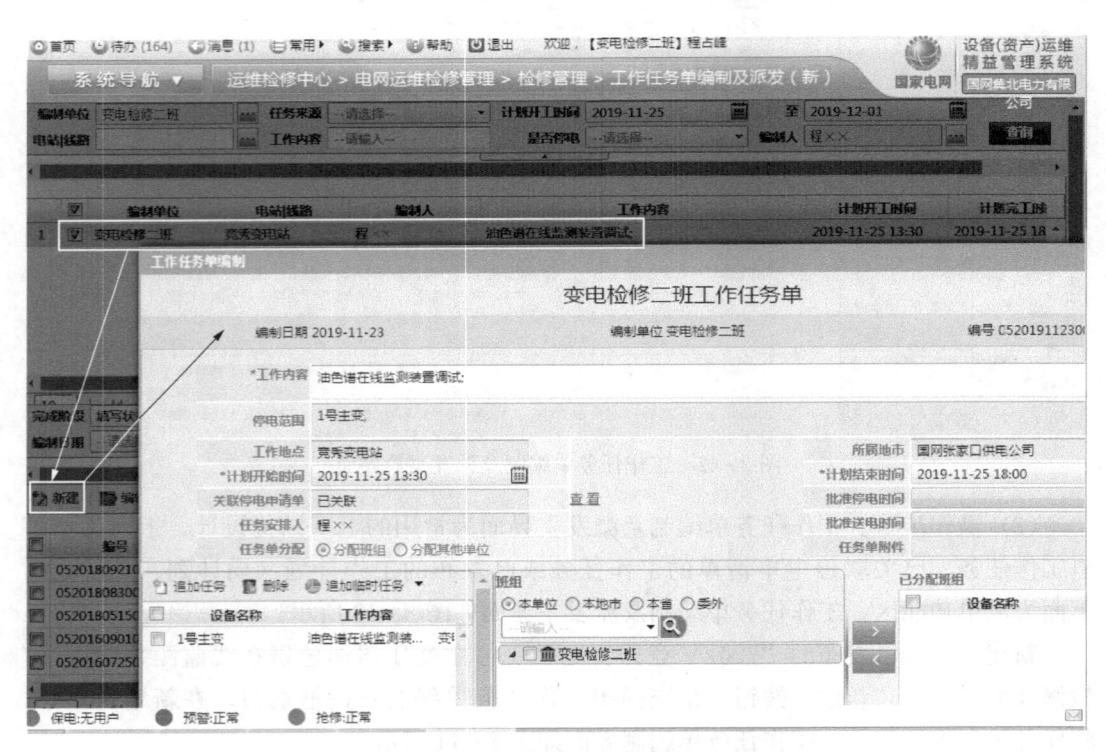

图 8-44　工作任务单编制界面

此外，还可以外委给其他班组进行工作。本工作任务单就一个任务分配给该单位班

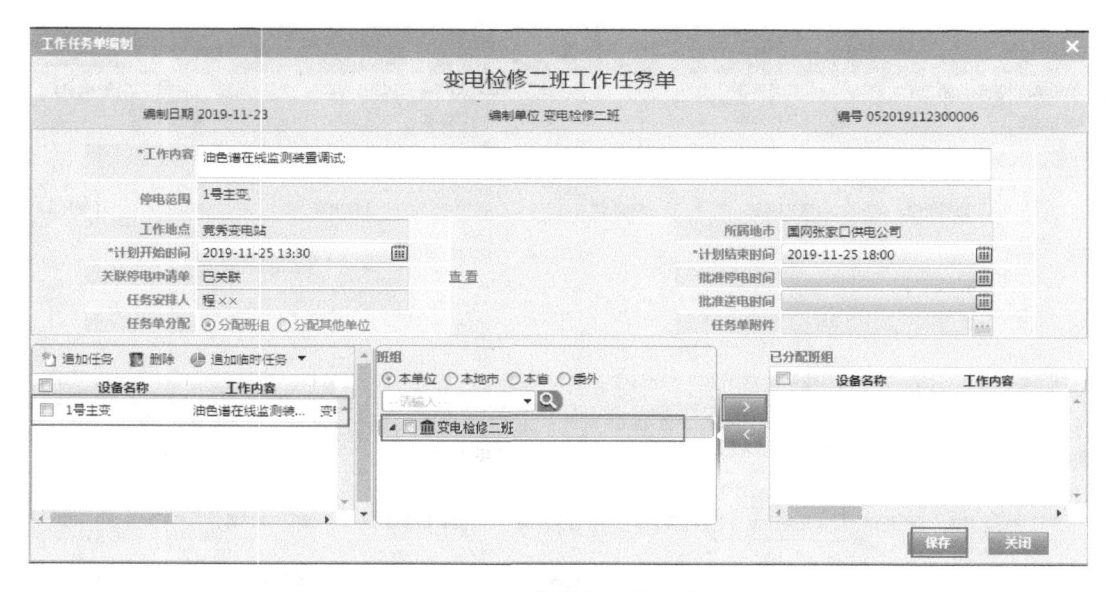

图 8-45 工作任务单编制界面

组，分配完成后，点击"保存"，提示"是否立即派发当前任务单到班组"，此时点击"确定"即将任务派发至检修班组，工作任务单编制界面如图 8-46 所示。

图 8-46 工作任务单编制界面

如果点击"取消"，则只是保存了工作任务单并未派发，需点击"任务派发"按钮，实现对未派发工作任务单派发至班组操作，任务派发界面如图 8-47 所示。任务派发成功后状态界面如图 8-48 所示。

263

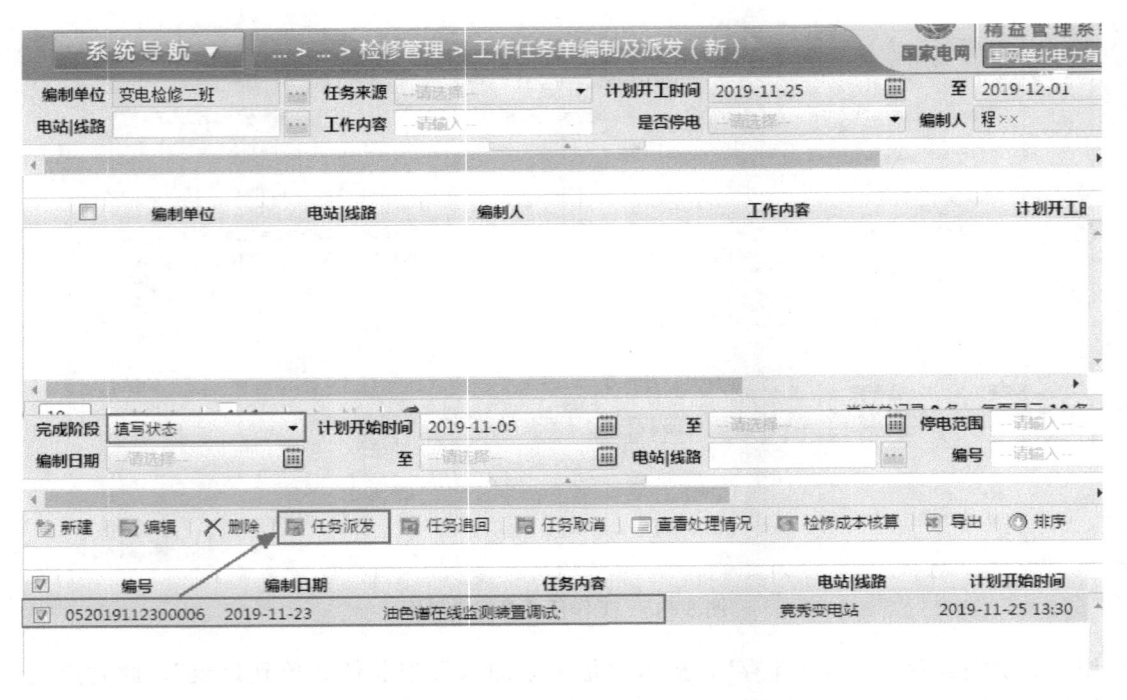

图 8-47 任务派发界面

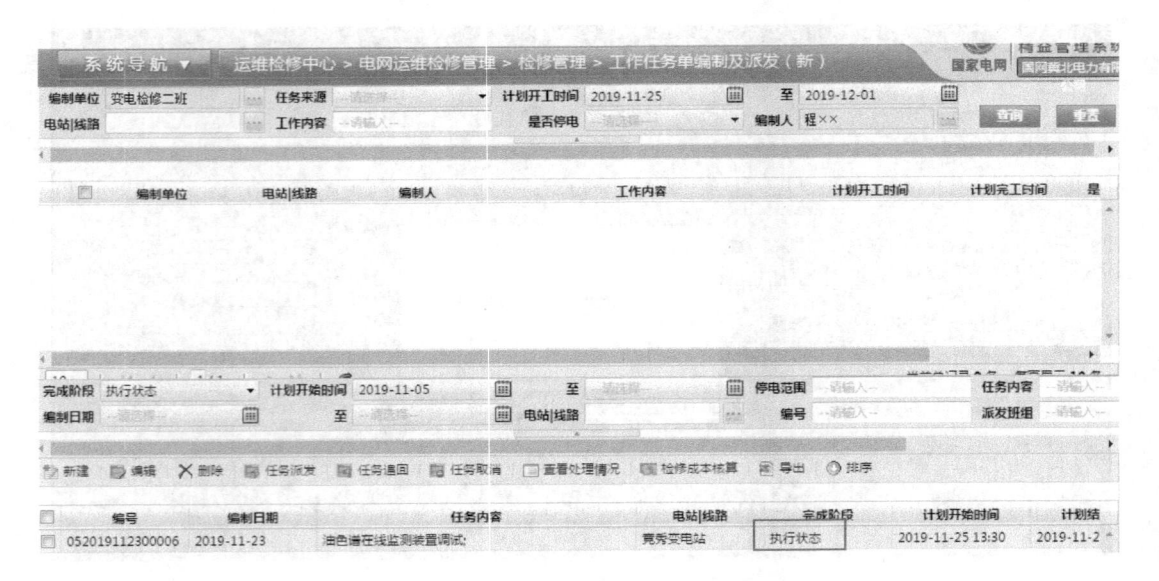

图 8-48 任务派发成功后状态界面

在任务单未派发时可对任务单进行编辑、删除操作。点击"编辑"按钮,弹出工作任务单的详细信息页面,对工作任务单进行修改;点击"删除"按钮,对任务单进行删除,若该任务单已关联计划或任务,则一并取消;点击"任务取消"按钮,实现对未派发工作任务单的取消操作；点击"查看处理情况"按钮，可查看处理中的工作任务单详情，工作任务单编制及派发主界面如图 8-49 所示。

在任务单已派发给班组，班组还未受理时可追回任务单，点击"任务追回"按钮，实现对已派发未受理工作任务单的追回操作。

图 8-49　工作任务单编制及派发主界面

任务评价

主变压器检修工作任务单的编制及派发任务评价表见表 8-4。

表 8-4　　　　主变压器检修工作任务单的编制及派发任务评价表

姓名		学号				
序号	评分项目	评分内容及要求	评分标准	扣分	得分	备注
1	准备工作（5分）	（1）电脑、资料检查。（2）正确安装 PMS 2.0 系统	（1）检查资料是否齐全，每缺一项扣 2 分，扣完为止，例如：设备信息、检修任务信息、账号信息等。（2）未安装对应版本的谷歌浏览器，扣 3 分			

续表

姓名		学号				
序号	评分项目	评分内容及要求	评分标准	扣分	得分	备注
2	系统登录（10分）	（1）正常登录PMS 2.0系统。（2）打开工作任务单编制及派发模块	（1）未能登录PMS2.0系统，扣5分。（2）未能在PMS2.0系统中找到工作任务单编制及派发模块或进入模块错误，扣5分			
3	工作任务单编制（50分）	（1）根据周检修计划创建工作任务单。（2）编制工作任务单信息	（1）未能找到情境八任务二创建的周检修计划，扣10分。（2）未能完成工作任务单新建，扣20分。（3）工作任务单内容填写错误或未填写，扣20分			
4	工作任务单派发（20分）	将工作任务单派发至班组	（1）未找到自己创建的工作任务单，扣10分。（2）未将任务单派发至班组，扣10分			
5	任务单追回、取消（10分）	将派发至班组的任务单追回或取消	（1）未找到自己创建的工作任务单，扣5分。（2）未将任务单追回或取消，扣5分			
6	综合素质（5分）	（1）着装整体，精神饱满。（2）独立完成相关工作。（3）课题纪律良好，不大声喧哗				
7	总分（100分）					

操作开始时间： 时 分
操作结束时间： 时 分 　　用时： 分
指导教师

任务扩展

（1）请依据上述操作，根据情境八任务三任务扩展中已关联了停电申请单的220kV竞秀变电站1号主变压器高压套管导电接头和引线发热消缺周检修计划，创建工作任务单并派发至对应班组。

（2）请依据上述操作，根据情境八任务三任务扩展中已关联了停电申请单的220kV竞秀变电站2号主变压器的油色谱在线监测装置进行调试的周检修计划，创建工作任务单并派发至对应班组。

任务五　主变压器检修工作任务单处理

任务目标

（1）掌握检修工作任务单的处理过程及相关记录的录入步骤。
（2）班组人员能够独自在 PMS2.0 系统中受理工作任务单。

任务描述

该任务主要是将工作任务单分配给具体的工作人员，然后工作人员根据检修内容进行检修工作。班长登录 PMS2.0 系统，在 PMS 中找到情境八任务四派发的"220kV 竞秀变电站 1 号主变压器油色谱在线监测装置调试"工作任务单，将此任务单分配给具体的工作负责人。工作负责人根据现场实际情况处理工单，关联情境五任务一中的工作票，检修结束后填写 1 号主变压器的修试记录，并将修试记录发送给 1 号主变压器的运维班组进行验收。

任务准备

一、知识准备

（1）工作票是允许在电气设备上进行工作的书面依据，也是明确安全职责，向工作人员进行安全交底，保障工作人员安全的组织措施。

（2）作业文本包括作业指导书和控制卡，是现场人员在处理解决一系列问题时的操作规范，即现场检修、抢修、消缺等工作应全面执行标准化作业的书面依据。现场人员无论执行哪种类型的操作，如检修、故障排除等都须按照标准的工作规范流程，以保障人身安全和作业质量。需要审核作业文本，检修班组借助作业文本指导现场工作任务执行，记录工作任务的现场执行信息。

（3）试验报告是试验工作结束后，用于记录试验数据、试验结论的报告。试验报告需要进行审核，试验数据可作为重要的设备状态信息用于设备状态评价。

（4）修试记录是检修工作结束后，用于记录检修内容，作为设备检修后可投入运行的依据；同时作为一种设备运行工作的记录，纳入设备履历，也为运维人员了解本站检修工作的信息来源。

二、工具准备

Win7 版本电脑（32/64）、Google 浏览器（32/64）、PMS2.0 培训环境。

三、资料准备

设备信息、停电计划信息、历史工作票、修试记录等。

四、人员准备

变电站所属检修班班长、技术员、班员。

五、场地准备

具有电网省属公司内网环境的机房（有可登录 PMS2.0 系统内网的电脑）。

任务实施

一、任务流程图

主变压器检修工作任务单处理流程图见图 8-50。

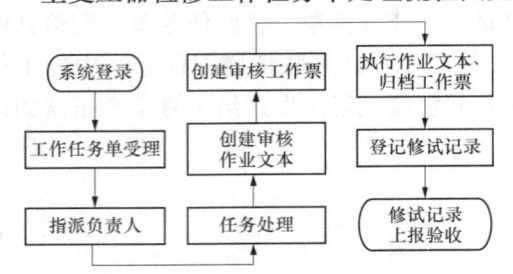

图 8-50 主变压器检修工作任务单处理流程图

二、任务操作步骤

1. 功能说明

工作任务单受理即班长接收派发到班组的工作任务单，并安排到工作负责人和工作成员，或将派发到班组的任务单退回。工作任务单处理即工作负责人和工作成员根据工作任务单添加工作票、作业文本等记录，工作负责人携带已许可的工作票和已审批的作业文本进行现场工作。工作完成后执行作业文本并将工作票归档。

2. 主变压器检修工作任务单受理

（1）功能菜单。主变压器检修工作任务单受理登录步骤："系统导航"—"运维检修中心"—"电网运维检修管理"—"检修管理"—"工作任务单受理"，工作任务单受理界面如图 8-51 所示。

（2）操作步骤。指派负责人：实现工作任务单指派的负责人。检修班班长登录系统，选中派发给班组的"220kV 竞秀变电站 1 号主变压器油色谱在线监测装置调试"检修任务，点击"指派负责人"按钮，将任务指派给班组内具体的专工负责。工作任务单受理界面、工作任务单指派负责人界面分别如图 8-52、图 8-53 所示。

3. 主变压器检修工作任务单处理

（1）功能菜单。登录步骤："系统导航"—"运维检修中心"—"电网运维检修管理"—"检修管理"—"工作任务单受理"。

（2）操作步骤。由班长指派的工作负责人负责任务处理。工作负责人登录系统，在工作任务单受理界面，勾选"220kV 竞秀变电站 1 号主变压器油色谱在线监测装置调试"检修任务，点击"任务处理"，工作任务单处理界面如图 8-54 所示。

情境八　设备停电检修管理

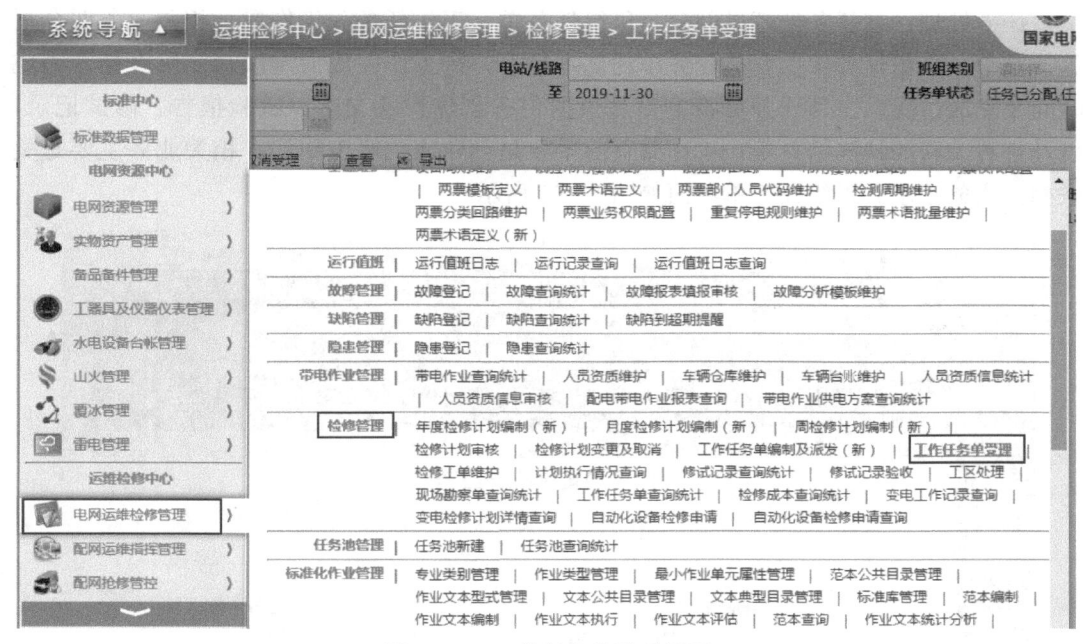

图 8-51　工作任务单受理界面

图 8-52　工作任务单受理界面

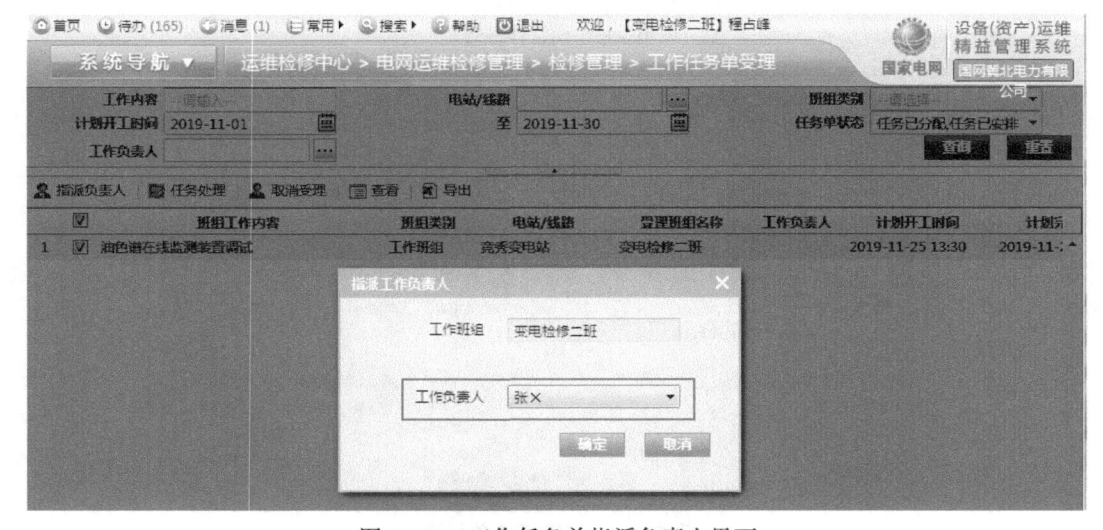

图 8-53　工作任务单指派负责人界面

PMS 系统认知实训

任务处理：在任务处理界面分为班组任务单、工作任务、工作票、相关业务四个页签。其中，班组任务单主要是任务单的基本信息，待工作完成后需填写实际开始、完成时间及完成情况；工作任务页签主要是根据任务创建作业文本、试验报告、修试记录，以及查看关联的缺陷信息等；工作票页签主要是创建或关联工作票；相关业务主要是关联相关业务记录。班组任务单界面如图 8-55 所示。

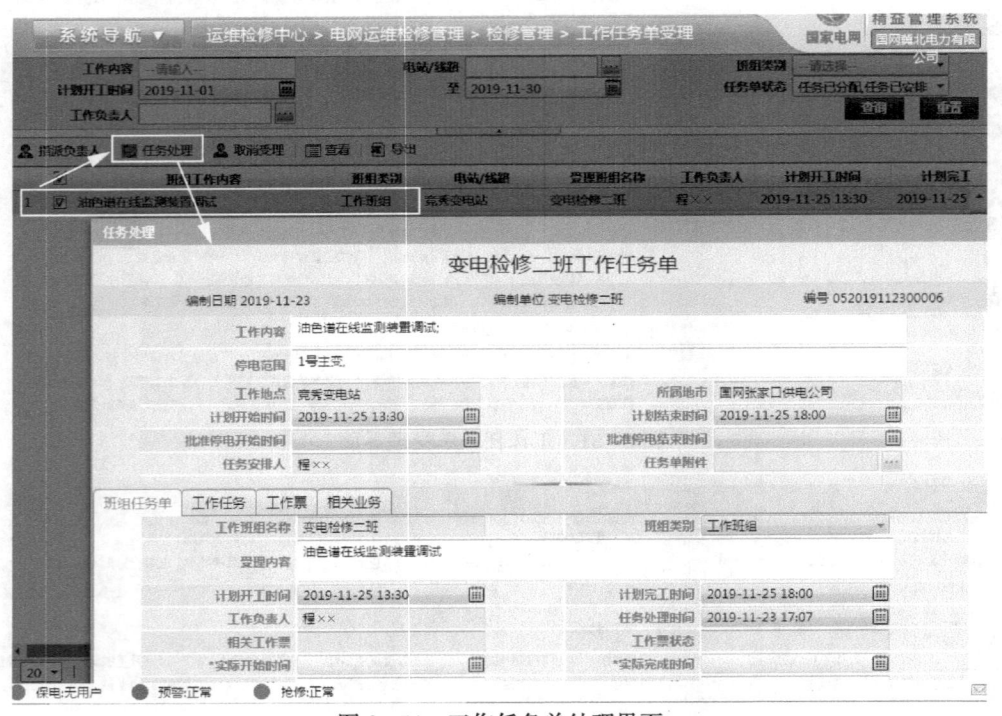

图 8-54 工作任务单处理界面

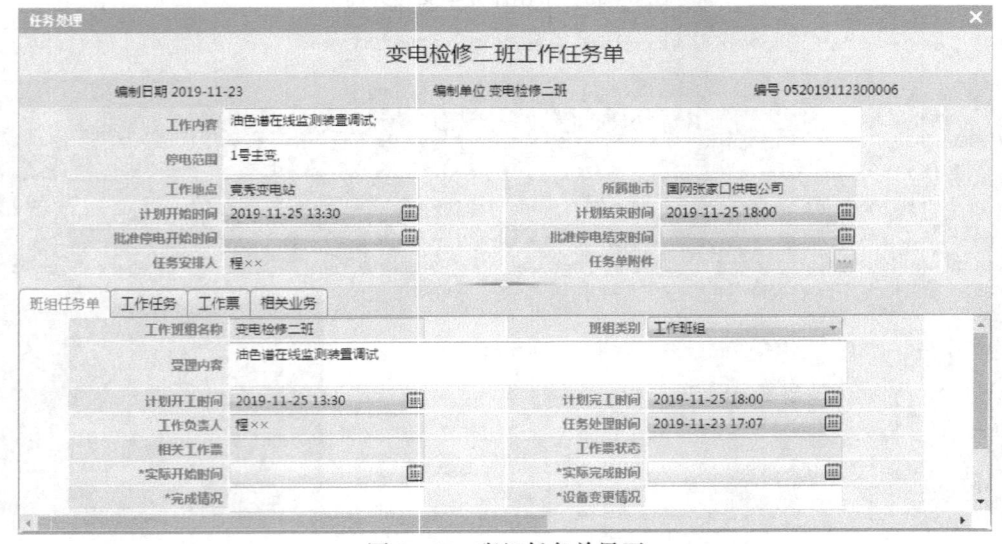

图 8-55 班组任务单界面

作业文本创建：作业文本是在作业现场登记执行信息、确认安全防范措施、浏览历史作业信息的文本，进一步规范现场作业程序和作业人员行为。点击"工作任务"页签，选中工作任务点击"作业文本"，创建作业文本，作业文本创建界面如图 8-56 所示，如果没有作业文本，在此可以不创建。作业文本编制界面见图 8-57。作业文本详情界面见图 8-58。

图 8-56　作业文本创建界面

图 8-57　作业文本编制界面

图 8-58 作业文本详情界面

工作票创建：选择"工作票"页签，此页签主要是创建或关联工作票，工作票新建界面如图 8-59 所示。具体工作票的创建、审批、归档流程请参照"情境五工作票管理"进行操作。工作票票面如图 8-60 所示。

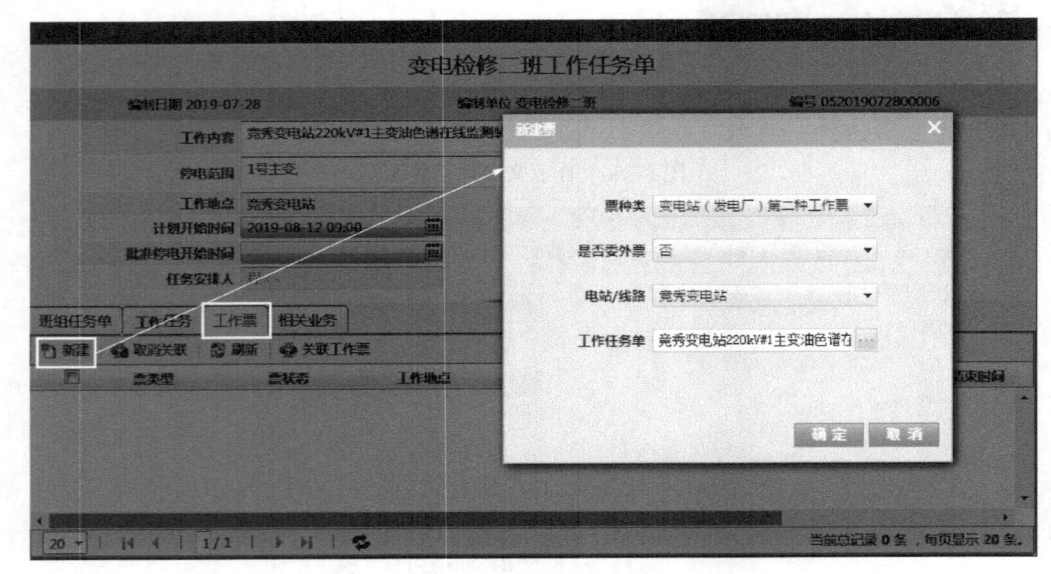

图 8-59 工作票新建界面

现场工作：工作负责人携带已许可的工作票和已审批的作业文本进行现场工作。工作完成后执行作业文本并将工作票归档，工作票已归档界面如图 8-61 所示。

登记修试记录：修试记录是检修工作结束后，用于记录检修内容，作为设备检修后

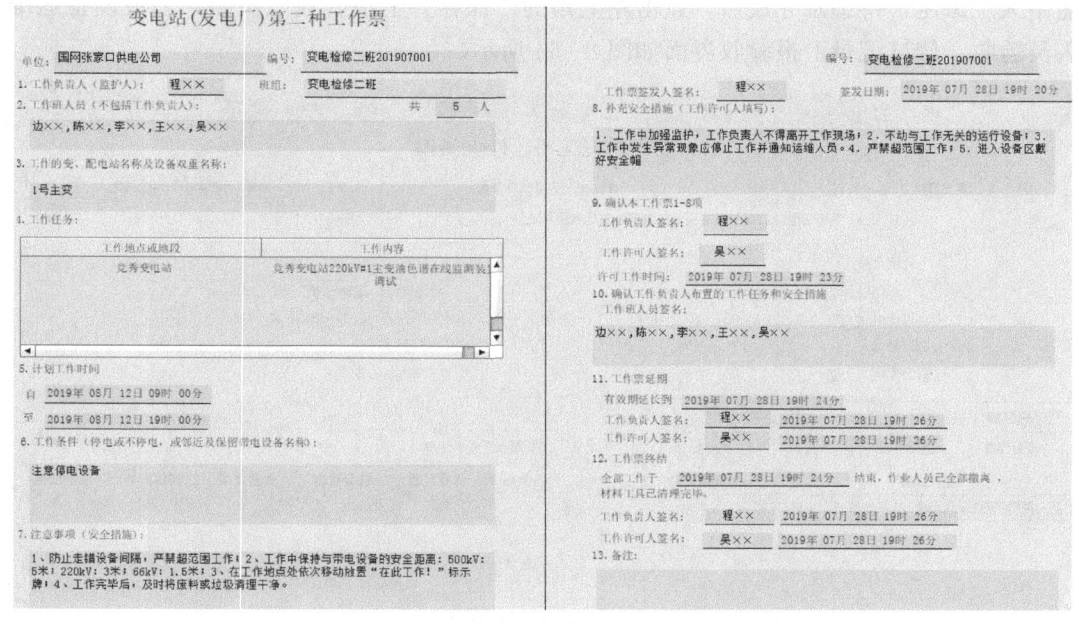

图 8-60 工作票票面

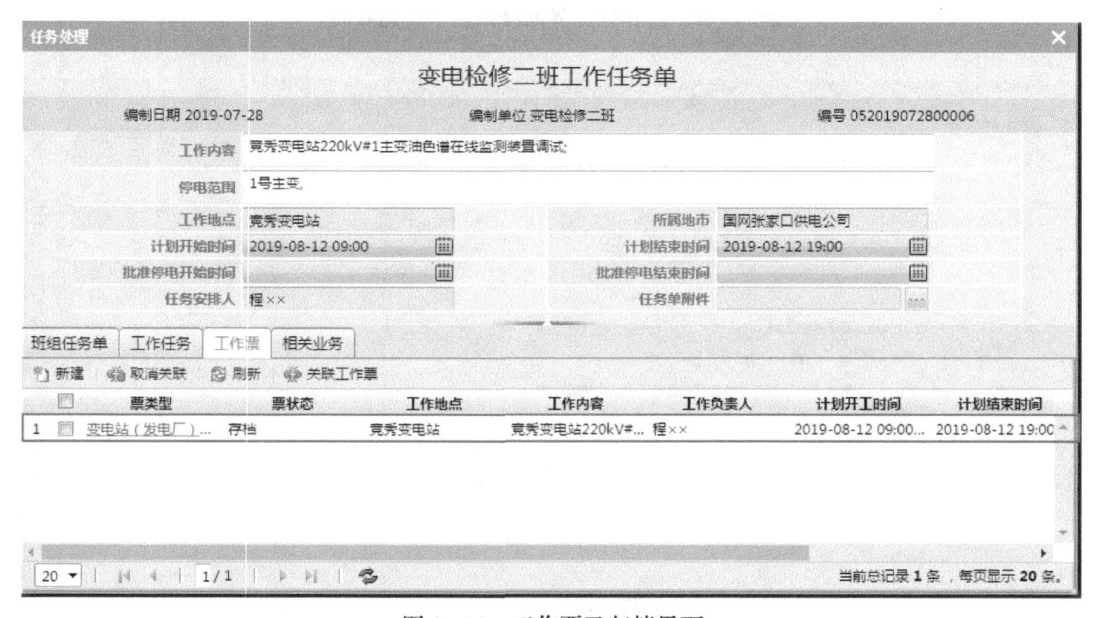

图 8-61 工作票已归档界面

可投入运行的依据，同时作为一种设备运行工作记录，纳入设备履历。检修工作结束后，在工作任务单中点击"修试记录"按钮登记修试记录，工作任务界面修试记录登记界面如图 8-62 所示。

图 8-63 为修试记录编制界面，一些基本信息由系统自动填充，其他带星号的字段

需由人工编制，待编制完成后，点击左上角的"保存并上报验收"按钮，上报设备运维人员验收。修试记录上报验收界面如图 8-64 所示。

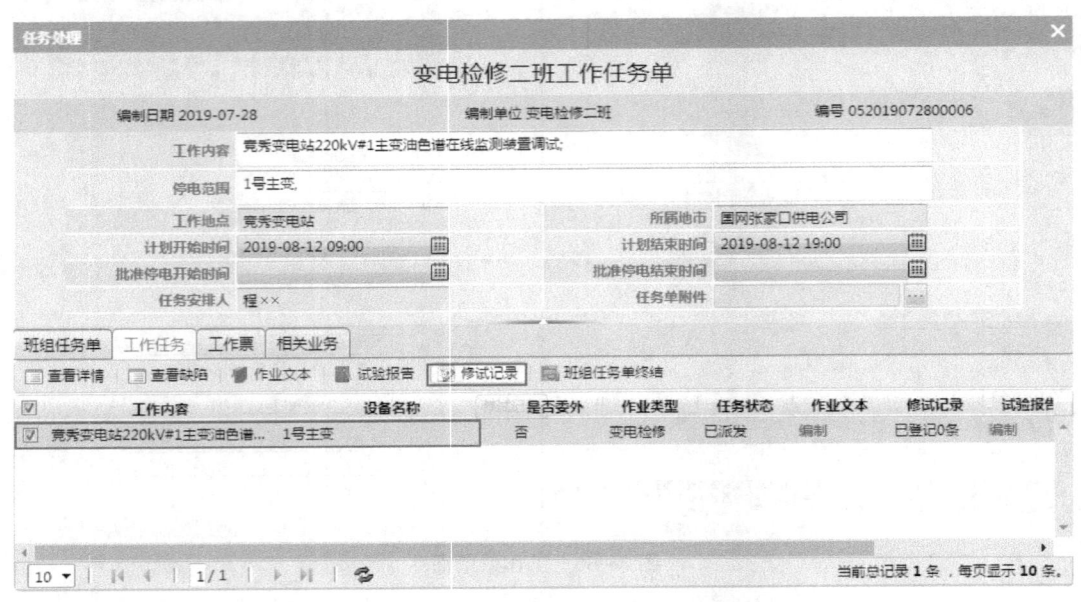

图 8-62 工作任务界面修试记录登记界面

图 8-63 修试记录编制界面

若没有点击"保存并上报验收"，而是点击"确定"按钮（修试记录编制界面如图 8-65 所示），则只是将修试记录进行了保存而并未上报至运维班组。此时若要上报验收，需点击"修试记录"下的"已登记 1 条"，工作任务界面如图 8-66 所示。在如图

8-67所示的修试记录上报验收界面中点击"保存并上报验收"进行上报验收。如果录入有问题，在填写状态时可以修改。

图8-64 修试记录上报验收界面

图8-65 修试记录编制界面

在"系统导航"—"运维检修中心"—"电网运维检修管理"—"检修管理"—"工作任务单查询统计"模块，可对工作任务单进行查询统计，工作任务单查询统计界面如图8-68所示。

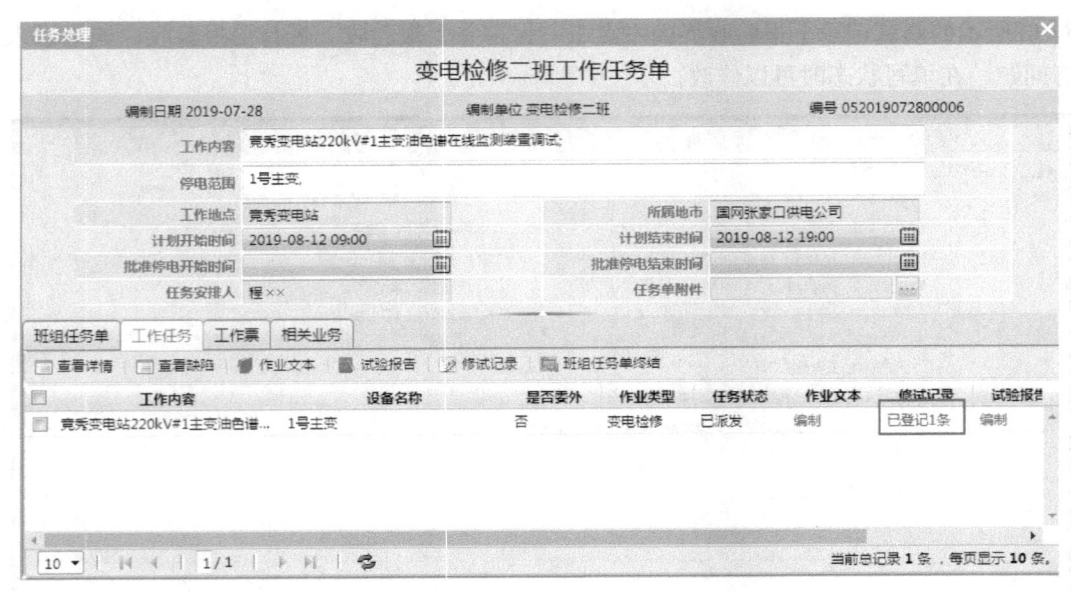

图 8-66　工作任务界面

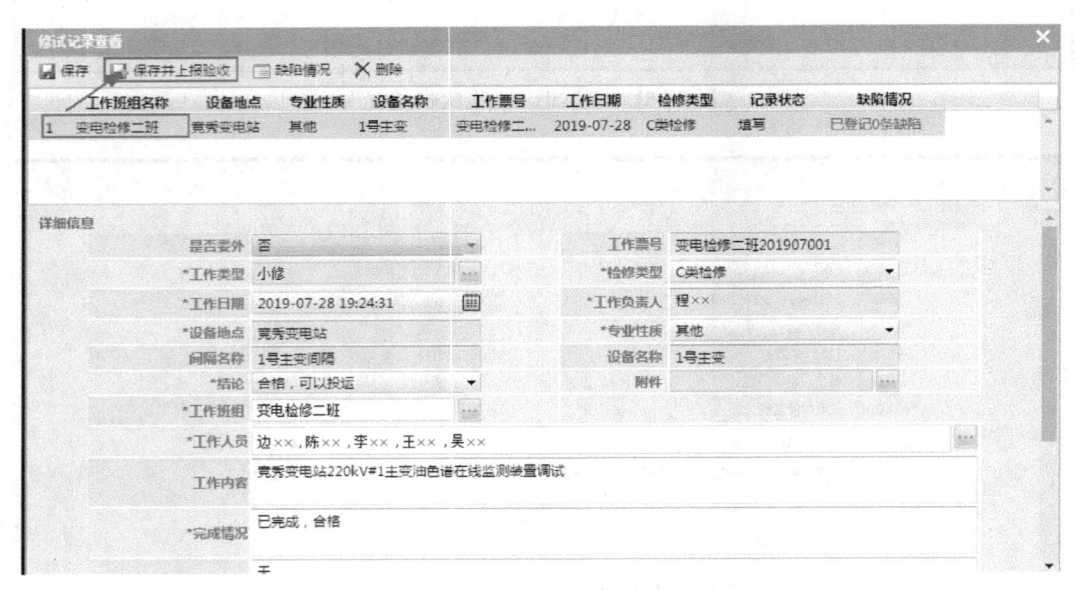

图 8-67　修试记录上报验收界面

图 8-68　工作任务单查询统计界面

任务评价

主变压器检修工作任务单处理任务评价表见表 8-5。

表 8-5 主变压器检修工作任务单处理任务评价表

姓名		学号				
序号	评分项目	评分内容及要求	评分标准	扣分	得分	备注
1	准备工作 （5分）	（1）电脑、资料检查。 （2）正确安装 PMS 2.0 系统	（1）检查资料是否齐全，每缺一项扣2分，扣完为止，例如：设备信息、检修任务信息、账号信息等。 （2）未安装对应版本的谷歌浏览器，扣3分			
2	系统登录 （10分）	（1）正常登录 PMS 2.0 系统。 （2）打开工作任务单受理模块	（1）未能登录 PMS2.0 系统，扣5分。 （2）未能在 PMS2.0 系统中找到工作任务单受理模块或进入模块错误，扣5分			
3	工作任务单指派负责人 （10分）	将该班组的任务单指派给班组内具体负责人	（1）未找到该班组的工作任务单，扣5分。 （2）未将任务单指派给对应的负责人或指派错误，扣5分			
4	任务单处理 （50分）	（1）工作负责人打开任务处理界面。 （2）作业文本创建、审批、执行。 （3）根据情境五进行工作票开票、签发、许可、执行、归档	（1）未找到本人负责的工作任务单，扣5分。 （2）作业文本未审核发布，扣5分。 （3）未能按照情境五进行工作票开票、签发、许可、执行、归档，扣20分。 （4）未根据实际工作创建现场标准化作业文本，扣10分。 （5）作业文本执行信息未填写或填写错误，扣10分			
5	修试记录登记、上报（20分）	（1）检修工作结束后登记修试记录。 （2）修试记录上报验收	（1）未正确登记修试记录，扣10分。 （2）未上报修试记录，扣10分			
6	综合素质 （5分）	（1）着装整体，精神饱满。 （2）独立完成相关工作。 （3）课题纪律良好，不大声喧哗				

续表

姓名			学号				
序号	评分项目	评分内容及要求		评分标准	扣分	得分	备注
7	总分 （100 分）						
操作开始时间：　　时　　分 操作结束时间：　　时　　分					用时：　　分		
指导教师							

📋 任务扩展

（1）请依据上述操作，根据情境八任务四任务扩展中派发至班组的 220kV 竞秀变电站 1 号主变压器高压套管导电接头和引线发热消缺的工作任务单，进行任务处理，如创建工作票、作业文本、修试记录。

（2）请依据上述操作，根据情境八任务四任务扩展中派发至班组的 220kV 竞秀变电站 2 号主变压器的油色谱在线监测装置进行调试的工作任务单，进行任务处理，如创建工作票、作业文本、修试记录。

任务六　主变压器检修工作任务单的终结管理

📋 任务目标

（1）掌握修试记录验收、检修工作任务单终结的步骤及它们之间的联系。

（2）能够独立在 PMS2.0 系统中找到修试记录并验收。

（3）能够独立在 PMS2.0 系统中终结工单。

📋 任务描述

该任务主要是变电站运维人员验收检修结果，验收通过后检修人员终结工单，检修任务结束。变电站运维班员登录 PMS2.0 系统，在 PMS 中找到任务五上报的 220kV 竞秀变电站 1 号主变压器的修试记录，填写验收结果，合格后检修人员再进行 1 号主变压器检修工作任务单的终结工作。

📋 任务准备

一、知识准备

（1）修试记录验收：由设备运行人员检查并通过后的设备才可以被投入运行。

（2）工作任务单终结：修试记录经验收后，由工作负责人进行工作任务单终结，完成检修工作的闭环管理。

（3）通过上述任务了解检修管理模块是结合状态检修计划、设备缺陷、临时任务等形成以检修计划为主线、以工作任务单为执行手段、以标准化作业为支撑、以工作票为安全保障的检修全过程管理，确保实现电网安全、经济和可靠运行的目标。

二、工具准备

Win7 版本电脑（32/64）、Google 浏览器（32/64）、PMS2.0 培训环境。

三、资料准备

历史工作票、修试记录、工作任务终结信息等。

四、人员准备

变电站检修班班长、技术员、班员，变电站运维班班长或班员。

五、场地准备

具有电网省属公司内网环境的机房（有可登录 PMS2.0 系统内网的电脑）。

任务实施

一、任务流程图

主变压器检修工作任务单终结管理流程图如图 8-69 所示。

二、任务操作步骤

1. 功能说明

修试记录是检修工作结束后，用于记录检修内容，作为设备检修后可投入运行的依据，同时作为一种设备运行工作记录，纳入设备履历，也为运维人员了解本站检修工作提供信息来源。设备运维人员对已登记修试

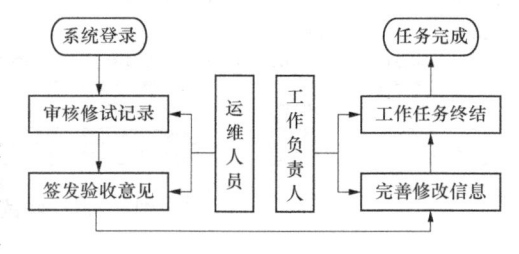

图 8-69 主变压器检修工作任务单终结管理流程图

记录的设备进行验收，验收通过后，检修人员在工作任务单处理环节终结工作任务单，完成检修的闭环管理流程。

2. 修试记录验收

（1）功能菜单。修试记录验收登录步骤："系统导航"—"运维检修中心"—"电网运维检修管理"—"检修管理"—"修试记录验收"，修试记录验收菜单界面如图 8-70 所示。

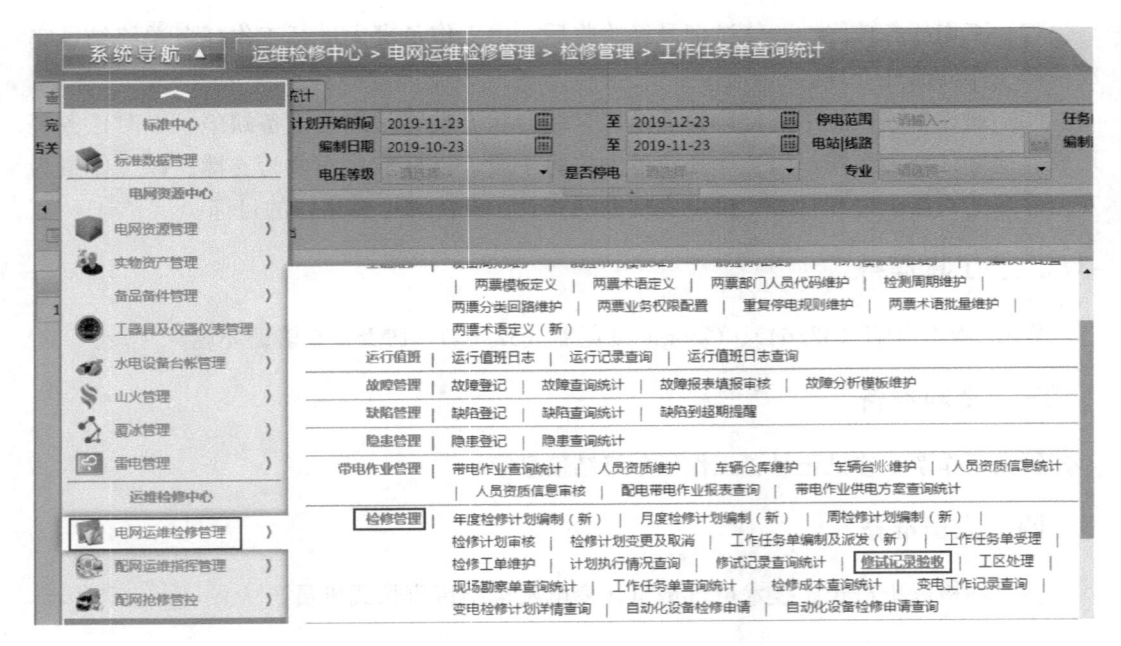

图 8-70 修试记录验收菜单界面

（2）操作步骤。设备运维人员登录系统，在修试记录验收页面，记录状态选择"待验收"，点击查询，查找待验收的 220kV 竞秀变电站 1 号主变压器的修试记录。修试记录验收主界面如图 8-71 所示。

图 8-71 修试记录验收主界面

勾选竞秀变电站修试记录，点击"验收"按钮，填写验收意见及打钩，点击"保存"，修试记录验收界面如图 8-72 所示。

已验收的修试记录可在已验收列表中显示，修试记录验收界面如图 8-73 所示。

3. 工作任务终结

（1）功能菜单。工作任务终结登录步骤："系统导航"—"运维检修中心"—"电网运维检修管理"—"检修管理"—"工作任务单受理"。

（2）操作步骤。修试记录验收后，由工作负责人终结工作任务单，负责人登录

PMS2.0 系统，在工作任务单受理页面选中待终结的 220kV 竞秀变电站 1 号主变压器的工作任务单，点击"任务处理"，任务处理主界面如图 8-74 所示。

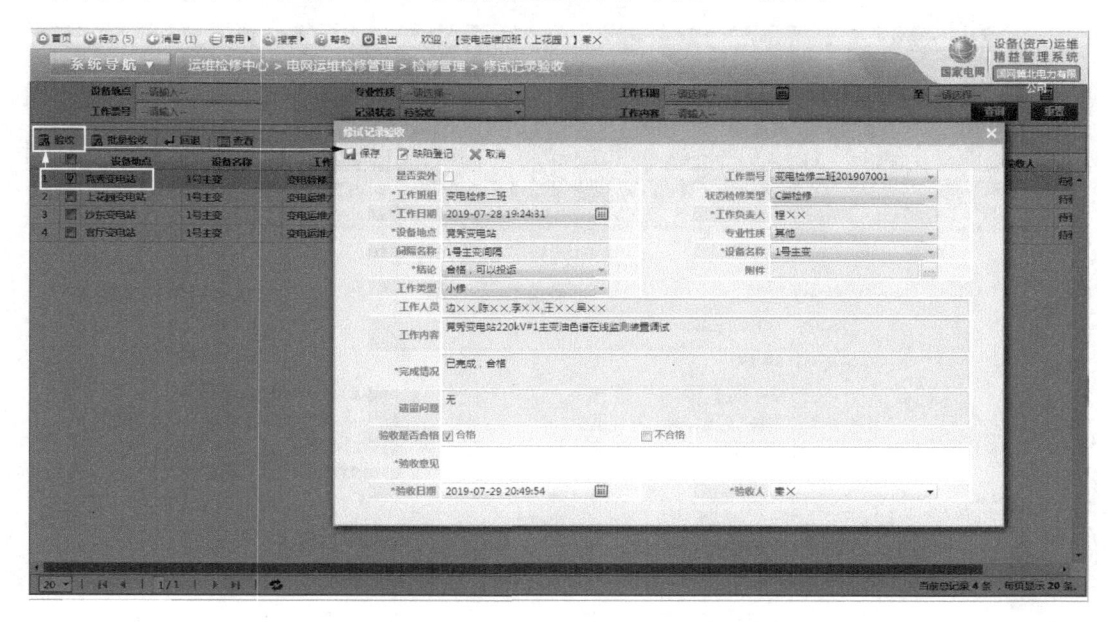

图 8-72 修试记录验收界面

图 8-73 修试记录验收界面

在班组任务单页面，填写实际开始、完成时间，以及完成情况、设备变更情况，其中实际开始时间和实际完成时间获取的是工作票的最早许可开工时间和最晚工作终结时间，可修改，维护完成后点击"确定"按钮，保存班组任务单信息，班组任务单编制界面如图 8-75 所示。

选择"工作任务"页签，点击"班组任务单终结"，弹出提示框，点击"确定"，终结工作任务，班组任务单终结界面如图 8-76 所示。

任务单终结成功，任务状态变为"任务已完成"，完成检修工单的闭环管理。工作

PMS 系统认知实训

任务单受理界面、工作任务单完成界面分别如图 8-77、图 8-78 所示。

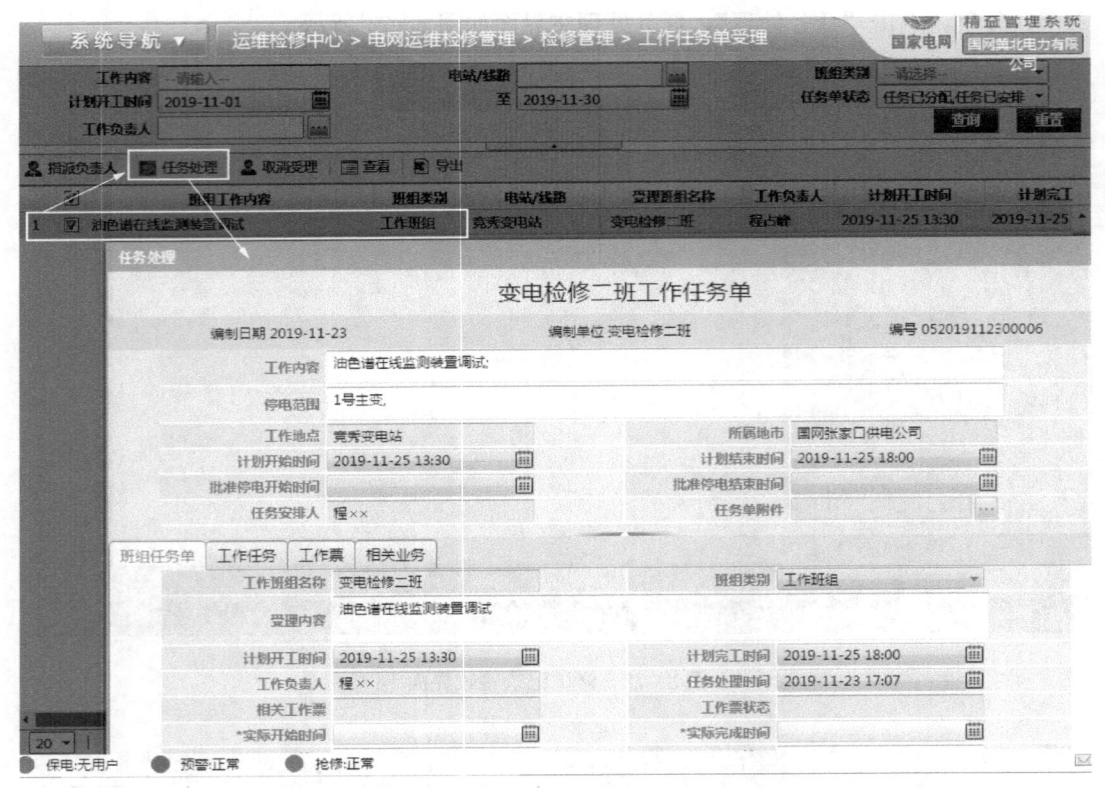

图 8-74 任务处理主界面

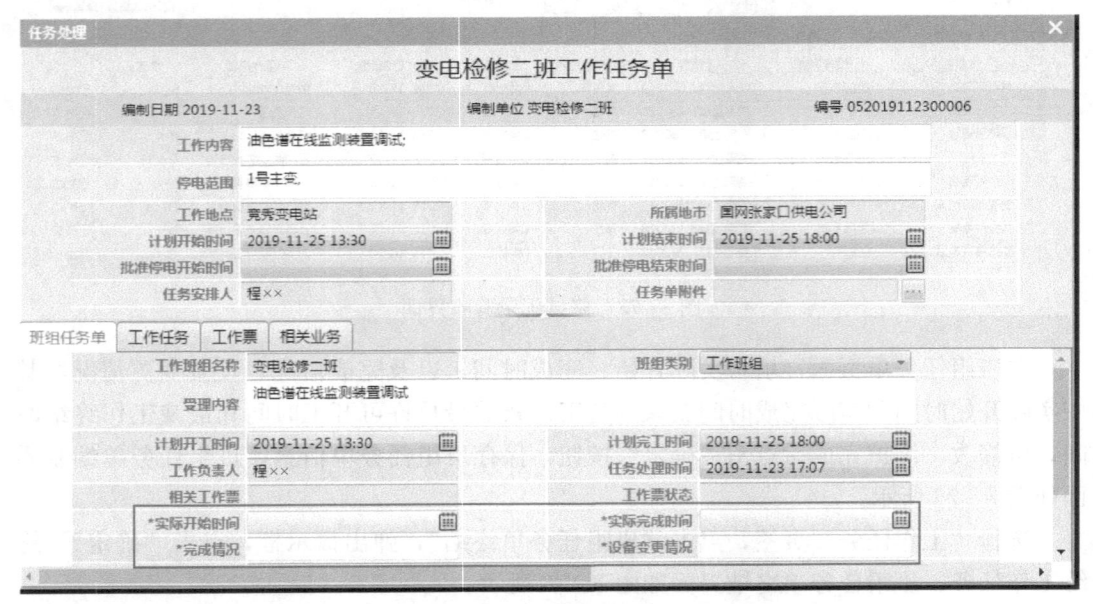

图 8-75 班组任务单编制界面

282

情境八　设备停电检修管理

图 8-76　班组任务单终结界面

图 8-77　工作任务单受理界面

图 8-78　工作任务单完成界面

任务评价

主变压器检修工作任务单终结管理任务评价表见表 8-6。

表 8-6 主变压器检修工作任务单终结管理任务评价表

姓名		学号				
序号	评分项目	评分内容及要求	评分标准	扣分	得分	备注
1	准备工作 （5分）	（1）电脑、资料检查。 （2）正确安装 PMS 2.0 系统	（1）检查资料是否齐全，每缺一项扣2分，扣完为止，例如：设备信息、检修任务信息、账号信息等。 （2）未安装对应版本的谷歌浏览器，扣3分			
2	系统登录 （10分）	（1）正常登录 PMS 2.0 系统。 （2）打开修试记录验收模块	（1）未能登录 PMS2.0 系统，扣5分。 （2）未能在 PMS2.0 系统中找到修试记录验收模块或进入模块错误，扣5分			
3	修试记录验收 （40分）	查询修试记录并验收	（1）未能查询到上报的修试记录，扣20分。 （2）未能正确验收修试记录，扣20分			
4	工作任务单终结 （40分）	（1）打开工作任务单受理模块。 （2）工作负责人填写班组任务单信息。 （3）工作负责人进行工作任务单终结	（1）未能在 PMS2.0 系统中找到工作任务单受理模块或进入模块错误，扣10分。 （2）未能正确填写班组任务单信息，扣15分。 （3）未能正确终结工作任务单，扣15分			
5	综合素质 （5分）	（1）着装整体，精神饱满。 （2）独立完成相关工作。 （3）课题纪律良好，不大声喧哗				
6	总分 （100分）					

操作开始时间：　　时　　分　　　　　　　　　　　用时：　　分
操作结束时间：　　时　　分
指导教师

📇 任务扩展

（1）请依据上述操作，验收情境八任务五任务扩展中上报的 220kV 竞秀变电站 1 号主变压器高压套管导电接头的修试记录,并终结消缺工作任务单,完成消缺的闭环流程。

(2) 请依据上述操作,验收情境八任务五任务扩展中上报的220kV竞秀变电站2号主变压器的油色谱在线监测装置进行调试的修试记录,并终结工作任务单,完成闭环流程。